数理物理学の風景

新井朝雄［著］
Arai Asao

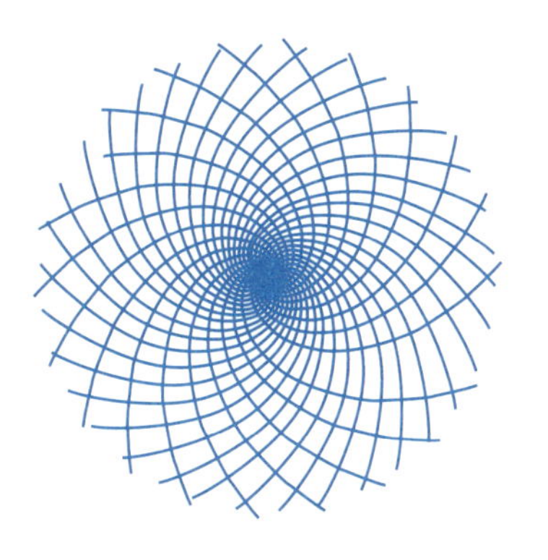

日本評論社

まえがき

本書は，著者が雑誌『数学セミナー』や『数理科学』などにこれまでに書いた記事の中から 15 篇を選び，これらに修正，補筆，加筆等を施して出来上がったものである (記事の初出については本書末尾にある「初出一覧」を参照)．内容は，主に，著者の研究分野の一つである数理物理学からとられている．

数理物理学という学問を短い言葉で説明するのは難しいが，一般的には，それは数学と物理学の両方に関わる学際的な学問である，と言えよう．数理物理学のより具体的な特徴付けは人により異なり得るが，著者の考える数理物理学は，外面的な意味では，少なくとも次に挙げる三つの規準 (互いに関連している) を包摂するものである：

(1) 物理現象を記述するための数学的枠組みまたは数理的モデルの概念的に明晰な定式化とこれに基づく数学的に厳密な解析 (この解析は，いくつかの基本原理から，問題とする物理現象の解明ないし説明の根拠となる諸定理や諸公式を数学的に厳密な仕方で導出することも含む)．なお，ここでいう数学的厳密さは現代数学におけるのと同じ水準のそれでなければならない．したがって，数理物理学を学ぼうする人は，物理学はもちろんのこと，現代数学にも親しんでいることが必要である．

(2) (1) の研究において洞察され得る数学的構造の一般化・抽象化を探求し，研究すること (数学的枠組みの拡大やモデルの一般化・変形を含む)．

(3) 物理現象の “根底” あるいは “背後” にある普遍的な数学的構造を探求し，研究すること．

規準 (1) は，物理現象を，厳密な数学的概念で記述される基本原理から出発して，首尾一貫した仕方で，数学的な曖昧さや不完全さのない最高度に明晰な水準で理解することを可能にする．これは，物理学的な “直観的” 理解だけで満足していたのでは得られない，より高次の充実した認識をもたらし得る．

規準 (2) は，考察下の問題を数理的構造の観点から見た場合，何がより普遍的で何が特殊であるかを明晰に認識することを可能にする．モデルの一般化や変形の研究は，新しい物理現象の存在の予想をもたらす場合もあり得る．他方，純数学的観点からは，個別的な問題の一般的・抽象的水準における研究は，当の問題と関わる数学領域における新しい概念や定理の発見につながり得る．

規準 (3) は，(1), (2) とも関連するが，個別的な物理現象を記述する数学的構造をより普遍的な数学的構造の特殊な現れとして捉え，概念的・理念的水準において，より高次の包括的で統一的な認識へと向かうためのものである．物理理論と関わる普遍的な数学的構造の研究は，表面的には，純粋数学的研究となる．しかし，翻って，そうした一見物理とは無縁に見えるかもしれない純粋数学的研究が物理現象の深い理解へとつながる場合がしばしばあり得るのである．

詳しくは本書の第 6 章に譲るが，著者は，実は，数理物理学を，上述の特性を部分的に有する単なる一学問としてではなく，数学と物理学を有機的・調和的に包含する全一的な学問として構想するものであり，現代的な新しい自然哲学を基礎づける学問の一つとして捉えている．著者の構想する数理物理学は，哲学的に見た場合，数学や物理学の枠を超えて，形而下的次元から形而上的次元にわたる全一的・総合的な存在認識の基礎の一つを提供し得る可能性を秘めているのである[1]．

冒頭に述べた本書の由来が示唆するように，本書は，数理物理学の教科書でも専門書でもない．本書の目的は，数理物理学の世界の興趣や “雰囲気”を，具体的な主題に沿って，一般向けに紹介することにある．読者としては，主に，理工系の大学生，大学院生ならびに数理物理学，数学，物理学の愛好家を想定している．

本書の構成について簡単に述べておこう．本書は，大まかな主題別に，三つの部分からなる．第 I 部 (第 1 章～第 5 章) では，数学や自然科学だけでなく，工学，芸術，文化などにおいても基礎的な役割を担う概念の一つである対称性 (シンメトリー，symmetry) に対する数理物理学的なアプローチの一端を紹介する．第 II 部 (第 6 章～第 9 章) は，一つの主題として括るにはやや難があるが，便宜上，「数学と物理学」という題をつけた．まず，第 6 章で著者の数理物理学観を

---

[1] 詳しくは，拙論文：存在認識と数学，龍谷大学哲学論集第 32 号 (2018), 1–42 を参照．北海道大学学術成果コレクション (HUSCAP) http://hdl.handle.net/2115/68610 にてダウンロード可能．

叙述し，数理物理学的探究の好例の一つとして，ニュートン力学から解析力学へと至る道を概説する．ついで，物理理論の数学的一般化が有効に働く例として，電磁気学と場の理論を取り上げる (それぞれ，第 7 章と第 8 章)．第 9 章では，ヒルベルトの第 6 問題「物理学の諸公理の数学的扱い」[2] に対して，20 世紀の数学がどのような展開を見せたかを概観する．第 III 部 (第 10 章〜第 15 章) は，量子力学の数理的側面を解説する記事からなる．第 10 章〜第 14 章は，主に，有限自由度の量子力学の原理的側面に関するものであるが，第 15 章では，無限自由度の量子力学の一範疇である量子場の理論の数学的構成についての概略を叙述する．

読者の便宜のために，付録をつけた．付録 A は集合と写像に関する基本的事項の記述である．付録 B は抽象ベクトル空間の定義といくつかの基本的概念に関するものである．付録 C には，ヒルベルト空間論の要項をまとめた．ただし，これは，本書 (主に第 III 部) を理解するために必要な範囲に限られている．参考文献は，一般向けの書物としてはかなり多いかもしれないが，本書の中で扱われた話題や主題について，さらに知見を広めたり，深めたりするための資料として活用していただければ幸いである (本書を初めて読む場合には，文献が引用されている場合でも，ただちにそれを参照する必要はないであろう)．なお，参考文献に挙げた書籍や論文は，著者の読書歴と研究歴に応じて選ばれたものであり，関連する分野全体から見た場合，偏りがあることをお断りしておく．

これまで，本書のもとになった記事を含めて，著者に一般向けの記事を書く機会をあたえてくださった編集者の方々にこの場を借りてお礼申し上げる．本書の出版にあたっては，日本評論社自然科学編集部の筧裕子さんにたいへんお世話になった．心より感謝したい．

2019 年 1 月，札幌の寓居にて

新井朝雄

[2] この問題の由来については，第 9 章のはじめを参照されたい．

記号表

論理記号

記号	意味
$A := B$	A を B で定義する
$P \overset{\text{def}}{\Longleftrightarrow} Q$	P を Q で定義する
$P \Longrightarrow Q$	P ならば Q
$P \Longleftrightarrow Q$	P と Q は同値
	(P であるための必要十分条件は Q)
$P(x),\ \forall x \in X$	集合 X のすべての元 x に対して $P(x)$ が成立
$P(x),\ x \in X$	同上

物理学における記号

記号	意味
c	真空中の光の速さ
ε_0	真空の誘電率
h	プランク定数
$\hbar$	$\hbar = \dfrac{h}{2\pi}$
m	質量
t	時間変数
$\boldsymbol{x}$	空間変数

数学における記号

記号	意味
$[a,b]:=\{x\|a\leqq x\leqq b\}$	有界閉区間 (a,b は実数)
$[A,B]$	$AB-BA$ (作用素 A と B の交換子)
$\{A,B\}$	$AB+BA$ (作用素 A と B の反交換子)
- - - - -	- - - - -
$\mathbb{N}$	自然数全体
$\mathbb{Z}$	整数全体
$\mathbb{Q}$	有理数全体
$\mathbb{R}$	実数全体
$\mathbb{C}$	複素数全体
$\mathbb{K}$	$\mathbb{R}$ または $\mathbb{C}$
$\mathbb{R}^2$	2 次元ユークリッド空間 (ユークリッド平面)
$\mathbb{R}^3$	3 次元ユークリッド空間
$\mathbb{R}^n$	n 次元ユークリッド空間
$\mathbb{C}^n$	n 次元エルミート空間
i	虚数単位
z^*	複素数 z の共役
$\mathrm{Im}\, z$	複素数 z の虚部
$\mathrm{Re}\, z$	複素数 z の実部
- - - - -	- - - - -
δ_{jk}	クロネッカーデルタ： $j=k \Longrightarrow \delta_{jk}=1$；$j\neq k \Longrightarrow \delta_{jk}=0$
Δ	ラプラス作用素 (ラプラシアン)
$f:X\to Y$	集合 X から集合 Y への写像
$f(D)$	集合 D の写像 f による像
$g\circ f$	写像 f と写像 g の合成写像
I_X	集合 X 上の恒等写像

ギリシア文字一覧表

A, α	アルファ	N, ν	ニュー
B, β	ベータ	Ξ, ξ	クスィー
Γ, γ	ガンマ	O, o	オミークロン
Δ, δ	デルタ	Π, π	パイ
E, ε	エプシロン	P, ρ	ロー
Z, ζ	ゼータ	Σ, σ	スィグマ
H, η	エータ	T, τ	タウ
Θ, θ	テータ	Υ, υ	ユープスィーロン
I, ι	イオータ	Φ, ϕ	ファイ
K, κ	カッパ	X, χ	キー (カイ)
Λ, λ	ラムダ	Ψ, ψ	プサイ
M, μ	ミュー	Ω, ω	オメガ

英文字とドイツ文字の対応表

英文字	ドイツ文字	英文字	ドイツ文字
$\mathrm{A}, \mathscr{A}$	$\mathfrak{A}$	$\mathrm{N}, \mathscr{N}$	$\mathfrak{N}$
$\mathrm{B}, \mathscr{B}$	$\mathfrak{B}$	$\mathrm{O}, \mathscr{O}$	$\mathfrak{O}$
$\mathrm{C}, \mathscr{C}$	$\mathfrak{C}$	$\mathrm{P}, \mathscr{P}$	$\mathfrak{P}$
$\mathrm{D}, \mathscr{D}$	$\mathfrak{D}$	$\mathrm{Q}, \mathscr{Q}$	$\mathfrak{Q}$
$\mathrm{E}, \mathscr{E}$	$\mathfrak{E}$	$\mathrm{R}, \mathscr{R}$	$\mathfrak{R}$
$\mathrm{F}, \mathscr{F}$	$\mathfrak{F}$	$\mathrm{S}, \mathscr{S}$	$\mathfrak{S}$
$\mathrm{G}, \mathscr{G}$	$\mathfrak{G}$	$\mathrm{T}, \mathscr{T}$	$\mathfrak{T}$
$\mathrm{H}, \mathscr{H}$	$\mathfrak{H}$	$\mathrm{U}, \mathscr{U}$	$\mathfrak{U}$
$\mathrm{I}, \mathscr{I}$	$\mathfrak{I}$	$\mathrm{V}, \mathscr{V}$	$\mathfrak{V}$
$\mathrm{J}, \mathscr{J}$	$\mathfrak{J}$	$\mathrm{W}, \mathscr{W}$	$\mathfrak{W}$
$\mathrm{K}, \mathscr{K}$	$\mathfrak{K}$	$\mathrm{X}, \mathscr{X}$	$\mathfrak{X}$
$\mathrm{L}, \mathscr{L}$	$\mathfrak{L}$	$\mathrm{Y}, \mathscr{Y}$	$\mathfrak{Y}$
$\mathrm{M}, \mathscr{M}$	$\mathfrak{M}$	$\mathrm{Z}, \mathscr{Z}$	$\mathfrak{Z}$

目　次

まえがき　i

記号表　iv

第I部　対称性　1

第1章　対称性の美しさ　3

1.1　はじめに　3
1.2　左右対称性　5
1.3　並進対称性　21
1.4　回転対称性　25
1.5　螺旋形態の対称性　28
1.6　対称性と芸術　34
1.7　おわりに　35
1.8　付録：鏡映変換の表式の導出　35

第2章　対称性の数学　39

2.1　はじめに　39
2.2　対称性の原理　43
2.3　さらに高次の理念へ―群　53
2.4　物理学と化学における対称性　65
2.5　おわりに　65

第3章　対称性の破れ　66

3.1　はじめに　66
3.2　対称性の破れとはどういうものか　67
3.3　幾何学的図形における対称性の破れ　71
3.4　おわりに　74

第4章　物理における対称性　76

4.1　はじめに―対称性の一般概念　76

4.2 物理における対称性の一般的側面 …… 78
4.3 ニュートンの運動方程式の解空間の対称性 …… 79
4.4 対称性と保存則 …… 88
4.5 おわりに …… 92

第5章 シュレーディンガー方程式とディラック方程式における対称性 94
5.1 はじめに …… 94
5.2 シュレーディンガー方程式 …… 95
5.3 ディラック方程式 …… 102
5.4 おわりに …… 106

第II部 数学と物理学 107

第6章 数理物理学 109
6.1 はじめに …… 110
6.2 物理学の性格 …… 110
6.3 数理物理学の理念 …… 114
6.4 解析力学からの例 …… 116
6.5 20世紀以降の数理物理学 …… 120
6.6 おわりに …… 120
6.7 補遺—読書案内 …… 121

第7章 マクスウェル方程式からゲージ場の方程式へ 123
7.1 はじめに—歴史的背景 …… 123
7.2 マクスウェル方程式 …… 124
7.3 マクスウェル理論のゲージ不変性 …… 126
7.4 ゲージ場としての電磁ポテンシャル …… 128
7.5 ゲージ対称性と力の統一理論 …… 131
7.6 おわりに—参考書 …… 132

第8章 場の理論と虚数 133
8.1 はじめに—場の描像と例 …… 133
8.2 虚数量の場 …… 134
8.3 場の普遍的定義 …… 138
8.4 虚スカラー場の構造 …… 139

8.5 古典場の理論における虚スカラー場 ……… 140
8.6 おわりに ……… 146

第9章 ヒルベルトの第6問題：物理学の諸公理の数学的扱い 148
9.1 第6問題の意味 ……… 148
9.2 確率論 ……… 149
9.3 古典力学 ……… 150
9.4 相対性理論 ……… 151
9.5 量子力学 ……… 152
9.6 場の量子論 ……… 156
9.7 数理物理学の新展開 ……… 157

第III部 量子力学の数理的側面 159

第10章 量子力学と関数解析 161
10.1 序 ……… 161
10.2 量子力学の本質 — 正準交換の表現 ……… 164
10.3 CCR の表現 ……… 165
10.4 量子数理物理学と関数解析学の発展 ……… 174
10.5 補遺 ……… 174

第11章 量子力学の数学的構造 178
11.1 序 ……… 178
11.2 CCR 代数とその表現 ……… 181
11.3 CCR の表現の基本的な性質 ……… 182
11.4 ゲージ量子力学における CCR の非同値表現 ……… 188
11.5 時間作用素 ……… 191
11.6 スピン，正準反交換関係，超対称性 ……… 193
11.7 補遺 — 時間作用素の数学的理論の展開 ……… 197

第12章 量子力学から見た「空間」 198
12.1 序 — 状態と物理量 ……… 198
12.2 量子系の状態空間 ……… 200
12.3 量子系の物理量 ……… 204
12.4 量子系の時間発展と状態のヒルベルト空間の構造 ……… 207

12.5 物理量の時間発展と物理量の空間の構造 ……… 209

第 13 章 量子力学とトポロジー — アハラノフ–ボーム効果の数理 212

13.1 はじめに ……… 212
13.2 AB 効果とはどういうものか ……… 212
13.3 特異な磁場をもつ 2 次元量子系における CCR の表現 ……… 214
13.4 CCR の非同値表現と AB 効果 ……… 215
13.5 トポロジー的構造との照応 ……… 217
13.6 おわりに ……… 218

第 14 章 シュレーディンガー方程式の諸問題 219

14.1 序 — シュレーディンガー方程式の二つの型 ……… 219
14.2 量子力学における状態方程式としてのシュレーディンガー方程式 ……… 220
14.3 基本的な例 ……… 222
14.4 ヒルベルト空間上での解析 ……… 223
14.5 結語 ……… 226
14.6 補遺 ……… 226

第 15 章 構成的場の量子論 227

15.1 はじめに — 背景 ……… 227
15.2 $\lambda(\Phi^4)_\nu$ 模型 — 発見法的考察 ……… 230
15.3 CCR の表現の厳密な形 ……… 231
15.4 自由なスカラー量子場 ……… 232
15.5 相互作用がある場合の構成法 ……… 235
15.6 非自明な模型の構成に向けて ……… 240
15.7 おわりに ……… 241

付録 A 集合と写像に関するいくつかの基本的事実 242

A.1 直積空間 ……… 242
A.2 写像 ……… 242
A.3 写像の分類 ……… 244
A.4 合成写像 ……… 246
A.5 写像空間と積 ……… 247
A.6 ベキ写像 ……… 248

付録 B 抽象ベクトル空間論の基本事項 250

付録 C　ヒルベルト空間論要項 253
C.1　抽象ヒルベルト空間 253
C.2　線形作用素 256
C.3　線形作用素のスペクトル 260
C.4　ユニタリ作用素とヒルベルト空間の同型 261
C.5　閉作用素 262
C.6　自己共役作用素とスペクトル定理 263
C.7　線形作用素の集合の既約性 267

参考文献 268
初出一覧とその他の記事目録 279
図の出典 282
索引 283
人名索引 288

第 I 部

対称性

第1章 対称性の美しさ

美は，もろもろの真実在とともにかの世界にあるとき，燦然とかがやいていたし，また，われわれがこの世界にやって来てからも，われわれは，美を，われわれの持っている最も鮮明な知覚を通じて，最も鮮明にかがやいている姿のままに，とらえることになった．

プラトン[1]

1.1 はじめに

私たちの周囲に広がる自然界は鉱物界 (無機的自然界)，植物界，動物界という三つの階層に分かれている．各領界を構成する対象はそれぞれ固有の形態をもち，独特の美を放っている．さらに注意深く観察するならば，自然界の事物・事象 — たとえば，結晶，水の流れ，雲，植物の葉や花，動物の体格やその表皮の模様，月，太陽，星，銀河 — の形態には，さまざまな水準での規則性や秩序が見られる (図 1.1～図 1.3)．このような規則性や秩序の総体の中に，本章の主題である対称性 = シンメトリー (symmetry) の一般概念へと上昇するための経験的基盤の一範疇(はんちゅう)が存在する．

ところで，対称性という言葉は，日常的な意味では，左右対称性 (相称性) という狭い意味で用いられる場合が多いかもしれない．だが，以下で示すように，数学や物理学において使用される意味での対称性は，左右対称性を特殊な場合として含む，非常に包括的で一般的な概念である．

---

[1] プラトン『パイドロス』(藤沢令夫訳，岩波書店)，250D.

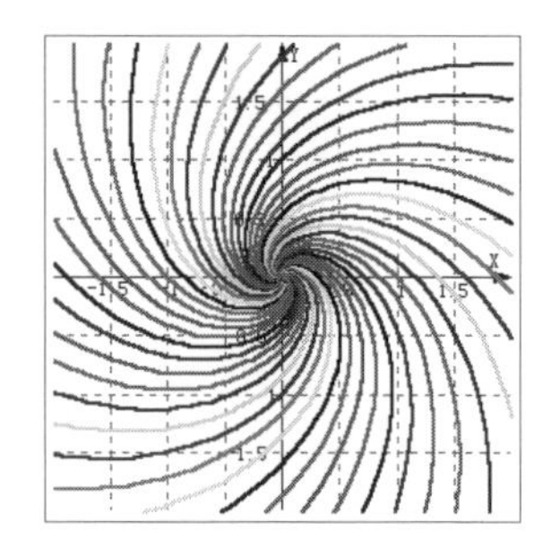

図 **1.1**　(左) 雪の結晶，(右) 渦流 (模式図)

図 **1.2**　(左) エンレイソウ，(右) 木槿(むくげ)の花

図 **1.3**　蝶

この章の目的は，数学や物理学において登場するいくつかの基本的な対称性を叙述し，美と対称性の関連を示唆することである．

1.2 左右対称性

まず，日常的に身近な左右対称性をとりあげよう．左右対称性を厳密に考察するにあたっては，そもそも，左右とは何なのかを概念的に明晰に認識することから始めなければならない．実は，左右の概念は，考える空間の次元によって異なる．この事実は哲学的にも興味深い．

1.2.1 1次元空間における左右対称性

1次元空間 $\mathbb{R}$ (実数体) を考える．これは，幾何学的には数直線として表象される (図 1.4)．

ℝ

図 1.4 数直線

数直線上に 1 点 $\mathrm{P}(p)$ — p は点 P の座標 — を定めると，これに応じて，互いに素な二つの部分集合

$$\mathbb{R}_{p,+} := \{x \in \mathbb{R} | x > p\}, \quad \mathbb{R}_{p,-} := \{x \in \mathbb{R} | x < p\} \tag{1.1}$$

が定まり [2)]，数直線全体は互いに素な三つの部分集合の和集合として表される (図 1.5)：

$$\mathbb{R} = \mathbb{R}_{p,-} \cup \{p\} \cup \mathbb{R}_{p,+}. \tag{1.2}$$

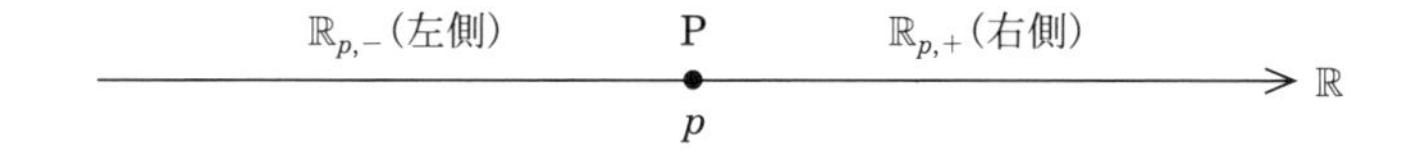

図 1.5 1点 P による数直線の分節

2)「$A := B$」は A を B で定義することを表す記法である．

この分節構造こそ，1 次元空間 $\mathbb{R}$ における左右の概念の起源なのである．すなわち，この構造に基づいて，集合 $\mathbb{R}_{p,-}$, $\mathbb{R}_{p,+}$ をそれぞれ，**点 P に関する左側部分**，**右側部分**と呼ぶ．ただし，この左右の概念は点 P ごとに定まるので，絶対的な概念ではなく，点 P の取り方に依拠する相対的なものであることに注意しよう．

左右の概念が確定したので，次に，左右に関する対称性について考察しよう．1 次元の図形は，最も一般的には，$\mathbb{R}$ の空でない部分集合として定義される．1 次元図形 F が点 P に関して左右対称であることは，感覚的には，点 P に関して数直線を折り曲げたとき，F の左側部分 $\mathsf{F}\cap\mathbb{R}_{p,-}$ と右側部分 $\mathsf{F}\cap\mathbb{R}_{p,+}$ がぴったりと重なることとして捉えられる．だが，これは数学的には曖昧な捉え方であり，厳密さと明晰さに欠ける．実際，いま述べた感覚的描像 (イメージ) を数学的に厳密に捉えるにはある写像の概念が必要である [3]．

上述の「数直線の点 P に関する折り曲げ」という操作は，数直線上の点の対応としては，数直線上の任意の点 $\mathrm{X}(x)\neq\mathrm{P}$ を $|\mathrm{X}'\mathrm{P}|=|\mathrm{PX}|$ [4] を満たす点 $\mathrm{X}'(x')\neq\mathrm{X}$ に対応させるものである (図 1.6 を参照)．点 P はそのまま不動であるので，点 P には点 P が対応する．したがって，この操作は $\mathbb{R}$ 上の一つの写像を定める．この写像を r_p とすれば，$x'=r_p(x)$, $r_p(p)=p$ であり，線分の長さに関する条件は

$$|r_p(x)-p|=|p-x|, \quad x\neq p$$

となる．$x>p$ の場合を考えると $|r_p(x)-p|=x-p$ である．もし，$r_p(x)>p$ ならば，$r_p(x)-p=x-p$, したがって，$r_p(x)=x$ (つまり $\mathrm{X}'=\mathrm{X}$) となるので矛盾である．ゆえに，いまの場合，$r_p(x)-p<0$ であり，したがって，$p-r_p(x)=x-p$ である．ゆえに

$$r_p(x)=2p-x \tag{1.3}$$

を得る．同様にして，$x<p$ の場合もこの式が成立することがわかる．よって，すべての $x\in\mathbb{R}$ に対して，(1.3) が成立する．

写像 r_p を点 p [5] に関する**鏡映変換** (reflection transformation) あるいは単に

---

[3] 写像の一般概念については，付録 A を参照．

[4] 数直線上の 2 点 A, B の間の距離 (線分 AB の長さ) を |AB| で表す．

[5] 以後，点 P とその座標を同一視して，「点 p」という言い方もする．

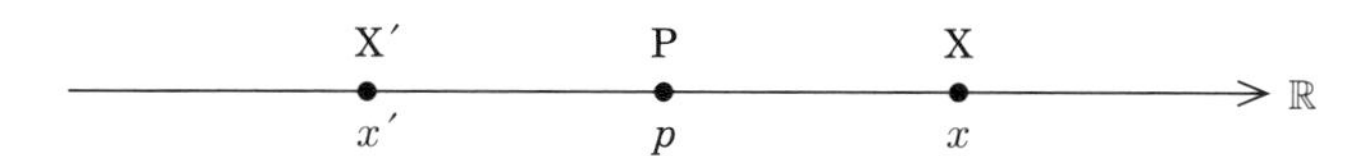

図 1.6　写像 r_p に関わる幾何学的描像 ($x>p$ の場合). $|X'P|=|PX|$. 写像 r_p は点 X を X′ に, 点 X′ を X にうつす. 点 P は写像 r_p のもとで不動.

鏡映という. 点 $r_p(x)$ を**点 $\boldsymbol{p}$ に関する $\boldsymbol{x}$ の鏡映点**または**対称点**と呼ぶ.

鏡映変換 r_p を用いることにより, 点 p に関する 1 次元図形の左右対称性を普遍的概念として定義できる. すなわち, 鏡映変換 r_p のもとで不変な 1 次元図形 F, つまり, $r_p(\mathsf{F})=\mathsf{F}$[6] を満たす 1 次元図形 F を**点 p に関して左右対称**または**鏡映対称な図形**という. 特に原点 $p=0$ に関して左右対称または鏡映対称な図形は単に左右対称または鏡映対称であるという.

ここで重要な点は, 一般的な 1 次元図形 — その中には感覚的描像のおよばないものが存在する — に対して左右対称性の概念が定義されていることである.

例 1.1 有界閉区間 $[p-a,p+a]$ $(a>0)$[7] は点 p に関して左右対称である (図 1.7).

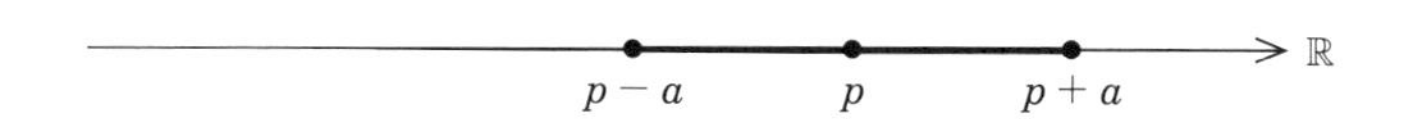

図 1.7　点 p に関して左右対称な有界閉区間

例 1.2 実定数 $M \geqq 0$ と $c>0$ から定まる無限集合

$$\mathsf{F}_M := (-\infty, -Mc^2] \cup [Mc^2, \infty)$$

は鏡映対称である (図 1.8).

集合 F_M は, 物理学の文脈では, 相対論的量子力学における自由なディラック粒子 — たとえば, 自由電子 — のエネルギースペクトルとして現れる. この場合, M はディラック粒子の質量, c は真空中の光速を表す (Mc^2 は静止エネルギーと呼ばれる). 詳しくは, 文献 [47] の 3.4.3 項を参照.

---

[6] $r_p(\mathsf{F}) := \{r_p(x)|x \in \mathsf{F}\}$($\mathsf{F}$ の r_p による像). 付録 A の (A.2) を参照.

[7] $[a,b] := \{x|a \leqq x \leqq b\}$($a$, $b \in \mathbb{R}$, $a<b$) の形の集合を**有界閉区間**という.

$-Mc^2$　　0　　Mc^2

図 **1.8**　集合 F_M(原点は入らない).

例 1.3 j は非負整数 ($j=0, 1, 2, \cdots$) または半整数 ($j=1/2, 3/2, 5/2, \cdots$) であるとする (したがって，$2j+1$ は自然数). 正の実数 $\hbar>0$ に対して，$(2j+1)$ 個の実数からなる集合

$$\mathsf{S}_\hbar := \{m\hbar | m=-j, -j+1, -j+2, \cdots, j-1, j\}$$

は鏡映対称である．離散的集合 $\mathsf{S}_\hbar$ は，量子力学において，その大きさが j の角運動量の各成分 (x 成分，y 成分，z 成分) が取り得る値の集合として登場する (詳しくは文献 [36] の 7.9.2 項を参照)．この場合，$\hbar$ はプランク定数 h を 2π で割った定数である：$\hbar := h/(2\pi)$. 量子力学における角運動量には，軌道角運動量とスピン角運動量 — "内的な回転" に関する角運動量 — の 2 種類がある．軌道角運動量の場合の j は非負整数である.

物理学においては，数直線 $\mathbb{R}$ は 1 次元の位置座標空間 (物体の位置を表すための空間) や時間座標の空間としても現れる[8]．前者の場合，原点 $p=0$ に関する鏡映変換 r_0：

$$r_0(x) = -x, \quad x \in \mathbb{R} \tag{1.4}$$

は 1 次元の**空間反転**と呼ばれる．後者の場合，座標変数 x は時間変数 t で置き換えられ，r_p は時刻 p に関する**時間反転**と呼ばれる．特に，時刻 0 に関する時間反転 r_0 ($r_0(t)=-t, t \in \mathbb{R}$) を単に時間反転という.

直接計算により，鏡映変換 r_p は

$$r_p(r_p(x)) = x, \quad x \in \mathbb{R} \tag{1.5}$$

を満たすことがわかる．これは，数直線上の任意の点に 2 回鏡映変換を施すとも

---

[8] 例 1.2 と例 1.3 における数直線全体は，それぞれ，エネルギー座標空間，角運動量座標空間を表す．これは，同一の数学的対象 (理念(イデア)) — いまの場合 $\mathbb{R}$ — が現象化において多様な現れ方をするという現成(げんじょう)原理の一例にすぎない.

との点にもどることを表す式であり，感覚的には自明に思われる描像に対する数学的に厳密な根拠をあたえる．

合成写像 — 付録 A を参照 — の記号 $\circ$ を用いると，(1.5) の左辺は $(r_p \circ r_p)(x)$ と表すことができる．したがって，写像の等式

$$r_p \circ r_p = I_{\mathbb{R}} \quad (\mathbb{R} \text{ 上の恒等写像}) \tag{1.6}$$

が成り立つ．ゆえに，付録 A の定理 A.4 を $X = \mathbb{R}$, $f = r_p$ の場合に応用することにより，r_p は全単射であること，およびその逆写像 r_p^{-1} は自らに等しいこと，すなわち

$$r_p^{-1} = r_p$$

が結論される．

1.2.2 2 次元空間における左右対称性

次に 2 次元ユークリッドベクトル空間 (ユークリッド平面)

$$\mathbb{R}^2 := \{\boldsymbol{r} = (x, y) | x, y \in \mathbb{R}\}$$

における左右対称性を考察しよう．

平面 $\mathbb{R}^2$ の場合，1 次元空間 $\mathbb{R}$ の場合と異なり，平面から 1 点を除いても，平面が二つに分かれることはない．そこで，点が生成する連続体として，任意の直線 ℓ を考えてみよう．

直線 ℓ の方程式を具体的に書き下すために，$\mathbb{R}^2$ にはユークリッド内積が備わっていることを想起しよう．すなわち，任意の二つのベクトル $\boldsymbol{r} = (x, y)$, $\boldsymbol{r}' = (x', y') \in \mathbb{R}^2$ に対して

$$\langle \boldsymbol{r}, \boldsymbol{r}' \rangle := xx' + yy'$$

によって定まる実数 $\langle \boldsymbol{r}, \boldsymbol{r}' \rangle$ を $\boldsymbol{r}$ と $\boldsymbol{r}'$ の**ユークリッド内積**または単に**内積**というのであった[9]．ベクトル $\boldsymbol{r}$ の長さ (大きさ) $|\boldsymbol{r}|$ は

$$|\boldsymbol{r}| := \sqrt{\langle \boldsymbol{r}, \boldsymbol{r} \rangle} = \sqrt{x^2 + y^2}$$

---

[9] 内積 $\langle \boldsymbol{r}, \boldsymbol{r}' \rangle$ を $(\boldsymbol{r}, \boldsymbol{r}')$ または $\boldsymbol{r} \cdot \boldsymbol{r}'$ と記す流儀もある．

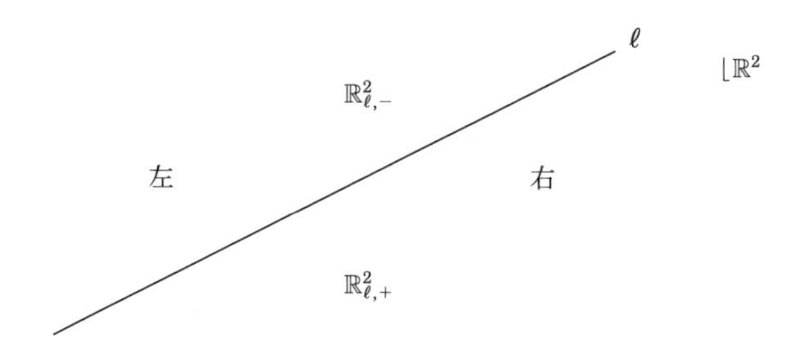

図 1.9　直線 ℓ に関する左右 $(a_1>0, a_2<0$ の場合)

で定義される．

さて，内積を用いると，ℓ の方程式は一般に

$$\langle \boldsymbol{a}, \boldsymbol{r}\rangle = c, \quad \boldsymbol{r}\in\ell \tag{1.7}$$

という形であたえられる．ただし，$\boldsymbol{a}=(a_1,a_2)\neq(0,0)$ は定ベクトルで c は定数である [10]．このとき

$$\mathbb{R}^2_{\ell,+} := \{\boldsymbol{r}\in\mathbb{R}^2 \mid \langle \boldsymbol{a},\boldsymbol{r}\rangle > c\}, \quad \mathbb{R}^2_{\ell,-} := \{\boldsymbol{r}\in\mathbb{R}^2 \mid \langle \boldsymbol{a},\boldsymbol{r}\rangle < c\}$$

とすれば，平面 $\mathbb{R}^2$ は

$$\mathbb{R}^2 = \mathbb{R}^2_{\ell,-}\cup\ell\cup\mathbb{R}^2_{\ell,+}$$

と互いに素な三つの部分集合の和集合として表される (図 1.9)．つまり，直線 ℓ を境として，互いに素な二つの部分 $\mathbb{R}^2_{\ell,\pm}$ が存在するのである．この原理的事実が平面における左右の起源である．すなわち，部分集合 $\mathbb{R}^2_{\ell,-}$ を直線 ℓ に関する左側部分，$\mathbb{R}^2_{\ell,+}$ を ℓ に関する右側部分というのである [11]．ここで本質的に重要なことは，直線 ℓ ごとに二つの集合 $\mathbb{R}^2_{\ell,\pm}$ の対が現れることであり，したがって，

---

[10] 傾きが m で y 切片が b の直線は $y=mx+b$ であたえられる．したがって，この場合，$\boldsymbol{a}=(-m,1)$, $c=b$ とすれば，この直線の方程式は $\langle\boldsymbol{a},\boldsymbol{r}\rangle=c$ と書き直せる．また，$(p,0)$ $(p\in\mathbb{R})$ を通る，y 軸に平行な直線は $x=p$ であるから，$\boldsymbol{a}=(1,0)$, $c=p$ とすれば，$\langle\boldsymbol{a},\boldsymbol{r}\rangle=c$ と書ける．よって，いずれの場合でも直線の方程式は (1.7) の形をとる．つまり，(1.7) は，これら二つの場合を統一する方程式なのである．

[11] $\mathbb{R}^2_{\ell,\pm}$ のどちらを ℓ に関する左側部分あるいは右側部分と呼ぶかは便宜的な問題にすぎない．

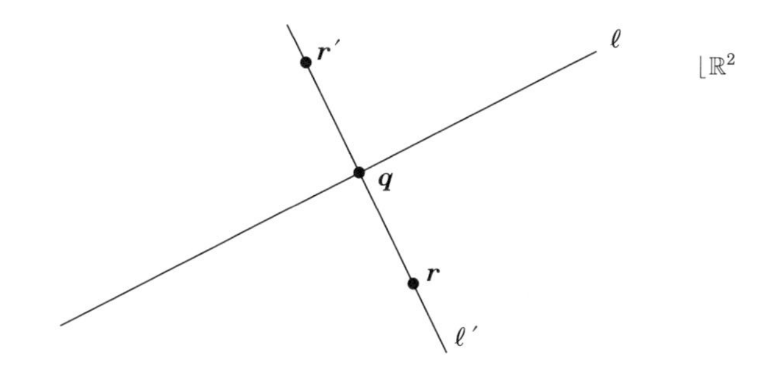

図 **1.10**　$\boldsymbol{r}$ と $\boldsymbol{r}'$ の関係：$\boldsymbol{r}'-\boldsymbol{q}=\boldsymbol{q}-\boldsymbol{r}$

左右の概念は一つの対としてのみ意味をもつということである．さらに，直線 ℓ の取り方を変えれば，集合の対 $(\mathbb{R}^2_{\ell,-},\mathbb{R}^2_{\ell,+})$ は変化するので，左右も変化することになる．ゆえに，1 次元空間における左右の概念と同様，2 次元空間における左右も相対的な概念なのである．

2 次元空間における左右の概念が確定されたので，2 次元図形の左右対称性の定義にうつろう．1 次元図形の概念の自然な拡張として，2 次元図形は $\mathbb{R}^2$ の空でない部分集合として定義される．2 次元図形の左右対称性を厳密に定義するには，1 次元空間における鏡映変換の 2 次元版が必要になる．

直線 ℓ 上にない任意の点 $\boldsymbol{r}$ に対して，$\boldsymbol{r}$ を通り，ℓ と直交する直線 ℓ' が一意的に定まる．ℓ' と ℓ との交点を表すベクトルを $\boldsymbol{q}$ とするとき

$$\boldsymbol{r}':=2\boldsymbol{q}-\boldsymbol{r} \tag{1.8}$$

によって定まる点 $\boldsymbol{r}'$ を点 $\boldsymbol{r}$ の直線 ℓ に関する**鏡映点**または**対称点**と呼ぶ (図 1.10)．便宜上，ℓ 上の点 $\boldsymbol{r}$ の鏡映点 $\boldsymbol{r}'$ は $\boldsymbol{r}$ 自体であるとする．こうして，各 $\boldsymbol{r}\in\mathbb{R}^2$ に対して，その鏡映点 $\boldsymbol{r}'$ を対応させる写像 R_ℓ, すなわち

$$R_\ell(\boldsymbol{r}):=\boldsymbol{r}' \tag{1.9}$$

を満たす写像が定義される．写像 R_ℓ を直線 ℓ に関する**鏡映変換**または単に**鏡映**という．この写像は具体的に次の形であたえられる [12)]：

---

12) 導出については，本章の付録 (1.8 節) を参照.

$$R_\ell(\boldsymbol{r}) = \boldsymbol{r} + \frac{2(c - \langle \boldsymbol{a}, \boldsymbol{r}\rangle)}{|\boldsymbol{a}|^2}\boldsymbol{a}. \tag{1.10}$$

鏡映点 $\boldsymbol{r}'$ の ℓ に関する鏡映点は $\boldsymbol{r}$ であるので，$R_\ell(\boldsymbol{r}') = \boldsymbol{r}$ が成立するはずである．実際，これが成立することは (1.10) を用いて厳密に確かめられる．したがって，任意の $\boldsymbol{r} \in \mathbb{R}^2$ に対して

$$R_\ell(R_\ell(\boldsymbol{r})) = \boldsymbol{r} = I_{\mathbb{R}^2}(\boldsymbol{r})$$

が成り立つ．この式は平面上の任意の点に鏡映変換 R_ℓ を 2 回施すともとの点にもどることを表す．左辺は $(R_\ell \circ R_\ell)(\boldsymbol{r})$ と書けるので，写像の等式

$$R_\ell \circ R_\ell = I_{\mathbb{R}^2} \tag{1.11}$$

が得られる [13)]．したがって，1 次元鏡映変換 r_p の場合と同様に，付録 A の定理 A.4 を応用することにより，R_ℓ は全単射であり

$$R_\ell^{-1} = R_\ell$$

であることが結論される．

2 次元図形 F の鏡映変換 R_ℓ による像 $R_\ell(\mathsf{F})$ を直線 ℓ に関する F の**鏡像**という (図 1.11)．

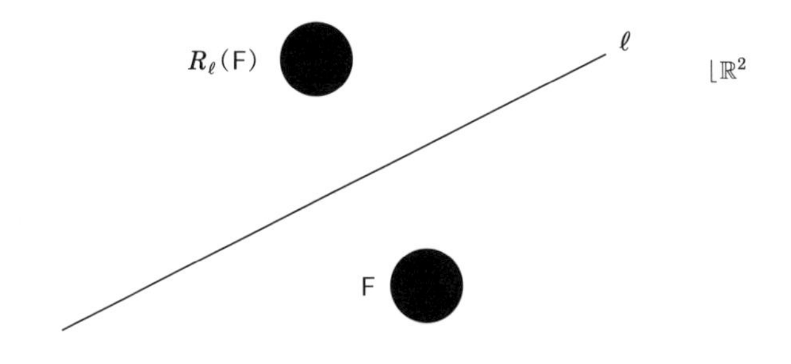

図 1.11　直線 ℓ に関する鏡像の例

13) この式は，より厳密には，(1.10) を用いて示される．

2 次元図形 $\mathsf{G} \subset \mathbb{R}^2$ が鏡映変換 R_ℓ のもとで不変であるとき，すなわち，$R_\ell(\mathsf{G}) = \mathsf{G}$ が成り立つとき，G は**直線** ℓ **に関して左右対称**または**鏡映対称**あるいは**線対称**であるという．この場合，ℓ をその**対称軸**と呼ぶ．

こうして，直線 ℓ に関する鏡映変換という写像を用いることにより，直線 ℓ に関する左右対称性の概念が曖昧さなく，しかも一般的な形で定義される．

次の一般的事実に注意しよう．任意の図形 F に対して，$\mathsf{G} := \mathsf{F} \cup R_\ell(\mathsf{F})$(F とその鏡像の和集合；図 1.11 の例で言えば，二つの黒い図形の和集合を一つの図形とみたもの) は直線 ℓ に関して左右対称である [14)]．これは，つまり，任意の直線 ℓ と任意の図形に対して，必ず，ℓ に関して左右対称な図形が同伴することを語る．

具体的にあたえられた図形が左右対称であるかどうかを判定する問題は，当の図形の対称軸を見いだす問題と等価になる．例を見よう．

例 1.4 各自然数 $n \geqq 3$ に対して，正 n 角形は，各頂点と中心を通る直線に関して左右対称である．n が偶数の場合は，各辺の中点と中心を通る直線に関しても左右対称である．対称軸はちょうど n 本ある (図 1.12〜図 1.16 を参照；対称軸を破線で示した)．

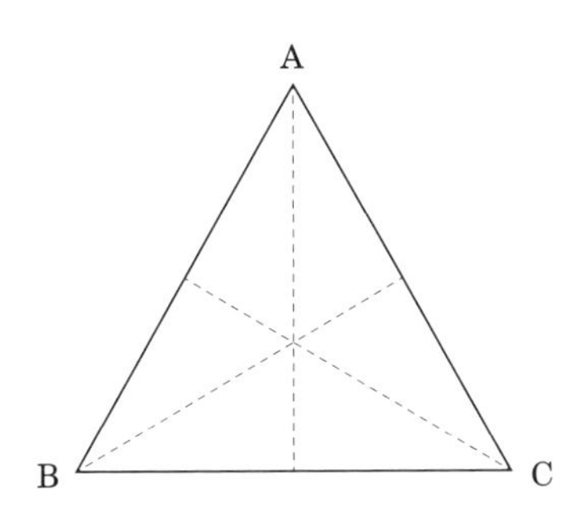

図 1.12　正 3 角形 ABC の左右対称性 ($|\mathrm{AB}| = |\mathrm{BC}| = |\mathrm{CA}|$)．3 本の対称軸がある．

---

14) 証明：付録 A の命題 A.1 (ii) により，$R_\ell(\mathsf{G}) = R_\ell(\mathsf{F}) \cup R_\ell(R_\ell(\mathsf{F}))$．一方，(1.11) により，$R_\ell(R_\ell(\mathsf{F})) = \mathsf{F}$.

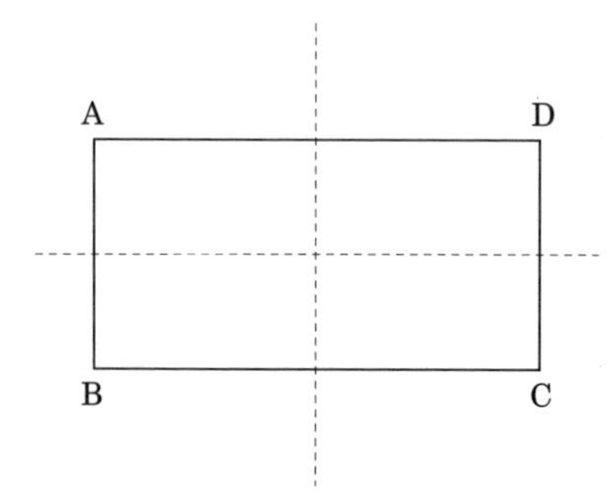

図 1.13　長方形 ABCD の左右対称性 ($|AB| = |CD|, |AD| = |BC|$). 2 本の対称軸がある.

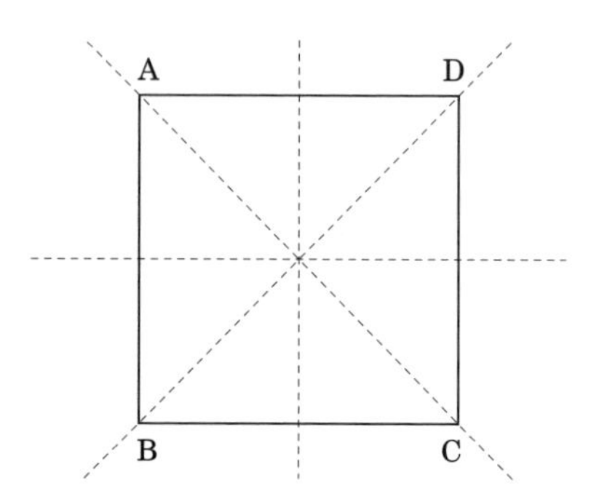

図 1.14　正方形 ABCD の左右対称性 ($|AB| = |CD| = |AD| = |BC|$). 4 本の対称軸がある.

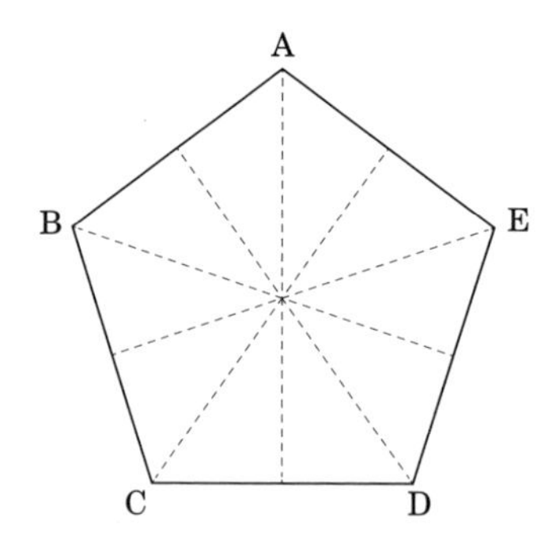

図 1.15　正 5 角形 ABCDE の左右対称性. 5 本の対称軸がある.

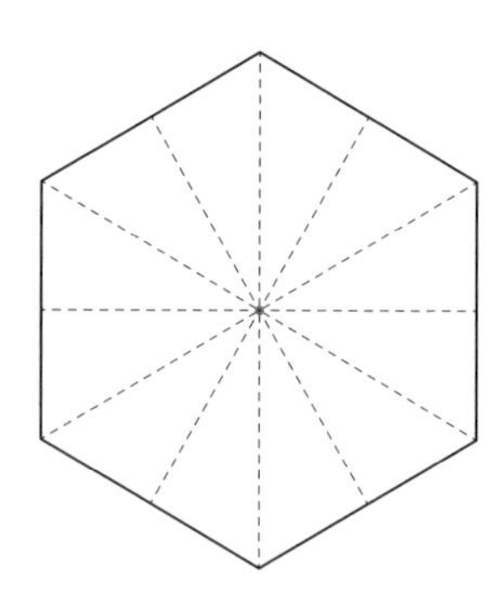

図 1.16　正 6 角形の左右対称性. 6 本の対称軸がある.

例 1.5 円や円周は，その中心を通る任意の直線に関して左右対称である (図 1.17).

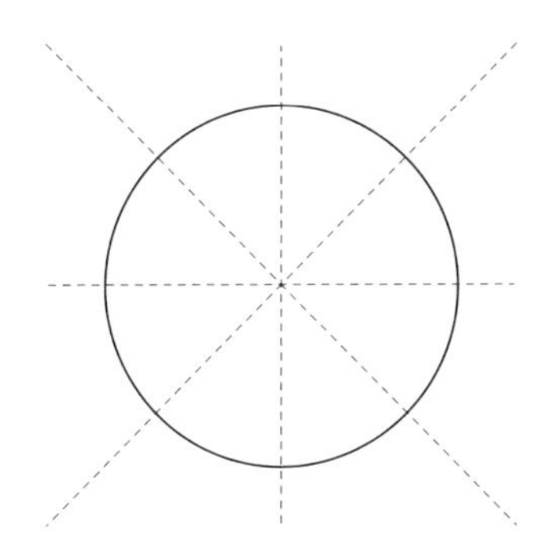

図 1.17　円と円周の左右対称性．中心を通る任意の直線が対称軸である．

これは，円や円周が有する左右対称性の度合いが非常に高いことを示すものであり，円や円周の美と深く関連していると考えられる [15]．

例 1.6 雪の結晶 (図 1.1) は，正 6 角形と (近似的に) 同じ型の左右対称性を有する [16]．

例 1.7 植物の花にも左右対称性をもつものが多い．たとえば，図 1.2 のエンレイソウは，正 3 角形と (近似的に) 同じ型の左右対称性を有し，木槿の花は正 5 角形と (近似的に) 同じ型の左右対称性を有する．

例 1.8 動物の体もしかるべき方向から見た場合，左右対称性を有するものが多い (例：図 1.3)．

---

[15] 対称性の高低および関連する事項については文献 [38] の第 1 章と第 2 章を参照されたい．実は，単純閉曲線の像によってあたえられる 2 次元図形のうち，左右対称性が最も高いのは円周であることが証明される (文献 [38] の 1.2.12 項を参照)．

[16] 私たちの周囲に拡がる感覚的・物質的世界 (次元) においては，必然的に測定誤差や形態における "揺らぎ" が伴うので，数学的に厳密な意味での左右対称性の概念を適用することはできない．「(近似的)」という語を付したのはこの理由による．以下，特に断らない場合でも，このことは了解されているものとする．

例 1.9 並木にはしかるべき方向から見れば左右対称なものがある (例：図 1.18).

図 1.18　白樺並木

例 1.10 建築物には，しかるべき方向から平面的に眺めた場合，左右対称性を有するものが多い (たとえば，図 1.19).

図 1.19　ハンガリーの首都ブダペストの大聖堂

1.2.3　3 次元空間における左右対称性

すでに見たように，1 次元空間 $\mathbb{R}$ において左右を定めるのは点であり，2 次元空間 $\mathbb{R}^2$ におけるそれは直線である．これらの事実から，3 次元空間

$$\mathbb{R}^3 := \{(x, y, z) | x, y, z \in \mathbb{R}\} \tag{1.12}$$

における左右を確定するのは平面であることが推測されよう．実際，この推測は正しい．簡単のため，yz 平面

$$\mathsf{M} := \{(0, y, z) | y, z \in \mathbb{R}\}$$

を考えよう．これに対して，互いに素な二つの部分集合

$$\mathbb{R}^3_+ := \{(x, y, z) | x > 0, y, z \in \mathbb{R}\}, \quad \mathbb{R}^3_- := \{(x, y, z) | x < 0, y, z \in \mathbb{R}\}$$

が定まり

$$\mathbb{R}^3 = \mathbb{R}^3_+ \cup \mathsf{M} \cup \mathbb{R}^3_-$$

と分解される (図 1.20)．部分集合 $\mathbb{R}^3_+$ を平面 M に関する右側部分，部分集合 $\mathbb{R}^3_-$ を平面 M に関する左側部分と呼ぶ [17]．こうして，平面 M に関する左右の概念が定まる．

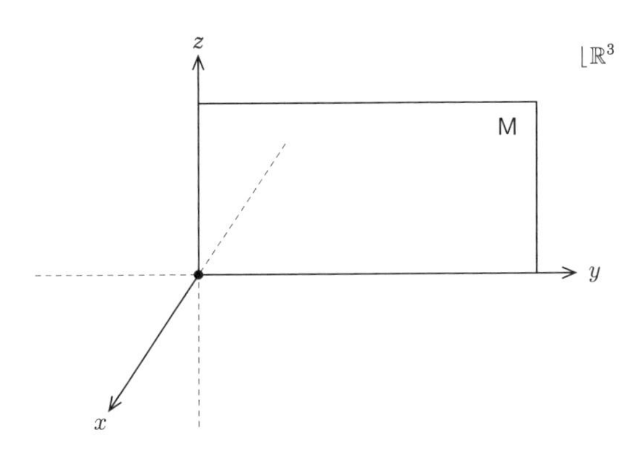

図 **1.20**　yz 平面 M

[17] この名称の付け方は便宜的なものである．

一般に，$\mathbb{R}^3$ の空でない部分集合を **3 次元図形**と呼ぶ．3 次元図形の平面 M に関する左右対称性を定義するために，写像 $R_{\mathsf{M}}:\mathbb{R}^3\to\mathbb{R}^3$ を

$$R_{\mathsf{M}}(\boldsymbol{r}):=(-x,y,z),\quad \boldsymbol{r}=(x,y,z)\in\mathbb{R}^3 \tag{1.13}$$

によって定める．この写像を**平面 M に関する鏡映変換**と呼ぶ．この場合，M をその**鏡映面**といい，点 $R_{\mathsf{M}}(\boldsymbol{r})$ を点 $\boldsymbol{r}$ の**平面 M に関する対称点**または**鏡映点**という．

写像 R_{M} に対する感覚的描像の一つは次のようなものである．平面 M を無限に広がる鏡に見立てたとき — 鏡の面は x 軸の正の方向を向いているとしよう —，鏡の前に存在する空間は $\mathbb{R}^3_+$ と同一視することができ，鏡の中の空間は，$\mathbb{R}^3_+$ に属する点の鏡映点の全体 $R_{\mathsf{M}}(\mathbb{R}^3_+)$ と同一視できる．「鏡映変換」という名称はこの描像に基づくものである．

原点に関する 1 次元鏡映変換 r_0 ((1.4) を参照) を用いると

$$R_{\mathsf{M}}(\boldsymbol{r})=(r_0(x),y,z),\quad \boldsymbol{r}=(x,y,z)\in\mathbb{R}^3 \tag{1.14}$$

と書けることに注意しよう．これは，R_{M} が r_0 から構成されていることを示す．

3 次元図形 $\mathsf{F}\subset\mathbb{R}^3$ が写像 R_{M} のもとで不変，すなわち，$R_{\mathsf{M}}(\mathsf{F})=\mathsf{F}$ を満たすとき，F は**平面 M に関して左右対称**または**鏡映対称**であるという．この場合，M を**対称面**または**鏡映面**という．

例 1.11 直方体 $[-a,a]\times[b_1,b_2]\times[c_1,c_2]$ $(a>0,\ b_1<b_2,\ c_1<c_2$；直積空間については付録 A を参照) は平面 M に関して鏡映対称である．

例 1.12 半径 $\rho>0$ の球面

$$\mathsf{S}_\rho:=\{(x,y,z)\in\mathbb{R}^3|x^2+y^2+z^2=\rho^2\}$$

や半径 $\rho>0$ の開球

$$\mathsf{B}_\rho:=\{(x,y,z)\in\mathbb{R}^3|x^2+y^2+z^2<\rho^2\}$$

および半径 ρ の閉球

$$\overline{\mathsf{B}}_\rho:=\{(x,y,z)\in\mathbb{R}^3|x^2+y^2+z^2\leqq\rho^2\}=\mathsf{B}_\rho\cup\mathsf{S}_\rho$$

は平面 M に関して鏡映対称である．

例 1.13 $\mathsf{X} \subset \mathbb{R}$ を 1 次元の原点に関して鏡映対称な図形とし，D を $\mathbb{R}^2$ の任意の図形とする．このとき

$$\mathsf{F} = \mathsf{X} \times \mathsf{D} = \{(x, y, z) | x \in \mathsf{X}, (y, z) \in \mathsf{D}\}$$

は平面 M に関して鏡映対称である ($\because$ (1.14) を用いると，$R_{\mathsf{M}}(\mathsf{F}) = r_0(\mathsf{X}) \times \mathsf{D} = \mathsf{X} \times \mathsf{D} = \mathsf{F}$).

以上の考察は，平面 M が xy 平面や zx 平面で置き換えられた場合でもまったく同様に成立する．

$\mathbb{R}^3$ 内の任意の平面 Σ に関する鏡映対称性については次のように考察を進めればよい．平面 Σ が $\mathbb{R}^3$ を二つの部分に分けることは直観的には容易に想像できよう．この直観を厳密化するには，平面 Σ の方程式を用いる必要がある．これは，a_1, a_2, a_3 を同時に 0 でない実定数，c を実定数として

$$a_1 x + a_2 y + a_3 z = c$$

という形であたえられる．すなわち

$$\Sigma = \{(x, y, z) \in \mathbb{R}^3 | a_1 x + a_2 y + a_3 z = c\}.$$

たとえば，xy 平面の方程式は $z = 0$ ($a_1 = 0$, $a_2 = 0$, $a_3 = 1$, $c = 0$ の場合) であり，yz 平面の方程式は $x = 0$ ($a_1 = 1$, $a_2 = 0$, $a_3 = 0$, $c = 0$ の場合) であり，zx 平面の方程式は $y = 0$ ($a_1 = 0$, $a_2 = 1$, $a_3 = 0$, $c = 0$ の場合) である．そこで，

$$\Sigma_{\mathrm{R}} := \{(x, y, z) \in \mathbb{R}^3 | a_1 x + a_2 y + a_3 z > c\},$$

$$\Sigma_{\mathrm{L}} := \{(x, y, z) \in \mathbb{R}^3 | a_1 x + a_2 y + a_3 z < c\}$$

とすれば，Σ, Σ_{R}, Σ_{L} は互いに素な集合であり

$$\mathbb{R}^3 = \Sigma_{\mathrm{L}} \cup \Sigma \cup \Sigma_{\mathrm{R}} \tag{1.15}$$

が成り立つ．これは，平面 Σ が $\mathbb{R}^3$ を二つの部分に分けることを意味する (図 1.21)．この分割に基づいて，Σ_{L} を平面 Σ の**左側部分**と呼び，もう一方の部分

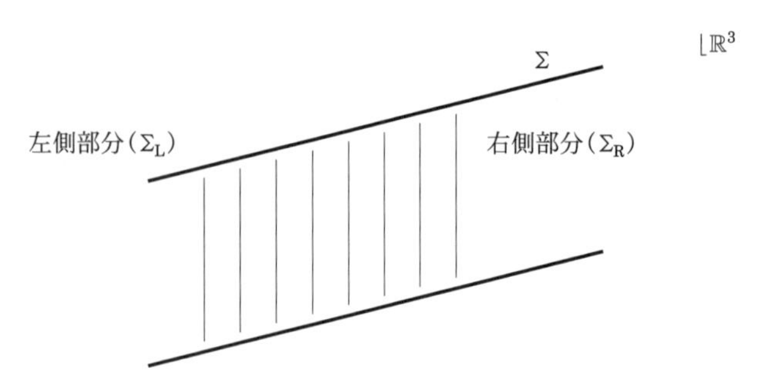

図 1.21　空間 $\mathbb{R}^3$ の分割

Σ_R を Σ の**右側部分**と呼ぶ [18]．こうして，3 次元空間 $\mathbb{R}^3$ における左右の概念が確定する．だが，ここでもまた，数直線や平面における左右の概念に関してなされたのと同様の注意が当てはまる．すなわち，空間 $\mathbb{R}^3$ における左右の概念は，空間 $\mathbb{R}^3$ を二分する平面 Σ に依拠して定まるということであり，これを指定しなければ意味がないということである．

平面 Σ に関する左右の概念の確定によって，Σ に関する左右対称性の定義が可能となることは 1 次元空間，2 次元空間の場合と同様である．$\mathbb{R}^3$ の点 X を表すベクトルが $\boldsymbol{r}$ であるとき，$\mathrm{X}(\boldsymbol{r})$ と記す．空間 $\mathbb{R}^3$ の中に，任意の点 $\mathrm{X}=\mathrm{X}(\boldsymbol{r})$ を通り，Σ と直交する直線 ℓ_X が Σ と交わる点を M とする．このとき Σ に関して X と反対側にあり，$|\mathrm{MX}|=|\mathrm{MX}'|$ を満たす，ℓ_X 上の点 X' を Σ に関する X の**対称点**と呼ぶ (図 1.22 を参照)．ただし，Σ 上の点 X の対称点 X' はそれ自身であるとする．このとき，2 次元空間 $\mathbb{R}^2$ の場合と同様にして，空間の任意の点 $\mathrm{X}(\boldsymbol{r})$ に対して，その対称点 $\mathrm{X}'(\boldsymbol{r}')$ に対応させる写像 $R_\Sigma:\mathbb{R}^3\to\mathbb{R}^2$ が

$$R_\Sigma(\boldsymbol{r})=\boldsymbol{r}',\quad \boldsymbol{r}\in\mathbb{R}^3 \tag{1.16}$$

によって定義される．この写像を平面 Σ に関する**鏡映変換**と呼ぶ [19]．この場合，Σ を鏡映変換 R_Σ の**鏡映面**という．

---

[18] これらの呼び方も便宜的なものである．Σ_L を右側部分，Σ_R を左側部分と呼んでも差し支えないし，別の呼称をつけてもよい．本質的な点は，Σ の存在が (1.15) を満たす互いに素な二つの部分集合 Σ_L, Σ_R を出現させるということである．

[19] この変換の表式については，本章の付録 (1.8 節) を参照．

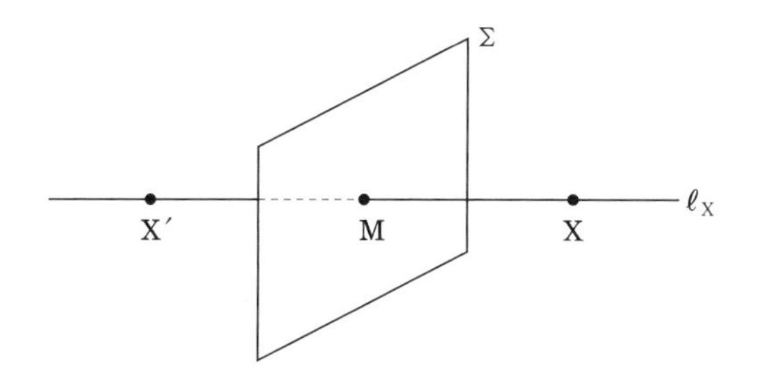

図 1.22　平面 Σ に関する対称点：$|\mathrm{MX}| = |\mathrm{MX}'|$

3 次元図形 $\mathsf{F} \subset \mathbb{R}^3$ について，$R_\Sigma(\mathsf{F}) = \mathsf{F}$ が成り立つとき，F は**平面** Σ **に関して左右対称**または**鏡映対称**であるといい，Σ をその**対称面**または**鏡映面**という．

例 1.14 中心が $\boldsymbol{a} \in \mathbb{R}^3$, 内半径 $r \geqq 0$, 外半径 $R \geqq r$ の球殻 $\{\boldsymbol{r} \in \mathbb{R}^3 | r \leqq |\boldsymbol{r} - \boldsymbol{a}| \leqq R\}$ — 球面 $(r = R > 0)$ の場合と球 $(r = 0, R > 0)$ の場合を含む — はその中心 $\boldsymbol{a}$ を通る，すべての平面に関して鏡映対称である．

1.3　並進対称性

ダイヤモンドや水晶に見られるように，種々ある物質のうちでも，結晶は，たいへん規則正しい，美しい形態を有する．結晶は，量子力学的には，原子あるいは原子団・分子・イオンが 3 次元空間の中に周期的に配列したものである．この構造は 3 次元空間 $\mathbb{R}^3$ に属する 3 個のベクトル $\boldsymbol{a}, \boldsymbol{b}, \boldsymbol{c} \in \mathbb{R}^3$ から定まる部分集合

$$\mathsf{L}_{\boldsymbol{a},\boldsymbol{b},\boldsymbol{c}} := \{\ell \boldsymbol{a} + m\boldsymbol{b} + n\boldsymbol{c} | \ell, m, n \in \mathbb{Z}\}$$

— $\mathbb{Z} := \{0, \pm 1, \pm 2, \cdots\}$ は整数全体の集合 — を用いて記述される．この型の集合を**斜方格子空間**という．これは，図 1.23 の平行 6 面体 — $\mathsf{L}_{\boldsymbol{a},\boldsymbol{b},\boldsymbol{c}}$ の**単位胞**という — の頂点を $\boldsymbol{a}, \boldsymbol{b}, \boldsymbol{c}$ それぞれの方向に，すべての整数にわたって整数倍だけずらしてできる点の集合である (図 1.24)．斜方格子空間の要素 (元) を**格子点**という．特に，$\boldsymbol{a} = (a, 0, 0), \boldsymbol{b} = (0, a, 0), \boldsymbol{c} = (0, 0, a)$ $(a > 0)$ となっている斜方格子空間を格子間隔 a の**立方格子空間**といい，$\mathbb{Z}_a^3$ という記号で表す．この場合は，図 1.23 の平行 6 面体は一辺の長さが a の立方体である．$\mathbb{Z}_a^3$ を x 軸，y 軸，z 軸

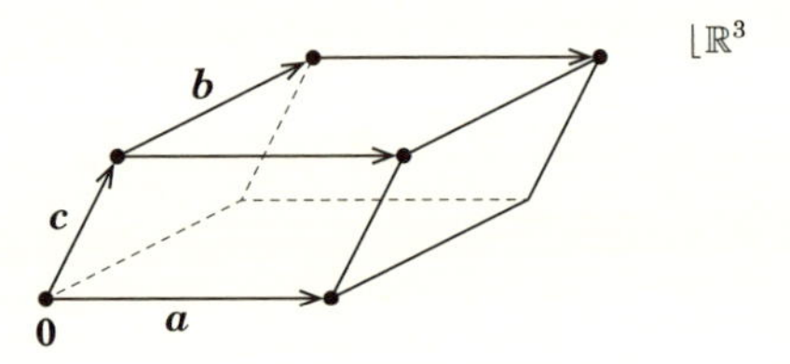

図 **1.23**　斜方格子空間の単位胞 (平行 6 面体)

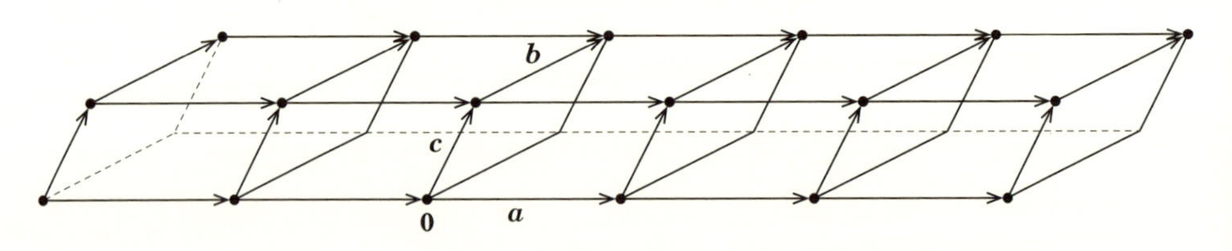

図 **1.24**　斜方格子空間 $\mathsf{L}_{\boldsymbol{a},b,c}$(部分)

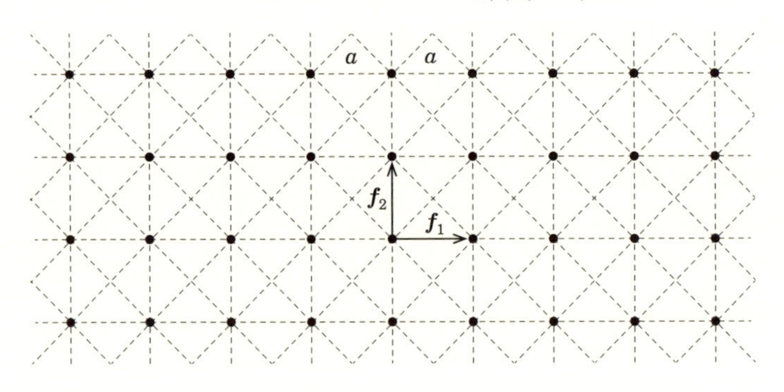

図 **1.25**　2 次元正方格子空間 $\mathbb{Z}_a^2$ (点 ● の集合)

それぞれの方向から見ると図 1.25 のような平面図形

$$\mathbb{Z}_a^2 := \{(ma, na) | m, n \in \mathbb{Z}\}$$

が得られる．これを格子間隔が a の **2 次元正方格子空間**という．この図形は，点線によって示唆される無数の直線に関して左右対称性をもつことに注意しよう．これは，$\mathbb{Z}_a^2$ が左右対称性に関して非常に度合いの高い図形であることを意味し，美学的には，この図形の美的性質を特徴づける大きな要因の一つと考えられる．

ベクトル

$$\boldsymbol{f}_1 := (a, 0), \quad \boldsymbol{f}_2 := (0, a) \in \mathbb{R}^2$$

を導入すれば

$$\mathbb{Z}_a^2 = \{m\boldsymbol{f}_1 + n\boldsymbol{f}_2 | m, n \in \mathbb{Z}\}$$

と表される．

斜方格子空間 $\mathsf{L}_{\boldsymbol{a},\boldsymbol{b},\boldsymbol{c}}$ の各点に同種の原子や原子団が配されたものが結晶である [20]．容易にわかるように，任意の整数 ℓ, m, n に対して，$\mathsf{L}_{\boldsymbol{a},\boldsymbol{b},\boldsymbol{c}}$ の各点 $\boldsymbol{r}$ をベクトル $\boldsymbol{r}_{\ell,m,n} := \ell\boldsymbol{a} + m\boldsymbol{b} + n\boldsymbol{c}$ だけずらしても $\mathsf{L}_{\boldsymbol{a},\boldsymbol{b},\boldsymbol{c}}$ は全体としては変わらない [21]．この規則性をベクトル $\boldsymbol{r}_{\ell,m,n}$ に関する $\mathsf{L}_{\boldsymbol{a},\boldsymbol{b},\boldsymbol{c}}$ の**並進対称性**または**平行移動対称性**という．この規則性は，実は，次に示すように，ある一般的な規則性の特殊な現れと見ることができる．

d を自然数とし，d 次元ユークリッドベクトル空間

$$\mathbb{R}^d := \{\boldsymbol{x} = (x_1, \cdots, x_d) | x_i \in \mathbb{R}, i = 1, \cdots, d\} \tag{1.17}$$

を考える ($d = 1, 2, 3$ の場合を念頭においていただければよい)．この空間の任意のベクトル $\boldsymbol{q}$ を一つ固定し，$\mathbb{R}^d$ の各点 $\boldsymbol{x}$ に対して，これをベクトル $\boldsymbol{q}$ だけ平行移動 (並進) したベクトル $\boldsymbol{x} + \boldsymbol{q}$ を対応させる写像を $T_{\boldsymbol{q}}$ としよう：

$$T_{\boldsymbol{q}}(\boldsymbol{x}) := \boldsymbol{x} + \boldsymbol{q}, \quad \boldsymbol{x} \in \mathbb{R}^d. \tag{1.18}$$

写像 $T_{\boldsymbol{q}}$ をベクトル $\boldsymbol{q}$ による**並進**または**平行移動**と呼ぶ (図 1.26)．

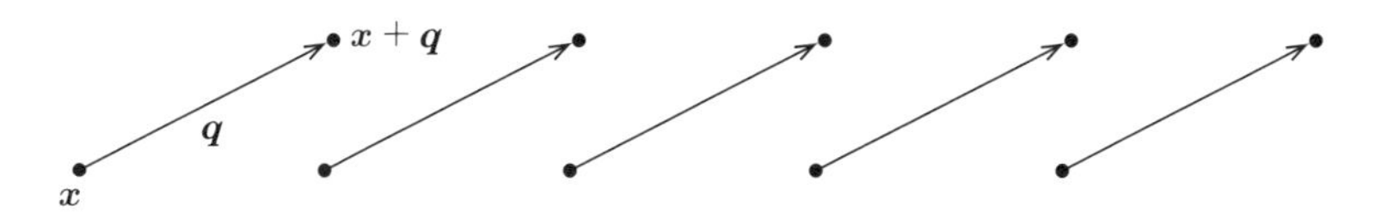

図 1.26　ベクトル $\boldsymbol{q}$ による並進

写像 $T_{\boldsymbol{q}}$ により，並進対称性の一般概念が次のように定義される：ベクトル $\boldsymbol{q}$ の並進のもとで不変である d 次元図形 $\mathsf{F} \subset \mathbb{R}^d$，すなわち，$T_{\boldsymbol{q}}(\mathsf{F}) = \mathsf{F}$ を満たす図

[20] もちろん，実際の結晶では，その存在範囲は有限の領域である．

[21] 任意の $\boldsymbol{r} = i\boldsymbol{a} + j\boldsymbol{b} + k\boldsymbol{c} \in \mathsf{L}_{\boldsymbol{a},\boldsymbol{b},\boldsymbol{c}}$ $(i, j, k \in \mathbb{Z})$ に対して，$\boldsymbol{r} + \boldsymbol{r}_{\ell,m,n} = (i+\ell)\boldsymbol{a} + (j+m)\boldsymbol{b} + (k+n)\boldsymbol{c}$ であり，$i+\ell, j+m, k+n \in \mathbb{Z}$ であるので，$\boldsymbol{r} + \boldsymbol{r}_{\ell,m,n} \in \mathsf{L}_{\boldsymbol{a},\boldsymbol{b},\boldsymbol{c}}$.

形 F は「**ベクトル $\boldsymbol{q}$ に関する並進対称性**をもつ」あるいは「**ベクトル $\boldsymbol{q}$ に関して並進対称**である」という.

例 1.15 斜方格子空間 $\mathsf{L}_{\boldsymbol{a},\boldsymbol{b},\boldsymbol{c}}$ の並進対称性 (既述) は, $d=3$, $\mathsf{F}=\mathsf{L}_{\boldsymbol{a},\boldsymbol{b},\boldsymbol{c}}$, $\boldsymbol{q}=\boldsymbol{r}_{\ell,m,n}$ ($\ell,m,n\in\mathbb{Z}$ は任意) の場合の並進対称性である.

例 1.16 織物, 染物, 工芸品などの装飾文様の中には, 一つの図柄を繰り返して並置したものが多い (例：図 1.27〜図 1.29)[22]. この型の模様 — **繰り返し模様**と呼ぶ — は (局所的) 並進対称性をもつ.

図 1.27 市松模様（いちまつもよう）

図 1.28 七宝繋ぎ（しっぽうつなぎ）

[22] より詳しくは, たとえば, 文献 [169, 170] を参照.

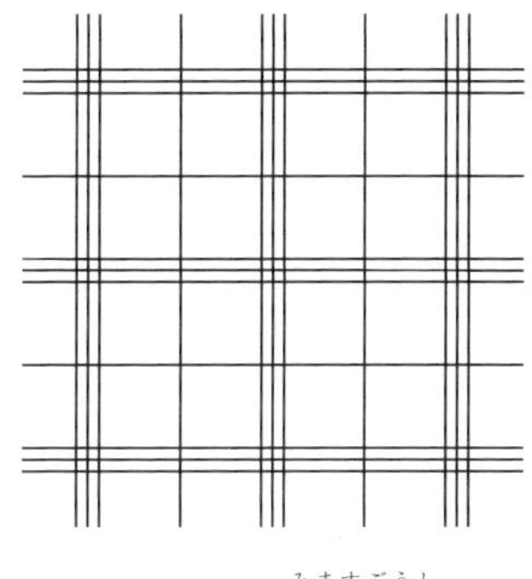

図 1.29　三枡格子（みますごうし）

1.4　回転対称性

鏡映や並進と並んで，ユークリッドベクトル空間上の写像の基本的な例の一つとして回転がある．**回転**とは，空間 — $\mathbb{R}^2$, $\mathbb{R}^3$, より一般には，d 次元ユークリッドベクトル空間 $\mathbb{R}^d (d \geqq 2)$ の 1 点 P を固定し，空間の任意の点 X を，P と X の距離を不変に保ちつつ，別の点 X′ に対応させる写像のことである (図 1.30 を参照)．この場合，P を回転の中心という．

鏡映対称性や並進対称性の場合に倣って，ある回転のもとで不変な図形は当の回転に関して**回転対称性**をもつという．この対称性が具象的にどのようなものであるかを見るために，まず，2 次元平面における回転を表す写像を考察しよう．

平面 $\mathbb{R}^2$ の点 P を表すベクトルを $\boldsymbol{p} = (p_1, p_2)$ とする．このとき，**点 P を中心**

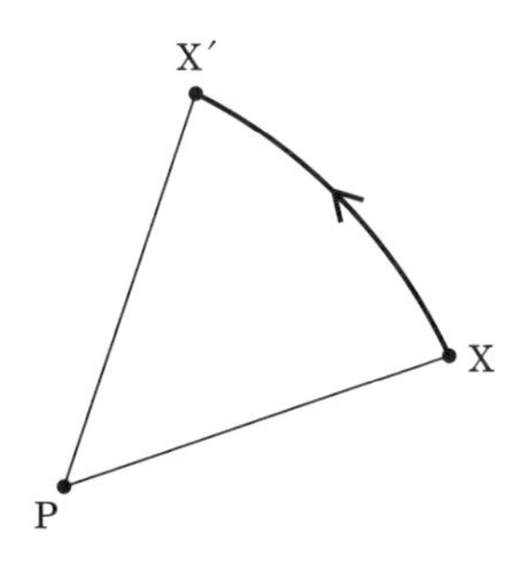

図 1.30　点 P を中心とする回転：$|\mathrm{PX}| = |\mathrm{PX'}|$

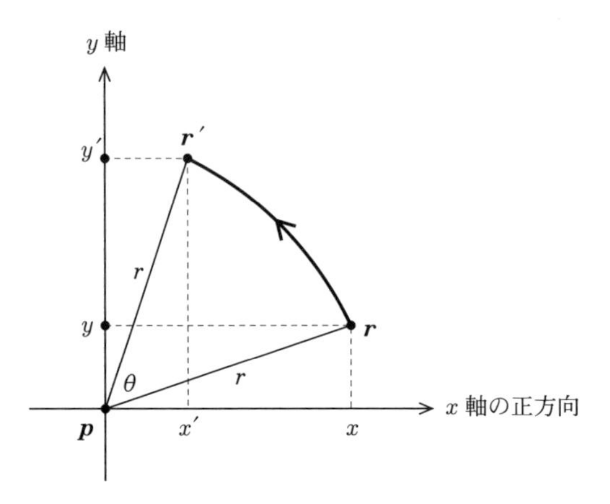

図 1.31　点 $\boldsymbol{p}$ を中心とする，角度 θ の回転 ($\theta > 0$ の場合)：$r = |\boldsymbol{r} - \boldsymbol{p}| = |\boldsymbol{r}' - \boldsymbol{p}|$

とする，**角度 θ の回転** (角度の単位はラジアン) とは，任意の点 $\boldsymbol{r} = (x, y) \in \mathbb{R}^2$ を次の式で定義される点 $\boldsymbol{r}' = (x', y') \in \mathbb{R}^2$ にうつす写像 — $R_{\boldsymbol{p}}(\theta)$ と書く — のことである (図 1.31)：

$$\boldsymbol{r}' = R_{\boldsymbol{p}}(\theta)(\boldsymbol{r}) := R(\theta)(\boldsymbol{r} - \boldsymbol{p}) + \boldsymbol{p}, \tag{1.19}$$

$$R(\theta) := \begin{pmatrix} \cos\theta & -\sin\theta \\ \sin\theta & \cos\theta \end{pmatrix}. \tag{1.20}$$

$R_{\mathbf{0}}(\theta) = R(\theta)$ となるので，$R(\theta)$ は原点を中心とする角度 θ の回転を表す．

2 次元図形 $\mathsf{F} \subset \mathbb{R}^2$ が $R_{\boldsymbol{p}}(\theta)(\mathsf{F}) = \mathsf{F}$ を満たすとき，F は**点 $\boldsymbol{p}$ を中心とする，角度 θ の回転対称性**をもつという．

例 1.17 正 3 角形は，その中心のまわりの角度 $2\pi/3, 4\pi/3$ の回転に関して回転対称である (図 1.32)．エンレイソウ (図 1.2) は正 3 角形と (近似的に) 同じ回転対称性をもつ．

例 1.18 正 n 角形 ($n \geqq 3$) はその中心のまわりの角度 $2\pi k/n$ ($k = 1, \cdots, n-1$) の回転に関して回転対称である．木槿の花 (図 1.2) は正 5 角形と (近似的に) 同じ回転対称性をもち，雪の結晶 (図 1.1) は正 6 角形と (近似的に) 同じ回転対称性をもつ．

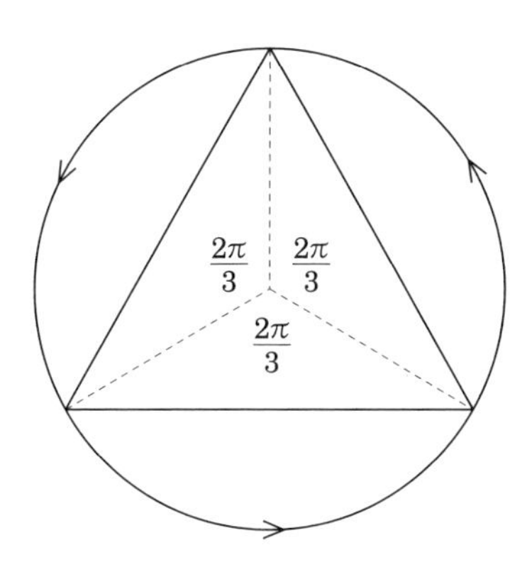

図 1.32　正 3 角形の回転対称性

例 1.19 正方形でない長方形はその中心に関して，角度 π の回転対称性をもつ．

例 1.20 円と円周は，その中心のまわりの任意の角度の回転に関して回転対称である．したがって，円と円周は回転対称性に関しても非常に対称性が高い図形と言える [23]．

例 1.21 2 次元正方格子空間 $\mathbb{Z}_a^2$ (図 1.25) は，任意の格子点のまわりの角度 $\pi/2$, $\pi, 3\pi/2$ の回転に関して回転対称である．

一般に，ある点のまわりの角度 $2\pi k/n$, $k=1,\cdots,n-1$ $(n \geqq 2)$ の回転に関する回転対称性を $\boldsymbol{n}$ **重回転対称性**と呼ぶ．

正 n 角形は n 重回転対称性を有する図形の一例である．図 1.33 に (近似的) 2 重回転対称性をもつ植物の葉の例をあげる．

n 重回転対称性とは対照的に，ある点 P を中心とするすべての角度の回転に関する回転対称性を**点 P に関する全回転対称性**と呼ぶ．

円と円周はその中心に関する全回転対称性を有する図形の例である．

---

[23] 実は単純閉曲線の像として定義される 2 次元図形のうち，回転対称性が最も高いのは円周であることが証明される (文献 [38] の 2.1.8 項を参照)．

図 **1.33**　(近似的) 2 重回転対称性をもつ植物の葉の例

図 **1.34**　(左) 渦巻銀河の例，(右) 渦巻銀河の模式図 (近似的に 2 重回転対称性をもつ)

1.5　螺旋形態の対称性

自然界には，渦巻状または螺旋状の形態も見られる (図 1.34〜図 1.36)．これらは，一見，対称性とは関係がないように見えるかもしれない．だが，実は，これまでに論じてきたのとは別種の対称性がその背後に伏在している場合がある．それは，鏡映変換，並進変換，空間回転とは異なる変換に基づく対称性である．

d 次元空間 $\mathbb{R}^d$ の 1 点 A $(\boldsymbol{a})$ を固定し，空間の任意の点 X$(\boldsymbol{x})$ に対して，線分 AX を AX の方向に一斉にある倍率 t で拡大 ($t>1$ の場合) あるいは縮小 ($0<t<1$ の場合) する写像を考える (図 1.37 を参照)．この写像のもとで X が X$'(\boldsymbol{x}')$ に

図 **1.35**　オウム貝

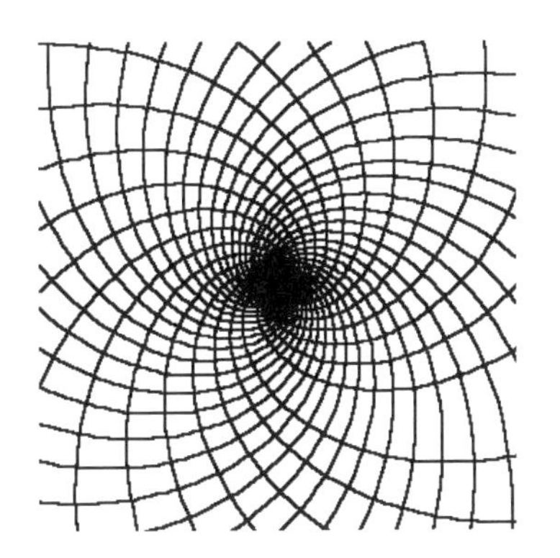

図 **1.36**　(左) ひまわりの花, (右) ひまわりの種のつきかたの模式図 (時計回りの螺線と反時計回りの螺線との交点に種がつく)

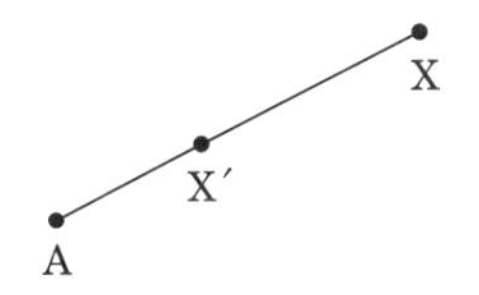

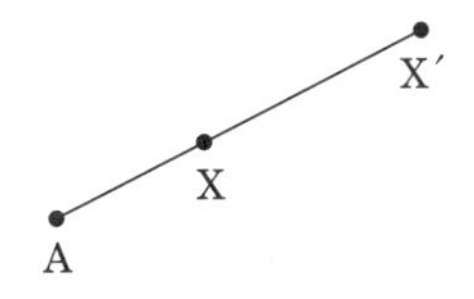

図 **1.37**　倍率 t の伸張変換 : $\mathrm{X} \mapsto \mathrm{X}'$, $|\mathrm{AX}'| = t|\mathrm{AX}|$

移るとすれば

$$\boldsymbol{x}' = \boldsymbol{a} + t(\boldsymbol{x} - \boldsymbol{a}), \quad \boldsymbol{x} \in \mathbb{R}^d \tag{1.21}$$

である．この式は

$$|\boldsymbol{x}' - \boldsymbol{a}| = |t(\boldsymbol{x} - \boldsymbol{a})| = t|\boldsymbol{x} - \boldsymbol{a}|$$

を意味するので，確かに，$|\mathrm{AX}'| = t|\mathrm{AX}|$ となっている．そこで，あらためて，写像 $D_{t,\boldsymbol{a}} : \mathbb{R}^d \to \mathbb{R}^d$ を

$$D_{t,\boldsymbol{a}}(\boldsymbol{x}) := \boldsymbol{x}' = \boldsymbol{a} + t(\boldsymbol{x} - \boldsymbol{a}), \quad \boldsymbol{x} \in \mathbb{R}^d \tag{1.22}$$

によって定義し，これを**点 A を中心とする倍率 $\boldsymbol{t}$ の伸張変換**と呼ぶ．

一般に，d 次元空間 $\mathbb{R}^d$ の空でない部分集合を **$\boldsymbol{d}$ 次元図形**という．d 次元図形 $\mathsf{F} \subset \mathbb{R}^d$ が伸張変換 $D_{t,\boldsymbol{a}}$ のもとで不変であるとき，すなわち，$D_{t,\boldsymbol{a}}(\mathsf{F}) = \mathsf{F}$ が成立するとき，F は**点 A を中心とする倍率 $\boldsymbol{t}$ の伸張対称性**をもつという．

必要ならば，$\mathbb{R}^d$ の原点を平行移動することにより，$\boldsymbol{a}$ を原点としても一般性を失わない．そこで，原点を中心とする倍率 t の伸張変換を D_t とする：

$$D_t := D_{t,\boldsymbol{0}}. \tag{1.23}$$

写像 D_t を単に**倍率 $\boldsymbol{t}$ の伸張変換**と呼ぶ．これと対応して，原点を中心とする倍率 t の伸張対称性を単に倍率 t の伸張対称性という．

定義から明らかなように

$$D_1 = I_{\mathbb{R}^d}. \tag{1.24}$$

任意の $s, t > 0$ と $\boldsymbol{x} \in \mathbb{R}^d$ に対して

$$(D_t \circ D_s)(\boldsymbol{x}) = D_t(D_s(\boldsymbol{x})) = D_t(s\boldsymbol{x}) = t(s\boldsymbol{x}) = ts\boldsymbol{x} = D_{ts}(\boldsymbol{x}).$$

したがって，写像の等式

$$D_t \circ D_s = D_{ts} = D_s \circ D_t \tag{1.25}$$

が成り立つ．これと (1.24) によって

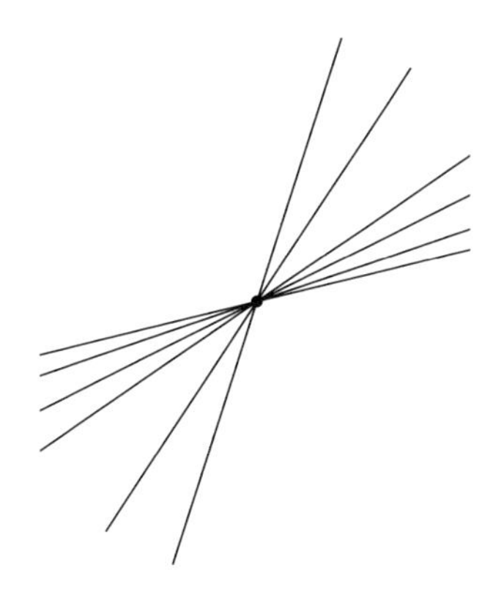

図 1.38 平面上の原点を通る直線の和集合の例

$$D_t \circ D_{1/t} = D_{1/t} \circ D_t = I_{\mathbb{R}^2} \tag{1.26}$$

を得る．したがって，付録 A の定理 A.4 の応用により，D_t は全単射であり

$$D_t^{-1} = D_{1/t} \tag{1.27}$$

であることがわかる．

例 1.22 $\mathbb{R}^d$ の原点を通り，点 $\boldsymbol{a} \in \mathbb{R}^d$ を通る直線は

$$\ell = \{\lambda \boldsymbol{a} | \lambda \in \mathbb{R}\}$$

と表される．これは任意の $t > 0$ に対して，倍率 t の伸張対称性をもつ．実際，$D_t(\ell) = \{t\lambda \boldsymbol{a} | \lambda \in \mathbb{R}\} = \{\mu \boldsymbol{a} | \mu \in \mathbb{R}\} = \ell$ である．したがって，系 A.2 を応用することにより，任意の自然数 N に対して，$\mathbb{R}^d$ の原点を通る N 本の直線 $\ell_1, \cdots, \ell_N$ の和集合 $\bigcup_{n=1}^{N} \ell_n$ も任意の $t > 0$ に対して倍率 t の伸張対称性をもつことがわかる (図 1.38)．平面上の原点を通る直線は 2 重回転対称性をもつので，図 1.38 のような図形も 2 重回転対称性をもつ．この図形は，他には規則性をもたないように見えるが，実は，伸張対称性を有するのである．直線によって形成される平面図形 (1 点を共有する直線の和集合も含む) がヴァシリー・カンディンスキー (1866–1944, ロシア) の絵画におけるような形で扱われ (たとえば，[109] を参照)，ある種の美を現出する要素となり得るのは，2 重回転対称性に加えて，伸張

対称性が関与しているからであると推測される．

例 1.23 正数 $r>0$ と $\nu>0$ から定まる 1 次元部分集合

$$\mathsf{F}_r=\{r^n\nu|n\in\mathbb{Z}\}$$

は倍率 r の伸張対称性をもつ．実際，$D_r(\mathsf{F}_r)=\{r^{n+1}\nu|n\in\mathbb{Z}\}=\{r^m\nu|m\in\mathbb{Z}\}=\mathsf{F}_r$ である．特に，$r=2$ と $r=3/2$ の場合の F_r は，西洋音楽における音階を構成する上で重要である (詳しくは，[38] の 6 章を参照)．

例 1.24 $a>0$, $b\in\mathbb{R}$, $b\neq 0$ を定数として，2 次元極座標[24] (r,θ) における方程式が

$$r=ae^{b\theta}$$

であたえられる曲線を考えよう．この曲線の媒介変数表示は

$$\boldsymbol{r}(\theta):=(ae^{b\theta}\cos\theta, ae^{b\theta}\sin\theta)$$

である．したがって，この曲線を S とすれば

$$\mathsf{S}=\{\boldsymbol{r}(\theta)|\theta\in\mathbb{R}\}$$

である．曲線図形 S を**対数螺線**という (図 1.39)．

任意の整数 n に対して

$$\cos\theta=\cos(\theta+2\pi n),\quad \sin\theta=\sin(\theta+2\pi n)$$

であるので

$$e^{2\pi nb}e^{b\theta}\cos\theta=e^{b(2\pi n+\theta)}\cos(2\pi n+\theta),\ e^{2\pi nb}e^{b\theta}\sin\theta=e^{b(2\pi n+\theta)}\sin(2\pi n+\theta)$$

が成り立つ．したがって

$$e^{2\pi nb}\boldsymbol{r}(\theta)=\boldsymbol{r}(\theta+2\pi n)\in\mathsf{S}.$$

ゆえに

---

[24] $\boldsymbol{r}=(x,y)\in\mathbb{R}^2$ に対して，$x=r\cos\theta$, $y=r\sin\theta$. ただし，$r:=\sqrt{x^2+y^2}>0$ (動径)，$\theta\in\mathbb{R}$ は偏角 (本来は，$\theta\in[0,2\pi)$ であるが，便宜上，特に断らない限り，$\mathbb{R}$ 全体に拡張しておく)．

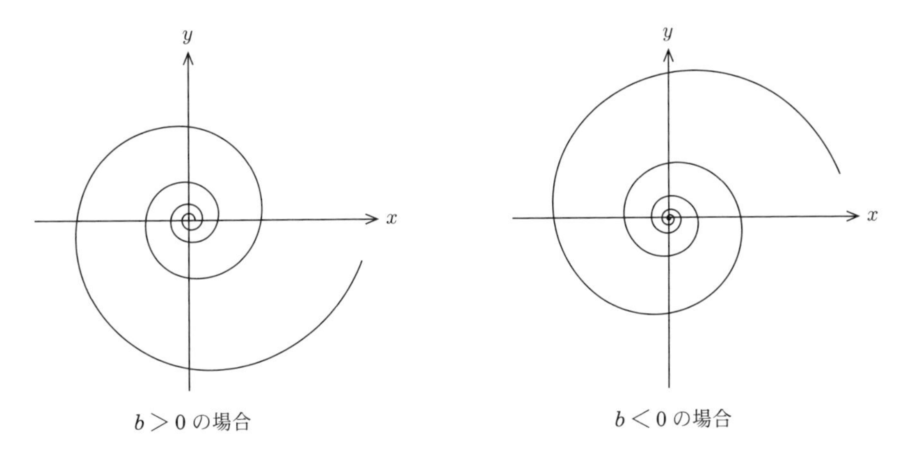

図 1.39　曲線 S の概形

$$t_n := e^{2\pi nb}$$

とすれば

$$D_{t_n}(\mathsf{S}) \subset \mathsf{S}.$$

同様にして

$$D_{1/t_n}(\mathsf{S}) \subset \mathsf{S}$$

がわかる．したがって，付録 A の命題 A.1 (i) を用いると

$$(D_{t_n} D_{1/t_n})(\mathsf{S}) \subset D_{t_n}(\mathsf{S}).$$

(1.26) によって，左辺は S に等しい．すなわち，$\mathsf{S} \subset D_{t_n}(\mathsf{S})$ が成り立つ．よって

$$D_{t_n}(\mathsf{S}) = \mathsf{S}$$

が得られる．ゆえに S は倍率 $e^{2\pi nb}$ $(n = \pm 1, \pm 2, \pm 3, \cdots)$ の伸張対称性をもつ．

対数螺線の形態は，自然界では，オウム貝 (図 1.35)，ひまわりの種の並び方 (図 1.36)，松かさ，渦巻型星雲などに現れている．

注意 1.25 対数螺線でない螺線も存在する．たとえば，$a > 0$ を定数として，極座標方程式 $r = a\theta, \theta \geqq 0$ によって定義される**アルキメデス螺線** (図 1.40) は対数螺線ではなく，伸張対称性をもたない．だが，それは弱められた意味でのある種の対称性を有する (詳細については割愛する)．

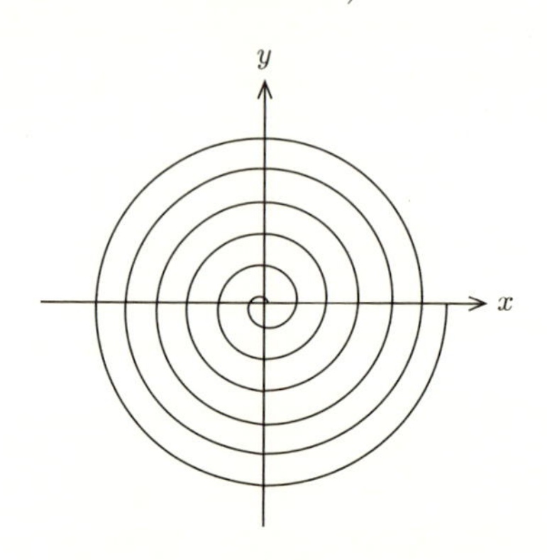

図 **1.40**　アルキメデス螺線

1.6　対称性と芸術

絵画や彫刻あるいは建築のような造形芸術は，物質的素材を用いて形態を構成する．すでに述べたように，自然界に存在する形態の美と諸々の対称性は深く関係していることに想いを馳せるならば，人間の側から美を創造することを目指す芸術的造形においても，当然，対称性の理念が本質的な役割を演じるであろうことは想像に難くない．実際，偉大な芸術作品には多くの対称性が陰に陽に使われている [25)]．

時間芸術と呼ばれる音楽は，物質的素材を用いて固定的な形態を構成するわけではない．この意味で，音楽は，造形芸術とは異なり，もともと抽象的である．音楽作品においては，音の時間的構成において，種々の対称性が使われている．ピュタゴラス (古代ギリシア) によって発見され，ヨーロッパ音楽の発展の基礎となったドレミファソラシドという音階自体からしてすでに音の空間におけるある種の並進対称性あるいは伸張対称性の現れにほかならない．楽譜は，音符という記号を用いて，音楽作品の時間的構成を 2 次元的に空間化したものであり，こ

[25)] たとえば，[145, 191, 192]．

れを対称性の観点から研究することはおおいに興味がある．かつてのピュタゴラス学派のように，音楽と数学，そして宇宙 (コスモス) を総合的に研究することは素敵なことではなかろうか [26]．

1.7 おわりに

以上，宇宙と地球の自然界あるいは文化・芸術における規則的形態の構造と美を理解する上で基本となる対称性の考え方と例を見てきた．だが，これまでの叙述は，任意の空でない集合の中の「図形」(部分集合) に関する対称性に関するものであった．ところで，集合 X があたえられると，X 上の関数 F — 各 $x \in \mathrm{X}$ に対して，実数または複素数 $F(x)$ をただ一つ定める対応 — が考えられる．関数に対しても，図形の対称性と類似の考え方と方法で対称性の理論を展開することが可能である．本章では，残念ながら，具体的に述べることはできなかったが，図形および関数，さらにはベクトル場など，より一般的な写像に関する対称性の理論は，数学や自然科学 — 特に，物理学と化学 — において極めて重要な役割を演じる．この側面を論じた入門的な本として，[11, 36] をあげておく．(後者を読むには，物理学に関するある程度の予備知識と抽象的・一般的な数学的思考への親しみが必要)．現代物理学の根幹の一つをなす量子力学における対称性については，[30] の第 4 章に詳しい論述がある．対称性について，数学や自然科学だけでなく，芸術や文化なども含む全体的・総合的視点から考察した本として，20 世紀における大数学者の一人ヘルマン・ヴァイル (1885–1955，ドイツ) によって書かれた本 [186] がある [27]．

1.8 付録：鏡映変換の表式の導出

直線 ℓ に関する鏡映変換 R_ℓ と平面 Σ に関する鏡映変換の表式を導出する．

---

[26] 音楽の数理と対称性については [38] の第 6 章に詳しい論述がある．数学，自然科学，芸術を哲学的に総合的にとらえ研究する一つの観点については [21] を参照．ただし，これは試論である．

[27] この本の解説を [42] にしておいた．

1.8.1　鏡映変換 R_ℓ

1.2.2 項の記法にしたがう．まず，次の事実に注意する：

補題 1.26 ベクトル $\boldsymbol{a}$ は直線 ℓ と直交する．

証明 直線 ℓ 上の任意の点を $\boldsymbol{b}$ とすれば，$\langle \boldsymbol{a}, \boldsymbol{b} \rangle = c$. この式を (1.7) から引くと，すべての $\boldsymbol{r} \in \ell$ に対して，$\langle \boldsymbol{a}, \boldsymbol{r} - \boldsymbol{b} \rangle = 0$ が成り立つ．したがって，$\boldsymbol{a}$ と $\boldsymbol{r} - \boldsymbol{b}$ は直交する．一方，$\boldsymbol{r} - \boldsymbol{b}$ は ℓ と平行なベクトルであるので，題意が導かれる．■

図 1.10 におけるベクトル $\boldsymbol{q}$ に対して，$\boldsymbol{q} - \boldsymbol{r}$ は ℓ と直交するので，補題 1.26 によって，それは $\boldsymbol{a}$ と平行である．したがって，定数 $k \in \mathbb{R}$ があって，$\boldsymbol{q} - \boldsymbol{r} = k\boldsymbol{a}$ と表される．ゆえに $\boldsymbol{q} = \boldsymbol{r} + k\boldsymbol{a}$. これを (1.8) の右辺の $\boldsymbol{q}$ に代入すれば

$$\boldsymbol{r}' = \boldsymbol{r} + 2k\boldsymbol{a} \tag{1.28}$$

を得る．一方，$\boldsymbol{q} \in \ell$ であるから，$\langle \boldsymbol{a}, \boldsymbol{q} \rangle = c$. したがって，$\langle \boldsymbol{a}, \boldsymbol{r} + k\boldsymbol{a} \rangle = c$. これは

$$\langle \boldsymbol{a}, \boldsymbol{r} \rangle + k|\boldsymbol{a}|^2 = c$$

を意味する．ゆえに

$$k = \frac{c - \langle \boldsymbol{a}, \boldsymbol{r} \rangle}{|\boldsymbol{a}|^2}.$$

これを (1.28) の右辺の k に代入すれば，(1.10) を得る．

1.8.2　鏡映変換 R_Σ

線形代数学で学ぶように，3 次元ベクトル $\boldsymbol{x} = (x_1, x_2, x_3)$, $\boldsymbol{y} = (y_1, y_2, y_3) \in \mathbb{R}^3$ に対して，それらの内積 $\langle \boldsymbol{x}, \boldsymbol{y} \rangle \in \mathbb{R}$ が

$$\langle \boldsymbol{x}, \boldsymbol{y} \rangle := x_1 y_1 + x_2 y_2 + x_3 y_3$$

によって定義される [28]．また，ベクトル $\boldsymbol{x}$ の長さ (大きさ) $|\boldsymbol{x}|$ は

$$|\boldsymbol{x}| := \sqrt{\langle \boldsymbol{x}, \boldsymbol{x} \rangle} = \sqrt{x_1^2 + x_2^2 + x_3^2}$$

---

[28] 内積 $\langle \boldsymbol{x}, \boldsymbol{y} \rangle$ を $(\boldsymbol{x}, \boldsymbol{y})$ または $\boldsymbol{x} \cdot \boldsymbol{y}$ と記す流儀もある．

によって定義される．内積を用いると Σ の方程式は，$\boldsymbol{a} := (a_1, a_2, a_3) \neq (0,0,0)$ として

$$\langle \boldsymbol{a}, \boldsymbol{r} \rangle = c \tag{1.29}$$

という簡潔な形をとる．3 次元空間において，補題 1.26 に対応する事実は次の補題によってあたえられる：

補題 1.27 ベクトル $\boldsymbol{a}$ は平面 Σ と直交する．

証明 Σ 上の任意の点を一つ選び，これを $\boldsymbol{b}$ とすれば，$\langle \boldsymbol{a}, \boldsymbol{b} \rangle = c$ である．したがって，Σ 上の任意の点 $\boldsymbol{r}$ に対して

$$\langle \boldsymbol{a}, \boldsymbol{r} - \boldsymbol{b} \rangle = 0$$

となる．$\boldsymbol{r} - \boldsymbol{b}$ は Σ と平行なベクトルであり，$\boldsymbol{r}$ は Σ の任意の点であるから，題意がしたがう． ■

図 1.22 における点 M を表すベクトルを $\boldsymbol{m}$ とすれば，$\boldsymbol{r}' - \boldsymbol{m} = \boldsymbol{m} - \boldsymbol{r}$ であるので

$$\boldsymbol{r}' = 2\boldsymbol{m} - \boldsymbol{r} \tag{1.30}$$

が成り立つ．一方，$\boldsymbol{m} - \boldsymbol{r}$ は Σ と直交するので，補題 1.27 によって，それは $\boldsymbol{a}$ の定数倍である．したがって，$\boldsymbol{m} - \boldsymbol{r} = t\boldsymbol{a}$ を満たす実数 t がある．ゆえに

$$\boldsymbol{m} = \boldsymbol{r} + t\boldsymbol{a}. \tag{1.31}$$

これを (1.30) の右辺の $\boldsymbol{m}$ に代入すると

$$\boldsymbol{r}' = \boldsymbol{r} + 2t\boldsymbol{a}$$

を得る．$\boldsymbol{m} \in \Sigma$ であるので，(1.29) によって，$\langle \boldsymbol{a}, \boldsymbol{m} \rangle = c$ である．左辺の $\boldsymbol{m}$ に (1.31) を代入すると

$$\langle \boldsymbol{a}, \boldsymbol{r} \rangle + t \langle \boldsymbol{a}, \boldsymbol{a} \rangle = c.$$

したがって，$t|\boldsymbol{a}|^2 = c - \langle \boldsymbol{a}, \boldsymbol{r} \rangle$．ゆえに

$$\boldsymbol{r}' = \boldsymbol{r} + \frac{2(c - \langle \boldsymbol{a}, \boldsymbol{r} \rangle)}{|\boldsymbol{a}|^2}\boldsymbol{a}.$$

よって，R_Σ に対して次の表式が得られる：

$$R_\Sigma(\boldsymbol{r}) = \boldsymbol{r} + \frac{2(c - \langle \boldsymbol{a}, \boldsymbol{r} \rangle)}{|\boldsymbol{a}|^2}\boldsymbol{a}, \quad \boldsymbol{r} \in \mathbb{R}^3. \tag{1.32}$$

空間次元の違いを別にすれば，2 次元鏡映変換 R_ℓ と 3 次元鏡映変換 R_Σ の表式はまったく同じ形をしていることに注意しよう．

第2章

対称性の数学

理性の対象の似像たる，感覚される神として，最も偉大で，最も善く，最も美しく，最も完全なものとして，この宇宙は誕生した．　　　　　　　　　　プラトン[1)]

2.1　はじめに

自然界にはじつにさまざまな種類の岩石や植物あるいは動物が存在し，それぞれ固有の形態をもっている．これらの形態には規則的なものとあまりそうでないものがある．植物の葉や花の形あるいは動物の表皮の模様には規則的なものが多い (例：図 2.1).

岩石では，水晶やホウカイ石のような鉱物類の中に際だって規則的な形態を見

図 2.1　(左) シダ，(右) コスモス

1) プラトン『ティマイオス』，プラトン全集 12 (種山恭子訳，岩波書店)，92C (若干，訳語を変えてある).

図 **2.2** 雪の結晶

いだすことができる．岩石ではないが雪の結晶も見事な規則的パターンを示す(図 2.2).

固定した形ではないが，水の流れや雲のパターンなどにも独特の規則的形態が現れうる.

こうした，自然界に見られる規則的な形や現象形態にはある種の美が伴っていることも見逃せない．もちろん，その美しさの度合いや質は個々の形態ごとに異なりうるけれども.

地球の自然界を超えて，はるか彼方の宇宙に目をうつせば，恒星の大集団である星雲の形態などにもある種の規則性が見いだされる (図 2.3).

他方，原子や分子あるいは素粒子といった極微の対象が織りなす世界からも美

図 **2.3**　星雲の形態のパターンの例．(a) 球状星雲，(b) アンドロメダ銀河，(c) ひまわり銀河

しい形態が出現する．極微の世界における対象は，日常的・巨視的世界における対象とは異なり，いわゆる波動–粒子の二重性を有する．これと呼応して，極微の世界を支える物理的法則 (量子物理学) は巨視的世界の物理的法則 (古典物理学) とは異なる．図 2.4 は，電子と中性子が波動性をもつことを示す実験事実を模式図として描いたものである [2]．

次に人間の文化世界に目を向けると建築，絵画，彫刻あるいは日常の食器や家具などの形，装飾，デザインには規則的で美しい印象をあたえる形態や文様が多用されていることがわかる (文様の例については [169, 170] を参照)．茶道，華道とならぶ日本三大古典芸道の一つ香道(こうどう)において使用される図の一例を図 2.5 にあげておこう．

こうして世界には，静的なものの形だけでなく動的な現象形態をも含めて，無

[2] より詳しい内容については文献 [168] の第 10 章を参照．

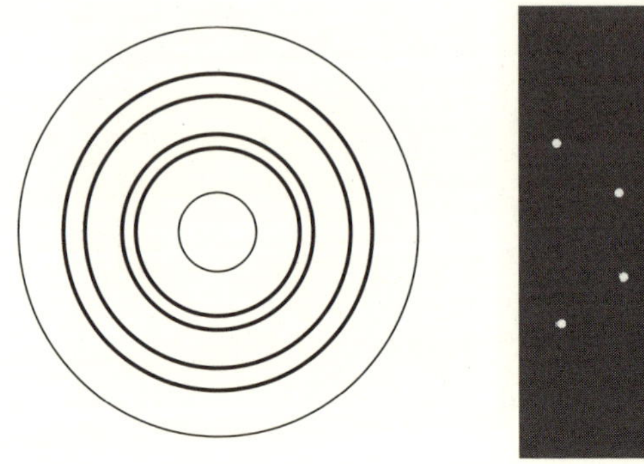

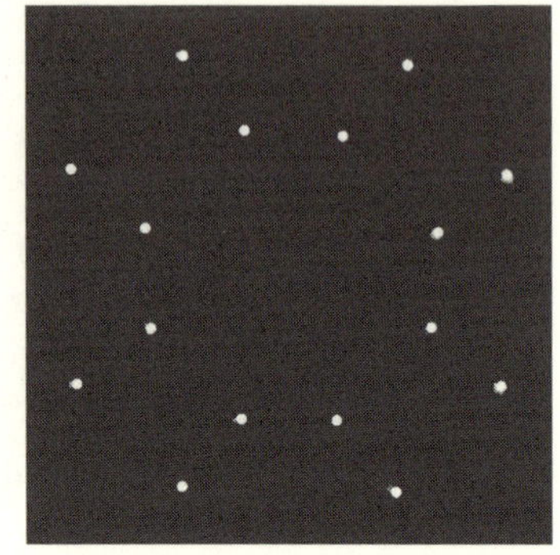

図 2.4　(左) 薄い銅箔による電子回折像 (模式図)，(右) 塩化ナトリウムの結晶の中性子回折像 (模式図)

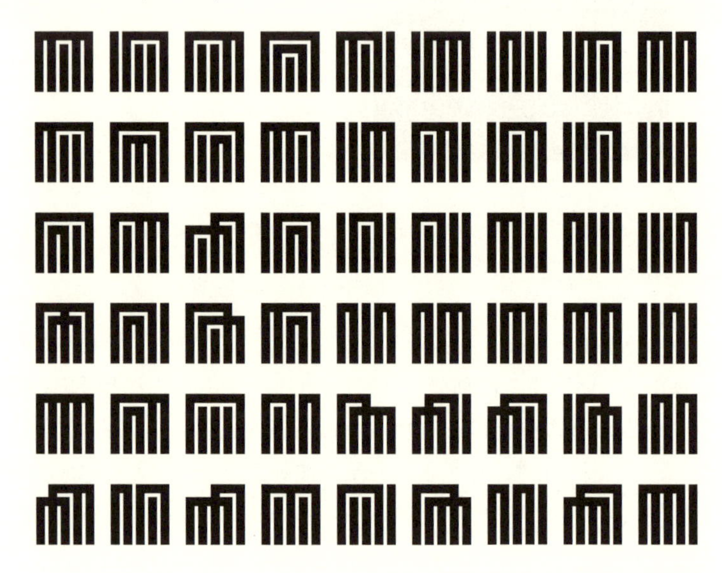

図 2.5　源氏香の図

数といってよいほどの種々の美しい形態が満ちていることが実感される．

だが，そもそも形態とは何であろうか．この，素朴ではあるが世界の本質へと連なりうる問いに答える仕方にはいろいろなレヴェルがありうるであろう．ある人は哲学的に，またある人は物理学的に考え，芸術家は芸術的直観によって答えようするかもしれない[3]．では数学的に考察するとどうなるであろうか．

規則的な形や現象形態を数学的な精神の眼で観ると，そこには，何らかの数理的秩序や法則性が働いていることが直観される．したがって，形態の研究においては，この秩序あるいは法則性を明らかにすることがまず第一の問題になる．結論から言えば，多くの形態の規則性は，**普遍的理念としての対称性**の感覚的・具象的な現れとしてとらえることができるということである．

ここで一言注意しておくと，対称性という言葉は，日常的な文脈では，もっぱら左右対称性 (相称性) の意味に限定されて使われるきらいがあるが，ここで言及されている対称性，すなわち，数学の言葉あるいは術語としての対称性は左右対称性を単に一つの例として実現するようなもっと抽象的で高次の理念のことである．「普遍的」という修飾語をつけたのはそのためである．この章の目的は，普遍的理念としての対称性がいかなるものであるか，そして，それがどういう数学と関わるのかについておおまかな内容を読者に伝えることである．さらに，自然科学 — 特に物理学，化学 — や芸術と対称性の関連について手短にふれる．

2.2 対称性の原理

第 1 章において，基本的な幾何学的図形や動植物あるいは鉱物に現れている対称性の例を見た．この他にも別の種類の対称性の例が数多く見いだされる．しかし，この段階では，さまざまな種類の対称性が存在することを知るのみである．つまり，対称性の博物学的段階である．この段階にとどまることは，より普遍的で根源的な原理を探究する数学の精神にとっては明らかに不満足である．個別的な対象に具現している諸々の対称性を統一的に把握し認識する観点を見いだしたい．言い換えれば，第 1 章や前節の例を具象的な例の一部として実現するような抽象的で普遍的な理念を発見したいということである．プラトン哲学の観点から言えば，対称性のイデア，すなわち，すべての個々の対称性を共通に貫き，それらの存在の根拠・源泉となっている高次の数学的理念を探究するということであ

---

[3]形に関する哲学的な問答 — 形のイデア (理念) の探究 — は，おそらくソクラテス (プラトン，B.C. 427–347，古代ギリシア) が最初であろうか ([150] の七〜八)．芸術的思考の例は抽象絵画の巨匠の一人ヴァシリー・カンディンスキーの著作 [109] にみられる．

る．そのようなものがもしあれば，これこそまさに対称性の原理と呼ばれるにふさわしい理念であろう．

さて，そのような原理ないし理念を見いだすためのヒントの一つは，第 1 章でとりあげた個別的な対称性は，それぞれ一つの写像に基づいて定義されているという点に注目することである．具体的に言えば，左右対称性は鏡映変換 (r_p, R_ℓ, R_Σ)，並進対称性は並進 $T_{\boldsymbol{q}}$, 回転対称性は回転 (平面の場合，$R_{\boldsymbol{p}}(\theta)$)，伸張対称性は伸張変換 D_t に同伴している．そして，各変換の作用に対する不変性として一つの対称性が定義されるのである．すなわち，第 1 章の例に関して言えば，図形が有する対称性は，それぞれに固有な写像の作用のもとでの不変性として特徴づけられるのである．したがって，どの対称性にも共通の性質を取り出すとすれば，それは，対称性を定義する写像が共通に有する性質でなければならない．

ところで，写像は四つのクラスに分類される (付録 A を参照)．このうち，最も性質がよいのは，全単射な写像のクラスである．そこで，上に言及した写像が全単射であるかどうかを調べてみよう．結論から言えば答えは肯定的である．すなわち，次の定理が成り立つ．

定理 2.1 鏡映変換 r_p, R_ℓ, R_Σ, 並進 $T_{\boldsymbol{q}}$ $(\boldsymbol{q}\in\mathbb{R}^d)$, 2 次元回転 $R_{\boldsymbol{p}}(\theta)$ $(\boldsymbol{p}\in\mathbb{R}^2, \theta\in\mathbb{R})$ と伸張変換 D_t $(t>0)$ はすべて全単射であり，逆写像について次の式が成立する：

$$r_p^{-1}=r_p, \quad R_\ell=R_\ell^{-1}, \quad R_\Sigma^{-1}=R_\Sigma, \tag{2.1}$$

$$T_{\boldsymbol{q}}^{-1}=T_{-\boldsymbol{q}}, \tag{2.2}$$

$$R_{\boldsymbol{p}}(\theta)^{-1}=R_{\boldsymbol{p}}(-\theta), \tag{2.3}$$

$$D_t^{-1}=D_{1/t}. \tag{2.4}$$

証明 写像ごとに証明する：

(1) 鏡映変換の場合

1 次元鏡映変換 r_p と 2 次元鏡映変換 R_ℓ が全単射であることは 1.2.1 項および 1.2.2 項ですでに示した．そこで，ここでは 3 次元空間における鏡映変換 R_Σ — (1.32) を参照 — の全単射性を示そう．鏡映変換の描像に基づいて，$R_\Sigma\circ R_\Sigma=$

$I_{\mathbb{R}^3}$ が予想される．だが，これは R_Σ の定義式を用いて厳密に証明されなければならない．任意の $\boldsymbol{r} \in \mathbb{R}^3$ に対して

$$\boldsymbol{r}' := R_\Sigma(\boldsymbol{r}) = \boldsymbol{r} + \frac{2(c - \langle \boldsymbol{a}, \boldsymbol{r} \rangle)}{|\boldsymbol{a}|^2} \boldsymbol{a}$$

とすると

$$(R_\Sigma \circ R_\Sigma)(\boldsymbol{r}) = R_\Sigma(\boldsymbol{r}') = \boldsymbol{r}' + \frac{2(c - \langle \boldsymbol{a}, \boldsymbol{r}' \rangle)}{|\boldsymbol{a}|^2} \boldsymbol{a}. \tag{2.5}$$

単純な内積の計算により

$$\begin{aligned}\langle \boldsymbol{a}, \boldsymbol{r}' \rangle &= \left\langle \boldsymbol{a}, \boldsymbol{r} + \frac{2(c - \langle \boldsymbol{a}, \boldsymbol{r} \rangle)}{|\boldsymbol{a}|^2} \boldsymbol{a} \right\rangle \\ &= \langle \boldsymbol{a}, \boldsymbol{r} \rangle + 2(c - \langle \boldsymbol{a}, \boldsymbol{r} \rangle) \\ &= 2c - \langle \boldsymbol{a}, \boldsymbol{r} \rangle .\end{aligned}$$

これを (2.5) の右辺に代入し，整理すれば

$$(R_\Sigma \circ R_\Sigma)(\boldsymbol{r}) = \boldsymbol{r} = I_{\mathbb{R}^3}(\boldsymbol{r})$$

が得られる．したがって，確かに

$$R_\Sigma \circ R_\Sigma = I_{\mathbb{R}^3} \tag{2.6}$$

が成立する．この事実と付録 A の定理 A.4 によって，R_Σ は全単射であり

$$R_\Sigma^{-1} = R_\Sigma \tag{2.7}$$

であることが結論される．もちろん，いまの事実は，$\Sigma = \mathsf{M}$ (yz 平面) の場合にも成り立つ．

(2) 並進の場合

d 次元空間におけるベクトル $\boldsymbol{q}$ による並進 $T_{\boldsymbol{q}}$ は (1.18) によって定義されている．感覚的描像では，任意の点を $\boldsymbol{q}$ だけ並進して，$-\boldsymbol{q}$ だけ並進すればもとにもどるはずであるから

$$T_{-\boldsymbol{q}} \circ T_{\boldsymbol{q}} = I_{\mathbb{R}^d} \tag{2.8}$$

が成り立つと予想される．そこでこれを証明しよう．任意の $\boldsymbol{x} \in \mathbb{R}^d$ に対して

$$(T_{-\boldsymbol{q}} \circ T_{\boldsymbol{q}})(\boldsymbol{x}) = T_{-\boldsymbol{q}}(T_{\boldsymbol{q}}(\boldsymbol{x})) = T_{-\boldsymbol{q}}(\boldsymbol{x}+\boldsymbol{q}) = (\boldsymbol{x}+\boldsymbol{q}) - \boldsymbol{q} = \boldsymbol{x} = I_{\mathbb{R}^d}(\boldsymbol{x}).$$

これは (2.8) を意味する．$\boldsymbol{q}$ は任意であるから，(2.8) で $\boldsymbol{q}$ を $-\boldsymbol{q}$ で置き換えた式も成立する：

$$T_{\boldsymbol{q}} \circ T_{-\boldsymbol{q}} = I_{\mathbb{R}^d} \tag{2.9}$$

ゆえに，付録の定理 A.4 によって，$T_{\boldsymbol{q}}$ は全単射であり，(2.2) が成り立つ．

(3) 2 次元回転の場合

2 次元回転 $R_{\boldsymbol{p}}(\theta)$ は (1.19) によって定義されている．感覚的描像では，平面上の任意の点を点 $\boldsymbol{p}$ のまわりに角度 θ だけ回転し，次に点 $\boldsymbol{p}$ のまわりに角度 $-\theta$ だけ回転すればもとの点にもどるはずであるから

$$R_{\boldsymbol{p}}(-\theta) \circ R_{\boldsymbol{p}}(\theta) = I_{\mathbb{R}^2} \tag{2.10}$$

が成立することが予想される．実際，これは次のようにして証明される．任意の $\boldsymbol{r} \in \mathbb{R}^2$ に対して

$$(R_{\boldsymbol{p}}(-\theta) \circ R_{\boldsymbol{p}}(\theta))(\boldsymbol{r}) = R_{\boldsymbol{p}}(-\theta)(\boldsymbol{r}'). \tag{2.11}$$

ただし

$$\boldsymbol{r}' := R_{\boldsymbol{p}}(\theta)(\boldsymbol{r}) = \boldsymbol{p} + R(\theta)(\boldsymbol{r} - \boldsymbol{p}).$$

したがって

$$(2.11)\ \text{の右辺} = \boldsymbol{p} + R(-\theta)(\boldsymbol{r}' - \boldsymbol{p}) = \boldsymbol{p} + R(-\theta)R(\theta)(\boldsymbol{r} - \boldsymbol{p}). \tag{2.12}$$

他方，行列の直接計算と公式

$$\cos^2\theta + \sin^2\theta = 1 \tag{2.13}$$

により

$$R(-\theta)R(\theta) = E_2 \tag{2.14}$$

が導かれる．ただし，行列 E_2 は 2 次の単位行列である：

$$E_2 := \begin{pmatrix} 1 & 0 \\ 0 & 1 \end{pmatrix}. \tag{2.15}$$

したがって，(2.12) の右辺は $\boldsymbol{r}$ に等しい．ゆえに

$$(R_{\boldsymbol{p}}(-\theta) \circ R_{\boldsymbol{p}}(\theta))(\boldsymbol{r}) = \boldsymbol{r} = I_{\mathbb{R}^2}(\boldsymbol{r}).$$

よって，確かに，(2.10) が成立する．θ は任意であったから，θ を $-\theta$ で置き換えれば

$$R_{\boldsymbol{p}}(-\theta) \circ R_{\boldsymbol{p}}(\theta) = I_{\mathbb{R}^2} \tag{2.16}$$

も成立することになる．したがって，付録 A の定理 A.4 によって，$R_{\boldsymbol{p}}(\theta)$ は全単射であり，(2.3) が成り立つ．

(4) 伸張変換の場合

伸張変換 D_t の全単射性と (2.4) は 1.5 節ですでに示した． ■

こうして，これまでに登場した対称性を定める写像はすべて全単射であることがわかった．つまり，写像の全単射性は，対称性を定める写像たちが共有する性質の一つなのである．

ところで，数学では，一般の集合 X 上の全単射写像を **X 上の変換**と呼ぶ．ゆえに，前述の対称性を一部として含む，より一般の対称性の範疇（はんちゅう）の存在を想定し，それらも写像によって定められるとすれば，その写像は変換でなければならないと考えるのが自然である．実際，次のように思考を進めることが可能である．

f を X 上の変換としよう．X の部分集合 D について，D の f による像 f(D) と D が一致するとき，すなわち，f(D) = D が成り立つとき，D は **f 対称**または **f 不変**であるという[4]．この場合，f を D の**対称性写像**または単に**対称性**という．

図形 D を不変にする変換は一つとは限らない．そこで，図形 D を不変にする変換の全体を考え，これを $\mathfrak{S}$(D) としよう：

---

[4] 例：(i) 直線 ℓ に関して左右対称な図形は R_ℓ 対称な図形である．(ii) 斜方格子空間 $\mathsf{L}_{\boldsymbol{a},\boldsymbol{b},\boldsymbol{c}}$ は，任意の $\ell, m, n \in \mathbb{Z}$ に対して，$T_{\boldsymbol{r}_{\ell,m,n}}$ 対称である．回転対称な図形や伸張対称な図形についても同様．「f 対称」なる概念はこれらの具象的な対称性の例に共通する性質から取り出される普遍的概念と見ることもできる．

$$\mathfrak{S}(\mathsf{D}) := \{f : \mathsf{X} \to \mathsf{X} | f \text{ は変換かつ } f(\mathsf{D}) = \mathsf{D}\}. \tag{2.17}$$

この写像集合は次の性質をもつ (証明は容易)：(i) $f \in \mathfrak{S}(\mathsf{D})$ ならば $f^{-1} \in \mathfrak{S}(\mathsf{D})$；(ii) $f, g \in \mathfrak{S}(\mathsf{D})$ ならば $f \circ g \in \mathfrak{S}(\mathsf{D})$；(iii) $I_{\mathsf{X}} \in \mathfrak{S}(\mathsf{D})$. これらの性質は抽象化が可能である．すなわち，D のことはいったん脇におき，$\mathfrak{S}(\mathsf{D})$ を X 上の変換からなる集合 Γ に置き換え，(i)〜(iii) を Γ を特徴付ける性質であると読み直すのである．こうして，変換をその元とする，ある普遍的な写像集合の概念へと至る：

定義 2.2 X を空でない任意の集合とする．X 上の変換からなる一つの空でない集合 Γ が次の (Γ.1), (Γ.2) を満たすとき, Γ を X 上の一つの**変換群** (transformation group) という：

(Γ.1) 任意の $f, g \in \Gamma$ に対して，$f \circ g \in \Gamma$.

(Γ.2) 任意の $f \in \Gamma$ に対して，$f^{-1} \in \Gamma$.

変換群 Γ の部分集合 H が X 上の変換群であるとき，H を Γ の**部分変換群**という．

変換群 Γ は必ず恒等写像 I_{X} を含むことに注意しよう (∵ (Γ.2) によって，任意の $f \in \Gamma$ に対して，$f^{-1} \in \Gamma$ であるから，(Γ.1) によって $I_{\mathsf{X}} = f \circ f^{-1} \in \Gamma$).

X 上の変換すべての集合

$$\Gamma(\mathsf{X}) := \{f : \mathsf{X} \to \mathsf{X} | f \text{ は変換 }\} \tag{2.18}$$

は，明らかに，X 上の変換群のうちで最も大きなものである．これを **X 上の全変換群**という．したがって，任意の変換群は $\Gamma(\mathsf{X})$ の部分変換群である．

例 2.3 上述の議論から明らかなように，$\mathfrak{S}(\mathsf{D})$ は変換群である．変換群 $\mathfrak{S}(\mathsf{D})$ は D の**対称群**と呼ばれる．これは，図形 D が有するすべての対称性を集めてできる変換群である．

特別な場合として，$\mathsf{X} = \mathsf{D} = \mathbb{N}_n := \{1, \cdots, n\} (n \in \mathbb{N})$ の場合を考えると，$\mathbb{N}_n$ 上の変換 $f : \mathbb{N}_n \to \mathbb{N}_n$ は，$(1, \cdots, n)$ の置換に他ならないことがわかる (付録 A の注意 A.3 を参照)．したがって，$\mathbb{N}_n$ の対称群は，$(1, \cdots, n)$ の置換の全体

$$\mathfrak{S}_n := \{\sigma | \sigma \text{ は } (1, \cdots, n) \text{ の置換 }\}$$

に等しい．$\mathfrak{S}_n$ を n 次の**置換群**または **$\boldsymbol{n}$ 次の対称群**と呼ぶ．後者の名称はいま述べた理由による．

例 2.4 X 上の変換 f に対して，f のベキ写像 (付録 A の A.6 節を参照) からなる集合

$$\mathscr{G}_f := \{f^n | n \in \mathbb{Z}\} \tag{2.19}$$

は X 上の変換群である．これを **$\boldsymbol{f}$ から生成される変換群**と呼ぶ．

例 2.5 X 上の写像 f が $f \circ f = I_X$ を満たすとしよう．このとき，容易にわかるように，

$$f^{2n} = I_X, \quad f^{2n+1} = f, \quad n \geqq 0$$

が成り立つ．また，付録 A の定理 A.4 の応用により，f は変換であり，$f^{-1} = f$ が成り立つことがわかる．したがって，いまの場合，

$$\mathscr{G}_f = \{I_X, f\}$$

となる．

例 2.6 すでに知っているように，鏡映変換 r_p, R_ℓ, R_Σ の任意の一つを f とすれば，$f \circ f = I$ (恒等写像) が成り立つ．したがって，例 2.5 により，

$$\mathscr{G}_{r_p} = \{I_{\mathbb{R}}, r_p\}, \quad \mathscr{G}_{R_\ell} = \{I_{\mathbb{R}^2}, R_\ell\}, \quad \mathscr{G}_{R_\Sigma} = \{I_{\mathbb{R}^3}, R_\Sigma\}$$

であり

$$\mathscr{R}_p := \{I_{\mathbb{R}}, r_p\}, \quad \mathscr{R}_\ell := \{I_{\mathbb{R}^2}, R_\ell\}, \quad \mathscr{R}_\Sigma := \{I_{\mathbb{R}^2}, R_\Sigma\} \tag{2.20}$$

はそれぞれ，$\mathbb{R}$ 上，$\mathbb{R}^2$ 上，$\mathbb{R}^3$ 上の変換群である．$\mathscr{R}_p$ は点 p に関する **1 次元鏡映変換群**，$\mathscr{R}_\ell$ は直線 ℓ に関する **2 次元鏡映変換群**，$\mathscr{R}_\Sigma$ は平面 Σ に関する **3 次元鏡映変換群**と呼ばれる．

例 2.7 並進 $T_{\boldsymbol{p}}$ と $T_{\boldsymbol{q}}$ $(\boldsymbol{p}, \boldsymbol{q} \in \mathbb{R}^d)$ の合成写像 $T_{\boldsymbol{q}} \circ T_{\boldsymbol{p}}$ $(\boldsymbol{p} \in \mathbb{R}^d)$ について

$$T_{\boldsymbol{q}} \circ T_{\boldsymbol{p}} = T_{\boldsymbol{q}+\boldsymbol{p}} \tag{2.21}$$

が成り立つことは容易にわかる．したがって，特に

$$T_{\boldsymbol{q}}\circ T_{\boldsymbol{q}}=T_{2\boldsymbol{q}}.$$

ゆえに，任意の $n\in\mathbb{N}$ に対して

$$T_{\boldsymbol{q}}^n=T_{n\boldsymbol{q}}$$

が成り立つ．すでに知っているように，$T_{\boldsymbol{q}}^{-1}=T_{\boldsymbol{q}}$ である．したがって，

$$T_{\boldsymbol{q}}^{-n}=T_{-n\boldsymbol{q}}.$$

ゆえに，$T_{\boldsymbol{q}}$ から生成される変換群は

$$\mathscr{G}_{T_{\boldsymbol{q}}}=\{T_{n\boldsymbol{q}}|n\in\mathbb{Z}\}$$

という形をとる．したがって，写像集合

$$\mathscr{T}_{\boldsymbol{q}}:=\{T_{n\boldsymbol{q}}|n\in\mathbb{Z}\} \tag{2.22}$$

は $\mathbb{R}^d$ 上の変換群である．この変換群を **$\boldsymbol{q}$ 方向への並進変換群**という．

さらに，(2.21) および (2.2) によって

$$\mathscr{T}_{\mathbb{R}^d}:=\{T_{\boldsymbol{q}}|\boldsymbol{q}\in\mathbb{R}^d\} \tag{2.23}$$

は $\mathbb{R}^d$ 上の変換群であることがわかる．この変換群を **d 次元並進変換群**という．

同様にして

$$\mathbb{R}^3_{\boldsymbol{a},\boldsymbol{b},\boldsymbol{c}}:=\{T_{\boldsymbol{r}_{\ell,m,n}}|\ell,m,n\in\mathbb{Z}\} \tag{2.24}$$

は $\mathbb{R}^3$ 上の変換群であることが示される．この変換群を**ベクトルの三つ組 $(\boldsymbol{a},\boldsymbol{b},\boldsymbol{c})$ に関する離散的並進変換群**という．

$\mathscr{T}_{\boldsymbol{q}}$ は $\mathscr{T}_{\mathbb{R}^d}$ の部分変換群であり，$\mathbb{R}^3_{\boldsymbol{a},\boldsymbol{b},\boldsymbol{c}}$ は $\mathscr{T}_{\mathbb{R}^3}$ の部分変換群である．

例 2.8 2 次元回転の合成写像 $R_{\boldsymbol{p}}(\theta_1)\circ R_{\boldsymbol{p}}(\theta_2)(\boldsymbol{p}\in\mathbb{R}^2,\theta_1,\theta_2\in\mathbb{R})$ を考える．任意の $\boldsymbol{r}\in\mathbb{R}^2$ に対して

$$(R_{\boldsymbol{p}}(\theta_1)\circ R_{\boldsymbol{p}}(\theta_2))(\boldsymbol{r})=R_{\boldsymbol{p}}(\theta_1)(\boldsymbol{p}+R(\theta_2)(\boldsymbol{r}-\boldsymbol{p}))=\boldsymbol{p}+R(\theta_1)R(\theta_2)(\boldsymbol{r}-\boldsymbol{p}).$$

一方，

$$R(\theta_1)R(\theta_2)=\begin{pmatrix}\cos\theta_1\cos\theta_2-\sin\theta_1\sin\theta_2 & -\cos\theta_1\sin\theta_2-\sin\theta_1\cos\theta_2\\ \sin\theta_1\cos\theta_2+\cos\theta_1\sin\theta_2 & -\sin\theta_1\sin\theta_2+\cos\theta_1\cos\theta_2\end{pmatrix}$$
$$=\begin{pmatrix}\cos(\theta_1+\theta_2) & -\sin(\theta_1+\theta_2)\\ \sin(\theta_1+\theta_2) & \cos(\theta_1+\theta_2)\end{pmatrix}.$$

ここで，3 角関数に関する加法定理を用いた．したがって

$$R(\theta_1)R(\theta_2)=R(\theta_1+\theta_2). \tag{2.25}$$

ゆえに

$$(R_{\boldsymbol{p}}(\theta_1)\circ R_{\boldsymbol{p}}(\theta_2))(\boldsymbol{r})=R_{\boldsymbol{p}}(\theta_1+\theta_2)(\boldsymbol{r})$$

となる．よって，写像の等式

$$R_{\boldsymbol{p}}(\theta_1)\circ R_{\boldsymbol{p}}(\theta_2)=R_{\boldsymbol{p}}(\theta_1+\theta_2) \tag{2.26}$$

が得られる．特に，$\theta_1=\theta_2=\theta$ の場合を考えると

$$R_{\boldsymbol{p}}(\theta)\circ R_{\boldsymbol{p}}(\theta)=R_{\boldsymbol{p}}(2\theta)$$

が成り立つ．したがって，任意の自然数 m に対して

$$R_{\boldsymbol{p}}(\theta)^m=R_{\boldsymbol{p}}(m\theta).$$

同様に，(2.3) を用いることにより

$$R_{\boldsymbol{p}}(\theta)^{-m}=R_{\boldsymbol{p}}(-m\theta)$$

が得られる．ゆえに $R_{\boldsymbol{p}}(\theta)$ から生成される変換群は

$$\mathscr{G}_{R_{\boldsymbol{p}}(\theta)}:=\{R_{\boldsymbol{p}}(m\theta)|m\in\mathbb{Z}\}$$

となる．$\cos\theta,\sin\theta$ は周期 2π の関数であるから

$$R(\theta+2\pi)=R(\theta),\quad \theta\in\mathbb{R}.$$

したがって

$$R_{\boldsymbol{p}}(\theta+2\pi)=R_{\boldsymbol{p}}(\theta).$$

ゆえに，$\theta=2\pi/n$ の場合を考えると $R_{\boldsymbol{p}}(2\pi m/n), m\in\mathbb{Z}$ のうち，真に異なるのは $m=0,1,\cdots,n-1$ だけである．したがって

$$\mathscr{P}_n:=\{R_{\boldsymbol{p}}(2\pi k/n)|k=0,1,\cdots,n-1\} \tag{2.27}$$

とすれば $\mathscr{G}_{R_{\boldsymbol{p}}(2\pi/n)}=\mathscr{P}_n$ となる．変換群 $\mathscr{P}_n$ を**正 n 角形の回転変換群**という．

(2.26) と (2.3) は，点 $\boldsymbol{p}$ を中心とするすべての回転の集合

$$\mathfrak{R}_{\boldsymbol{p}}(2):=\{R_{\boldsymbol{p}}(\theta)|\theta\in\mathbb{R}\} \tag{2.28}$$

も $\mathbb{R}^2$ 上の変換群であることを意味する．特に，原点を中心とする回転の全体

$$\mathfrak{R}(2):=\mathfrak{R}_{\boldsymbol{0}}(2)=\{R_{\boldsymbol{0}}(\theta)|\theta\in\mathbb{R}\} \tag{2.29}$$

を**2 次元回転変換群**という．

例 2.9 倍率 $t>0$ の伸張変換 D_t から生成される変換群

$$\mathscr{G}_{D_t}=\{D_t^n|n\in\mathbb{Z}\}$$

を考えよう．(1.25) によって

$$D_t^2=D_{t^2}$$

である．したがって，帰納的に

$$D_t^n=D_{t^n},\quad n\in\mathbb{N} \tag{2.30}$$

が成り立つことが示される．同様して，(2.4) によって

$$D_t^{-n}=D_{t^{-n}},\quad n\in\mathbb{N} \tag{2.31}$$

が得られる．よって

$$\mathscr{G}_{D_t}=\{D_{t^n}|n\in\mathbb{Z}\}. \tag{2.32}$$

これを**倍率 t の伸張変換群**という．

さらに，(1.25) と (2.4) によって，すべての倍率の伸張変換の集合

$$\mathscr{G}_{\mathrm{D}}:=\{D_t|t>0\} \tag{2.33}$$

も $\mathbb{R}^d$ 上の変換群である．この変換群を **d 次元伸張変換群**という．

以上により，これまでに考察した具象的な対称性を定める写像はどれも変換群の構成要素であることがわかる．つまり，具象的な対称性の背後に，共通する普遍的概念として変換群が控えているのである．こうして，私たちは，対称性の一般概念へと至る．すなわち，集合 X 上の変換群 Γ に対して，X の部分集合 D がすべての $g \in \Gamma$ に対して g 対称であるとき，D は Γ **対称**または Γ **対称性**をもつという．こうして，各変換群は一つの対称性を定める．この意味で変換群は対称性の一般原理なのである．

変換群 ⟶ 対称性

2.3 さらに高次の理念へ — 群

変換群は空でない集合 X に同伴する形であたえられる．変換群が作用する集合 X のことは忘れて，変換群の代数的構造だけに注目すると，より普遍的な理念として**群** (group) の理念が見いだされる：

空でない集合 $\mathscr{G}$ の任意の二つの元 a, b に対して $\mathscr{G}$ の元 ab が一つ定まり — これを a と b の積という —，次の (G.1)〜(G.3) が満たされるとき，$\mathscr{G}$ を**群**という：

(G.1) (**結合法則**) 任意の $a, b, c \in \mathscr{G}$ に対して，$a(bc) = (ab)c$.

(G.2) (**単位元の存在**) ある元 $e_{\mathscr{G}} \in \mathscr{G}$ が存在して，任意の $a \in \mathscr{G}$ に対して $ae_{\mathscr{G}} = e_{\mathscr{G}}a = a$ が成立する．$e_{\mathscr{G}}$ を $\mathscr{G}$ の**単位元**という．

(G.3) 各 $a \in \mathscr{G}$ に対して，$a^{-1}a = aa^{-1} = e_{\mathscr{G}}$ を満たす元 $a^{-1} \in \mathscr{G}$ が存在する．a^{-1} を a の**逆元**という．

(G.1)〜(G.3) を**群の公理**という．

注意 2.10 単位元 $e_{\mathscr{G}}$ はただ一つである[5]．また，各 a の逆元もただ一つであ

---

[5]証明：別に $ae = ea = a,\ a \in \mathscr{G}$ を満たす元 $e \in \mathscr{G}$ があったとすれば，$a = e_{\mathscr{G}}$ ととることにより，$e_{\mathscr{G}}e = e_{\mathscr{G}} \cdots (*)$. 他方，$ae_{\mathscr{G}} = e_{\mathscr{G}}a = a$ であるから，この式における a として e をとれば，$e_{\mathscr{G}}e = e$. これと $(*)$ により，$e_{\mathscr{G}} = e$.

る[6]．

群 $\mathscr{G}$ を構成する元の個数 (有限または無限) を $\mathscr{G}$ の**位数** (order) という．位数が有限の群を**有限群**，位数が無限の群を**無限群**と呼ぶ．

群 $\mathscr{G}$ の元 a, b が $ab = ba$ を満たすならば，a と b は**可換**であるという．すべての $a, b \in \mathscr{G}$ が可換であるとき (すなわち，交換法則が成り立つとき)，$\mathscr{G}$ を**可換群**または**アーベル群**という．

$\mathscr{G}$ を可換群としよう．この場合，$a, b \in \mathscr{G}$ の積 ab を $a+b$ で表せば，$a+b = b+a$, $a, b \in \mathscr{G}$ が成り立つ．また，単位元を 0, a の逆元を $-a$ で表せば，任意の $a \in \mathscr{G}$ に対して，$a+0=a$, $a+(-a)=0$ が成立する．この記法を用いる場合，演算 $+$ を**加法**，加法の単位元 0 を**零元**と呼び，$\mathscr{G}$ を**加法群**という．

Γ を集合 X 上の変換群とするとき，$f, g \in \Gamma$ に対して，$fg := f \circ g$, $e := I_{\mathsf{X}}$, f の逆元 $:= f^{-1}$(逆写像) とすれば，Γ は群の公理を満たすことがわかる．したがって，変換群は群である．集合 X 上の変換群は群の理念が集合 X 上の写像の集合として実現したものなのである．

群 $\mathscr{G}$ の部分集合 $\mathscr{H}$ が $\mathscr{G}$ の積演算と逆元をとる演算で閉じているとき，すなわち，$a, b \in \mathscr{H}$ ならば ab, $a^{-1} \in \mathscr{H}$ が成り立つとき，$\mathscr{H}$ は $\mathscr{G}$ の積演算に関して群になることがわかる (証明は容易)．そこで，$\mathscr{H}$ を $\mathscr{G}$ の**部分群**という．

変換群の部分変換群は群としての変換群の部分群である．

例 2.11 上述のように，変換群は群であるから，これまでに登場した対称性に関わる変換群

$$\mathscr{R}_p, \quad \mathscr{R}_\ell, \quad \mathscr{R}_\Sigma, \quad \mathscr{T}_{\boldsymbol{q}}, \quad \mathscr{T}_{\mathbb{R}^d}, \quad \mathbb{R}^3_{\boldsymbol{a},\boldsymbol{b},\boldsymbol{c}}, \quad \mathscr{P}_n, \quad \mathfrak{R}_{\boldsymbol{p}}(2), \quad \mathfrak{R}(2), \quad \mathscr{G}_{D_t}, \quad \mathscr{G}_{\mathrm{D}}$$

はすべて群であり，しかも可換群である[7]．また，$\mathscr{T}_{\boldsymbol{q}}, \mathbb{R}^3_{\boldsymbol{a},\boldsymbol{b},\boldsymbol{c}}, \mathscr{P}_n, \mathscr{G}_{D_t}$ はそれぞれ順に，$\mathscr{T}_{\mathbb{R}^d}, \mathscr{T}_{\mathbb{R}^3}, \mathfrak{R}_{\boldsymbol{p}}(2), \mathscr{G}_{\mathrm{D}}$ の部分群である．$\mathscr{R}_p, \mathscr{R}_\ell, \mathscr{R}_\Sigma$ は位数 2 の有限群，$\mathscr{P}_n$ は位数 n の有限群，$\mathscr{T}_{\boldsymbol{q}}, \mathscr{T}_{\mathbb{R}^d}, \mathbb{R}^3_{\boldsymbol{a},\boldsymbol{b},\boldsymbol{c}}, \mathfrak{R}_{\boldsymbol{p}}(2), \mathfrak{R}(2), \mathscr{G}_{D_t}, \mathscr{G}_{\mathrm{D}}$ は無限群である．

---

[6] 証明：$aa' = a'a = e_{\mathscr{G}}$ となる $a' \in \mathscr{G}$ があったとしよう．このとき，$aa' = e_{\mathscr{G}}$ の左から a^{-1} をかけ，$a^{-1}a = e_{\mathscr{G}}$, $e_{\mathscr{G}}a' = a'$, $a^{-1}e_{\mathscr{G}} = a^{-1}$ を用いると，$a' = a^{-1}$ を得る．

[7] $\mathfrak{R}_{\boldsymbol{p}}(2)$ の元の可換性は (2.26) を用いて示される．$\mathscr{G}_{\mathrm{D}}$ の元の可換性を示すには (1.25) を用いればよい．

例 2.12 d 次元空間 $\mathbb{R}^d$ の任意の元 $\boldsymbol{x}, \boldsymbol{y}$ に対して和 $\boldsymbol{x}+\boldsymbol{y} \in \mathbb{R}^d$ を対応させる演算は加法であり，これによって，$\mathbb{R}^d$ は加法群になる．零元は $\mathbf{0}$ であり，$\boldsymbol{x}$ の逆元は $-\boldsymbol{x}=(-x_1, \cdots, -x_d)$ である．加法群 $\mathbb{R}^d$ を $\boldsymbol{d}$ **次元並進群**という．

格子間隔 $a>0$ の $\boldsymbol{d}$ **次元立方格子空間**

$$\mathbb{Z}_a^d := \{(an_1, \cdots, an_d) | n_j \in \mathbb{Z},\ j=1, \cdots, d\} \tag{2.34}$$

は d 次元並進群 $\mathbb{R}^d$ の部分群である．

$\mathbb{R}^d$ と $\mathbb{Z}_a^d$ はいずれも無限群である．

例 2.13 変換群ではない，いわば「純粋な」群の基本的な例を行列を用いて構成することができる．$\mathbb{K}$ によって，$\mathbb{R}$ または $\mathbb{C}$ を表す．$\mathbb{K}$ の元 a_{ij} $(i, j=1, \cdots, n,\ n \in \mathbb{N})$ を (i, j) 成分とする n 次正方行列を

$$A=(a_{ij})_{i,j=1,\cdots,n}=\begin{pmatrix} a_{11} & a_{12} & \cdots & a_{1n} \\ a_{21} & a_{22} & \cdots & a_{2n} \\ \vdots & \vdots & \vdots & \vdots \\ a_{n1} & a_{n2} & \cdots & a_{nn} \end{pmatrix}$$

と記す[8]．この型の行列の全体を $\mathrm{M}_n(\mathbb{K})$ で表す．$\mathrm{M}_n(\mathbb{R})$ の元を n 次実行列，$\mathrm{M}_n(\mathbb{C})$ の元を n 次複素行列と呼ぶ．$a_{ii}=1,\ i=1, \cdots, n$ かつ $i \neq j$ ならば $a_{ij}=0$ を満たす n 次正方行列

$$E_n := \begin{pmatrix} 1 & 0 & \cdots & 0 \\ 0 & 1 & \cdots & 0 \\ \vdots & \vdots & \vdots & \vdots \\ 0 & 0 & \cdots & 1 \end{pmatrix}$$

は n 次単位行列と呼ばれる．

2 個の n 次正方行列 $A,\ B=(b_{ij})_{i,j=1,\cdots,n} \in \mathrm{M}_n(\mathbb{K})$ の積 $AB \in \mathrm{M}_n(\mathbb{K})$ は，その (i, j) 成分 $(AB)_{ij}$ が

$$(AB)_{ij} := \sum_{k=1}^{n} a_{ik} b_{kj}, \quad i, j=1, \cdots, n$$

[8] $n=2$ の場合を念頭においていただければわかりやすいであろう．

であるように定義される．特に，A と A の積 $A^2 := AA$ を A の2乗という．

n 次正方行列 A に対して， $AB = BA = E_n$ を満たす n 次正方行列 B が存在するならば，A は**正則**または**可逆**であるという．この場合，B を A の**逆行列**と呼び，$B = A^{-1}$ と記す．

正則な n 次正方行列の全体を $\mathrm{M}_n^\times(\mathbb{K})$ で表す：

$$\mathrm{M}_n^\times(\mathbb{K}) := \{A \in \mathrm{M}_n(\mathbb{K}) | A \text{ は正則 }\}$$

線形代数学で学ぶように，次の事実が証明される：

(i) $A, B \in \mathrm{M}_n(\mathbb{K})$ が正則ならば，AB も正則であり，$(AB)^{-1} = B^{-1}A^{-1}$ が成り立つ．

(ii) $A \in \mathrm{M}_n(\mathbb{K})$ が正則ならば，A^{-1} も正則であり，$(A^{-1})^{-1} = A$ が成り立つ．

(i) は，$A, B \in \mathrm{M}_n^\times(\mathbb{K})$ ならば $AB \in \mathrm{M}_n^\times(\mathbb{K})$ を意味しており，(ii) は $A \in \mathrm{M}_n^\times(\mathbb{K})$ ならば $A^{-1} \in \mathrm{M}_n^\times(\mathbb{K})$ を意味する．行列の積に関しては結合法則

$$(AB)C = A(BC), \quad A, B, C \in \mathrm{M}_n(\mathbb{K})$$

が成り立つ．また，任意の $A \in \mathrm{M}_n(\mathbb{K})$ に対して，$AE_n = E_nA = A$ も成り立つ．よって，$\mathrm{M}_n^\times(\mathbb{K})$ は，行列の積に関して群をなし，その単位元は E_n であり，$A \in \mathrm{M}_n^\times(\mathbb{K})$ の逆元は逆行列 A^{-1} である．群 $\mathrm{M}_n^\times(\mathbb{K})$ を **n 次の一般行列群**と呼ぶ．

次の事実を注意しておこう．

定理 2.14 $n \geqq 2$ ならば $\mathrm{M}_n^\times(\mathbb{K})$ は非可換群である．

証明 まず，$n = 2$ の場合を考える．行列

$$\sigma_1 := \begin{pmatrix} 0 & 1 \\ 1 & 0 \end{pmatrix}, \quad \sigma_3 := \begin{pmatrix} 1 & 0 \\ 0 & -1 \end{pmatrix} \tag{2.35}$$

は

$$\sigma_1^2 = E_2, \quad \sigma_3^2 = E_2$$

を満たす．したがって，σ_1, σ_3 は正則であり，$\sigma_1^{-1} = \sigma_1$, $\sigma_3^{-1} = \sigma_3$ が成り立つ．ゆえに，$\sigma_1, \sigma_3 \in \mathrm{M}_2^{\times}(\mathbb{R})$．さらに

$$\sigma_1\sigma_3 = -\sigma_3\sigma_1 = \begin{pmatrix} 0 & -1 \\ 1 & 0 \end{pmatrix} \neq 0.$$

したがって，$\sigma_1\sigma_3 \neq \sigma_3\sigma_1$．ゆえに，$\mathrm{M}_2^{\times}(\mathbb{R})$ は非可換群である．$\mathrm{M}_2^{\times}(\mathbb{R}) \subset \mathrm{M}_2^{\times}(\mathbb{C})$ であるから，$\mathrm{M}_2^{\times}(\mathbb{C})$ も非可換群である．

次に $n \geqq 3$ の場合を考えよう．この場合，任意の $A = (a_{ij})_{i,j=1,2} \in \mathrm{M}_2^{\times}(\mathbb{K})$ に対して，$\tilde{A} \in \mathrm{M}_n(\mathbb{K})$ を次のように定義する ($\tilde{A}_{ij}$ は $\tilde{A}$ の (i,j) 成分)：

$$\tilde{A}_{ij} := \begin{cases} a_{ij}, & i,j = 1,2, \\ \delta_{ij}, & i = 3, \cdots, n,\ j = 1, \cdots, n \\ \delta_{ij}, & i = 1, \cdots, n,\ j = 3, \cdots, n \end{cases}.$$

ただし，δ_{ij} はクロネッカーデルタである：$i = j$ ならば $\delta_{ij} = \delta_{ii} = 1$；$i \neq j$ ならば $\delta_{ij} = 0$. 図像的に記すと (2.36) のようになる．

$$\tilde{A} := \begin{pmatrix} A & 0 \\ 0 & E_{n-2} \end{pmatrix}. \tag{2.36}$$

容易にわかるように，$\tilde{A} \in \mathrm{M}_n^{\times}(\mathbb{K})$ であり

$$\tilde{A}^{-1} = \begin{pmatrix} A^{-1} & 0 \\ 0 & E_{n-2} \end{pmatrix}$$

が成り立つ．さらに，任意の $A, B \in \mathrm{M}_2^{\times}(\mathbb{K})$ に対して

$$\tilde{A}\tilde{B} = \begin{pmatrix} AB & 0 \\ 0 & E_{n-2} \end{pmatrix}.$$

したがって，$AB \neq BA$ ならば $\tilde{A}\tilde{B} \neq \tilde{B}\tilde{A}$. この事実と前段の結果によって，$\mathrm{M}_n^{\times}(\mathbb{K})$ は非可換群であることが結論される． ■

注意 2.15 上述の 2 次正方行列 σ_1, σ_3 ともう一つの 2 次正方行列

表 **2.1** $M_n^\times(\mathbb{R})$ または $M_n^\times(\mathbb{C})$ の部分群の例

群の名称	記号	群の元
実特殊線形群	$\mathrm{SL}(n,\mathbb{R}) := \{A \in M_n^\times(\mathbb{R}) \mid \det A = 1\}$	行列式 1 の n 次実行列
複素特殊線形群	$\mathrm{SL}(n,\mathbb{C}) := \{A \in M_n^\times(\mathbb{C}) \mid \det A = 1\}$	行列式 1 の n 次複素行列
直交群	$\mathrm{O}(n) := \{A \in M_n^\times(\mathbb{R}) \mid {}^tAA = E_n\}$	実直交行列
複素直交群	$\mathrm{O}(n,\mathbb{C}) := \{A \in M_n^\times(\mathbb{C}) \mid {}^tAA = E_n\}$	複素直交行列
回転群	$\mathrm{SO}(n) := \{A \in \mathrm{O}(n) \mid \det A = 1\}$	行列式 1 の実直交行列
ユニタリ群	$\mathrm{U}(n) := \{U \in M_n^\times(\mathbb{C}) \mid U^*U = E_n\}$	ユニタリ行列
特殊ユニタリ群	$\mathrm{SU}(n) := \{U \in \mathrm{U}(n) \mid \det U = 1\}$	行列式 1 のユニタリ行列

$$\sigma_2 := \begin{pmatrix} 0 & -i \\ i & 0 \end{pmatrix}$$

(i は虚数単位) の組 $\boldsymbol{\sigma} := (\sigma_1, \sigma_2, \sigma_3)$ は，量子力学において，電子のスピン角運動量 (内的な回転自由度に関する角運動量) を記述するための量として登場する．すなわち，電子のスピン角運動量は $\hbar\boldsymbol{\sigma}/2$ によってあたえられる．ただし，$\hbar := h/(2\pi)$(h はプランク定数)．行列 $\sigma_1, \sigma_2, \sigma_3$ は，その発見者の名を冠して**パウリ行列**と呼ばれる．パウリ行列は次の特徴的な関係式を満たす (証明は直接計算による)：

$$\sigma_1\sigma_2 = i\sigma_3, \quad \sigma_2\sigma_3 = i\sigma_1, \quad \sigma_3\sigma_1 = i\sigma_2,$$
$$\{\sigma_j, \sigma_k\} = 2\delta_{jk}, \quad j,k = 1,2,3.$$

ただし，$\{A, B\} := AB + BA$ は A と B の**反交換子**と呼ばれる．

$M_n^\times(\mathbb{K})$ の部分群で基本的なもの — **古典群**と呼ばれる範疇(はんちゅう)に属する群 (すべて無限群) — を表 2.1 にあげておこう．行列 A に対して，$\det A$ は A の行列式，${}^tA$ は A の転置行列，A^* は A のエルミート共役を表す．

群の一般論においては，諸々の群を分類することが一つの重要な主題になる．そのための基礎となるのが群の同型の概念である．これを次に述べよう．

$\mathscr{G},\mathscr{H}$ を群とする．写像 $f:\mathscr{G}\to\mathscr{H}$ が群の構造を保存する (積を積に対応させる) とき，すなわち，f が $f(ab)=f(a)f(b)$, $a,b\in\mathscr{G}$ を満たすとき，f を**準同型写像**と呼ぶ．準同型写像の重要性は次の定理が成立することにある．

定理 2.16 $f:\mathscr{G}\to\mathscr{H}$ が準同型写像ならば $f(\mathscr{G})$ は $\mathscr{H}$ の部分群であり

$$f(e_{\mathscr{G}})=e_{\mathscr{H}}, \tag{2.37}$$

$$f(a)^{-1}=f(a^{-1}), \quad a\in\mathscr{G} \tag{2.38}$$

が成り立つ．

証明 $f(\mathscr{G})$ が部分群であることを証明するには，任意の $a,b\in\mathscr{G}$ に対して，$f(a)f(b)\in f(\mathscr{G})$ かつ $f(a)^{-1}\in f(\mathscr{G})$ を示せばよい．f の準同型性により，$f(a)f(b)=f(ab)$ であり，右辺は $f(\mathscr{G})$ の元であるから，$f(a)f(b)\in f(\mathscr{G})$ である．$e_{\mathscr{G}}=e_{\mathscr{G}}e_{\mathscr{G}}$ であるから，$f(e_{\mathscr{G}})=f(e_{\mathscr{G}}e_{\mathscr{G}})=f(e_{\mathscr{G}})f(e_{\mathscr{G}})$．したがって，左から $f(e_{\mathscr{G}})^{-1}$ をかけると $e_{\mathscr{H}}=f(e_{\mathscr{G}})$．ゆえに (2.37) が成立する．

任意の $a\in\mathscr{G}$ に対して，$aa^{-1}=e_{\mathscr{G}}$ であるから，$f(a)f(a^{-1})=f(e_{\mathscr{G}})=e_{\mathscr{H}}$．したがって，左から $f(a)^{-1}$ をかけると，$f(a^{-1})=f(a)^{-1}$ を得る．ゆえに (2.38) が成立する．$f(a^{-1})\in f(\mathscr{G})$ であるから，$f(a)^{-1}\in f(\mathscr{G})$ である． ■

準同型写像 $f:\mathscr{G}\to\mathscr{H}$ が全単射であるとき，f を**同型写像**と呼ぶ．$f:\mathscr{G}\to\mathscr{H}$ が同型写像ならば，$f^{-1}:\mathscr{H}\to\mathscr{G}$ も同型写像である．そこで，群 $\mathscr{G},\mathscr{H}$ に対して，同型写像 $f:\mathscr{G}\to\mathscr{H}$ が存在するとき，$\mathscr{G}$ と $\mathscr{H}$ は**同型**であるという．これを記号的に

$$\mathscr{G}\overset{f}{\cong}\mathscr{H}$$

と記す．なお，f が了解されている場合には，単に，$\mathscr{G}\cong\mathscr{H}$ と書く．

同型な群は，集合として対等であり，群構造は同じなので，群としては同じものとみなすことができる．この観点からは，本質的に異なる群は同型でない群ということになる．

さて，一般行列群 $\mathrm{M}_n^{\times}(\mathbb{K})$ が n 次元数ベクトル空間

$$\mathbb{K}^n:=\{\boldsymbol{x}=(x_1,\cdots,x_n)|x_i\in\mathbb{K},\ i=1,\cdots,n\}$$

上の変換群とみなしうること，すなわち，$\mathrm{M}_n^{\times}(\mathbb{K})$ と同型な $\mathbb{K}^n$ 上の変換群が存在することを示そう．

$\mathbb{K}^n$ 上の線形写像 [9] で単射であるものの全体を $\mathrm{GL}(\mathbb{K}^n)$ とする：

$$\mathrm{GL}(\mathbb{K}^n) := \{T : \mathbb{K}^n \to \mathbb{K}^n | T \text{ は線形かつ単射}\}. \tag{2.39}$$

線形代数学で学ぶように，$\mathbb{K}^n$ 上の単射な線形写像は全射である．したがって，$\mathrm{GL}(\mathbb{K}^n)$ は実は $\mathbb{K}^n$ 上の全単射線形写像の全体である．

$\mathbb{K}^n$ 上の線形写像 T, S に対して，それらの積 $TS : \mathbb{K}^n \to \mathbb{K}^n$ は

$$(TS)(\boldsymbol{x}) := T(S(\boldsymbol{x})), \quad \boldsymbol{x} \in \mathbb{K}^n$$

によって定義される．これから，TS は $\mathbb{K}^n$ 上の線形写像であることがわかる．

容易に確かめられるように，$T, S \in \mathrm{GL}(\mathbb{K}^n)$ ならば $TS \in \mathrm{GL}(\mathbb{K}^n)$ である．$T \in \mathrm{GL}(\mathbb{K}^n)$ ならば，その逆写像 T^{-1} も全単射な線形写像である．したがって，$T^{-1} \in \mathrm{GL}(\mathbb{K}^n)$ である．ゆえに，$\mathrm{GL}(\mathbb{K}^n)$ は $\mathbb{K}^n$ 上の変換群である．そこで，変換群 $\mathrm{GL}(\mathbb{K}^n)$ を $\mathbb{K}^n$ 上の**一般線形変換群** (general linear transformation group) または**全線形変換群**と呼ぶ．これも無限群である．

次に $\mathrm{M}_n^{\times}(\mathbb{K})$ と $\mathrm{GL}(\mathbb{K}^n)$ が同型であることを示す．

n 次正方行列 $A \in \mathrm{M}_n(\mathbb{K})$ に対して，$\hat{A} : \mathbb{K}^n \to \mathbb{K}^n$ を

$$\hat{A}(\boldsymbol{x}) := A\boldsymbol{x}, \quad \boldsymbol{x} \in \mathbb{K}^n$$

によって定義する．ただし，$A\boldsymbol{x} \in \mathbb{K}^n$ は $A = (a_{ij})_{i,j=1,\cdots,n}$ と $\boldsymbol{x}$ の積であり，その第 j 成分 $(A\boldsymbol{x})_j$ は

$$(A\boldsymbol{x})_j := \sum_{k=1}^{n} a_{jk} x_k, \quad j = 1, \cdots, n$$

によってあたえられる．このとき，$\hat{A}$ は線形写像である．

$A \in \mathrm{M}_n^{\times}(\mathbb{K})$ ならば，A の正則性により，$\hat{A}$ は単射であることがわかる．したがって，$\hat{A} \in \mathrm{GL}(\mathbb{K}^n)$．そこで，写像 $\eta : \mathrm{M}_n^{\times}(\mathbb{K}) \to \mathrm{GL}(\mathbb{K}^n)$ を

$$\eta(A) := \hat{A}, \quad A \in \mathrm{M}_n^{\times}(\mathbb{K}) \tag{2.40}$$

---

[9] 写像 $T : \mathbb{K}^n \to \mathbb{K}^n$ が，任意の $\boldsymbol{x}, \boldsymbol{y} \in \mathbb{K}^n$ と任意の $a, b \in \mathbb{K}$ に対して $T(a\boldsymbol{x} + b\boldsymbol{y}) = aT(\boldsymbol{x}) + bT(\boldsymbol{y})$ — 線形性 — を満たすとき，T は $\mathbb{K}^n$ **上の線形写像**と呼ばれる．

によって定義する．次の事実が成立する：

定理 2.17 写像 η は群の同型写像である．したがって，群 $\mathrm{M}_n^\times(\mathbb{K})$ と変換群 $\mathrm{GL}(\mathbb{K}^n)$ は同型である．

証明 任意の $A, B \in \mathrm{M}_n^\times(\mathbb{K})$ と $\boldsymbol{x} \in \mathbb{K}^n$ に対して

$$\eta(AB)(\boldsymbol{x}) = (AB)\boldsymbol{x} = A(B\boldsymbol{x}) = \hat{A}(\hat{B}(\boldsymbol{x})) = \eta(A)(\eta(B)(\boldsymbol{x})) = (\eta(A)\eta(B))(\boldsymbol{x}).$$

したがって，$\eta(AB) = \eta(A)\eta(B)$．ゆえに，$\eta$ は準同型写像である．

次に η が全単射であることを示そう．$A, B \in \mathrm{M}_n^\times(\mathbb{K})$ が $\eta(A) = \eta(B)$ を満たすとする．このとき，任意の $\boldsymbol{x} \in \mathbb{K}^n$ に対して，$A\boldsymbol{x} = B\boldsymbol{x}$．これは $A = B$ を意味する．したがって，η は単射である．

η の全射性を示すために，$T \in \mathrm{GL}(\mathbb{K}^n)$ を任意にとる．$\mathbb{K}^n$ の標準基底を $E = (\boldsymbol{e}_1, \cdots, \boldsymbol{e}_n)$ とする．すなわち

$$\boldsymbol{e}_j := (0, 0, \cdots, 0, \overset{j\,\text{番目}}{1}, 0, \cdots, 0), \quad j = 1, 2, \cdots, n.$$

基底 E に関する T の行列表示を T_E としよう：$(T_E)_{ij} := \langle \boldsymbol{e}_i, T(\boldsymbol{e}_j) \rangle$．ただし，$n$ 次元数ベクトル $\boldsymbol{x}, \boldsymbol{y} \in \mathbb{K}^n$ に対して

$$\langle \boldsymbol{x}, \boldsymbol{y} \rangle := \sum_{i=1}^{n} x_i y_i$$

は $\boldsymbol{x}$ と $\boldsymbol{y}$ のユークリッド内積である．このとき

$$T(\boldsymbol{x}) = T_E \boldsymbol{x}, \quad \boldsymbol{x} \in \mathbb{K}^n$$

が成り立つ (左辺は線形写像 T による $\boldsymbol{x}$ の像，右辺はベクトル $\boldsymbol{x}$ と行列 T_E の積)．T の単射性により，T_E は正則である [10)]．したがって，$T_E \in \mathrm{M}_n^\times(\mathbb{K})$ であり，$\eta(T_E) = T$ が成り立つ．ゆえに η は全射である．以上によって，題意が証明されたことになる． ■

こうして，一般行列群 $\mathrm{M}_n^\times(\mathbb{K})$ は自然な仕方で一般線形変換群 $\mathrm{GL}(\mathbb{K}^n)$ と同一

---

10) 基底 E に関する T^{-1} の行列表示を $(T^{-1})_E$ とすれば $T^{-1}(\boldsymbol{x}) = (T^{-1})_E \boldsymbol{x}$, $\boldsymbol{x} \in \mathbb{K}^n$．左辺から T を作用すると $\boldsymbol{x} = T_E (T^{-1})_E \boldsymbol{x}$．したがって，$T_E (T^{-1})_E = E_n$．同様に，$(T^{-1})_E T_E = E_n$ が示される．ゆえに T_E は正則であり，$T_E^{-1} = (T^{-1})_E$ が成り立つ．

視できることがわかった.

注意 2.18 いま証明した事実に基づいて，数学の文献では，$\mathrm{M}_n^{\times}(\mathbb{K})$ の代わりに，$\mathrm{GL}(n,\mathbb{K})$ という記号が用いられ，一般行列群を**一般線形 (変換) 群**と呼ぶことが多い.

群そのものは，純粋に代数的な対象であるが，上述の $\mathrm{M}_n^{\times}(\mathbb{K})$ の例が示すように，準同形写像を通して，群を変換群として「実現」することが可能な場合がある．これを普遍的な形で捉えるのが**群の表現** (representation) という概念であって，それは次のように定義される.

$\mathscr{G}$ を群，X を空でない集合，$\Gamma(\mathsf{X})$ を X 上の全変換群とする．$\mathscr{G}$ から $\Gamma(\mathsf{X})$ への写像 $\rho:\mathscr{G}\to\Gamma(\mathsf{X});\mathscr{G}\ni a\mapsto\rho(a)\in\Gamma(\mathsf{X})$ が準同型写像であるとき，すなわち，$\rho(ab)=\rho(a)\circ\rho(b)$, $a,b\in\mathscr{G}$ が満たされるとき，ρ を $\mathscr{G}$ の X 上での**表現**という．この場合，対応 : $\mathscr{G}\times\mathsf{X}\ni(a,x)\mapsto\rho(a)(x)\in\mathsf{X}$ を群 $\mathscr{G}$ の X 上の**作用**という．これは，群が集合上の表現を通して，その集合に作用するという描像に基づく言いまわしである.

定理 2.16 により，$\rho(\mathscr{G})$ は $\Gamma(\mathsf{X})$ の部分変換群である．こうして，群 $\mathscr{G}$ は準同型写像を介して，変換群として働く形をとる.

逆に，変換群 $\Gamma(\mathsf{X})$ の部分変換群 Γ に対して，群 $\mathscr{G}$ とその表現 $\rho:\mathscr{G}\to\Gamma(\mathsf{X})$ が存在して，$\rho(\mathscr{G})=\Gamma$ が成り立つとき，Γ を $\mathscr{G}$ の表現という.

群の表現のうち，ベクトル空間上の全単射な線形写像による表現は最も基本的な表現の一つである．$\mathscr{V}$ を $\mathbb{K}$ 上のベクトル空間とし，$\mathscr{V}$ 上の全単射な線形写像の全体を $\mathrm{GL}(\mathscr{V})$ と記す :

$$\mathrm{GL}(\mathscr{V}):=\{T:\mathscr{V}\to\mathscr{V}|T\text{ は線形かつ全単射}\}. \tag{2.41}$$

$\mathrm{GL}(\mathbb{K}^n)$ の場合と同様にして，$\mathrm{GL}(V)$ は線形写像の積に関して群であることが示される．単位元は $\mathscr{V}$ 上の恒等写像 $I_{\mathscr{V}}$ であり，$T\in\mathrm{GL}(\mathscr{V})$ の逆元は逆写像 T^{-1} である．$\mathrm{GL}(\mathscr{V})$ を $\mathscr{V}$ 上の**一般線形変換群**と呼ぶ.

写像 $\rho:\mathscr{G}\to\mathrm{GL}(\mathscr{V})$ が表現であるとき，ρ を群 $\mathscr{G}$ の $\mathscr{V}$ 上での**線形表現**または単に**表現**と呼ぶ．この場合，$\mathscr{V}$ をその**表現空間**という．$\mathscr{V}$ が有限次元ならば，ρ を**有限次元表現**といい，$\mathscr{V}$ が無限次元ならば，ρ を**無限次元表現**という.

例 2.19 2 次の対称群 (例 2.3) $\mathfrak{S}_2$ は恒等置換 I — $I(1,2) := (1,2)$ — と $(1,2)$ の互換 σ — $\sigma(1,2) := (2,1)$ — の二つの元からなる：$\mathfrak{S}_2 = \{I, \sigma\}$．鏡映変換群 $\mathscr{R}_p, \mathscr{R}_\ell, \mathscr{R}_\Sigma$ は $\mathfrak{S}_2$ の表現であることを示そう．$d = 1, 2, 3$ に対して，写像 $\rho_d : \mathfrak{S}_2 \to \mathrm{GL}(\mathbb{R}^d)$ を次のように定義する：

$$\rho_d(I) := I_{\mathbb{R}^d}, \quad \rho_d(\sigma) := \begin{cases} r_p & d = 1 \text{ のとき} \\ R_\ell & d = 2 \text{ のとき} \\ R_\Sigma & d = 3 \text{ のとき} \end{cases}.$$

このとき，容易にわかるように，ρ_d は $\mathfrak{S}_2$ の表現であり，$\rho_1(\mathfrak{S}_2) = \mathscr{R}_p$, $\rho_2(\mathfrak{S}_2) = \mathscr{R}_\ell$, $\rho_3(\mathfrak{S}_2) = \mathscr{R}_\Sigma$ が成り立つ．こうして，表現という概念により，鏡映変換群を 2 次の対称群の表現として統一的に捉えられる．

例 2.20 d 次元並進変換群 $\mathscr{T}_{\mathbb{R}^d}$ は並進群 $\mathbb{R}^d$ の表現であることを示そう．写像 $\rho : \mathbb{R}^d \to \Gamma(\mathbb{R}^d)$ を

$$\rho(\boldsymbol{q}) := T_{\boldsymbol{q}}, \quad \boldsymbol{q} \in \mathbb{R}^d$$

によって定義する．このとき，(2.21) によって

$$\rho(\boldsymbol{q})\rho(\boldsymbol{p}) = \rho(\boldsymbol{q} + \boldsymbol{p}), \quad \boldsymbol{q}, \boldsymbol{p} \in \mathbb{R}^d$$

が成り立つ．したがって，ρ は並進群 $\mathbb{R}^d$ の表現である．他方，$\rho(\mathbb{R}^d) = \mathscr{T}_{\mathbb{R}^d}$ である．ゆえに，$\mathscr{T}_{\mathbb{R}^d}$ は並進群の表現である．

例 2.21 $1, 2, \cdots, n$ の巡回置換を σ とする．すなわち，

$$\sigma : (1, 2, \cdots, n) \mapsto (2, 3, \cdots, n, 1).$$

この場合，$\sigma^n = I$ (恒等置換) となる．したがって，σ から生成される群は

$$\mathscr{C}_n := \{I, \sigma, \sigma^2, \cdots, \sigma^{n-1}\}$$

である．この群は n 次の**巡回群**と呼ばれる．写像 $\rho : \mathscr{C}_n \to \Gamma(\mathbb{R}^2)$ を

$$\rho(\sigma^k) := R_{\boldsymbol{p}}(2\pi k/n), \quad k = 0, 1, \cdots, n-1$$

によって定義する．ただし，$\sigma^0 := I$ とする．このとき，ρ は $\mathscr{C}_n$ の表現であり，

$\rho(\mathscr{C}_n) = \mathscr{P}_n$ が成り立つ．したがって，正 n 角形の群 $\mathscr{P}_n$ は n 次の巡回群の表現である．

例 2.22 2 次元回転変換群 $\mathfrak{R}_{\boldsymbol{p}}(2)$ は 1 次元並進群 $\mathbb{R}$ の表現であることを示そう．写像 $\rho:\mathbb{R} \to \Gamma(\mathbb{R}^2)$ を

$$\rho(\theta) := R_{\boldsymbol{p}}(\theta), \quad \theta \in \mathbb{R}$$

によって定義する．このとき，(2.26) によって

$$\rho(\theta_1)\rho(\theta_2) = \rho(\theta_1 + \theta_2), \quad \theta_1, \theta_2 \in \mathbb{R}$$

が成り立つ．したがって，ρ は 1 次元並進群 $\mathbb{R}$ の表現である．他方，$\rho(\mathbb{R}) = \mathfrak{R}_{\boldsymbol{p}}(2)$ である．ゆえに，$\mathfrak{R}_{\boldsymbol{p}}(2)$ は 1 次元並進群 $\mathbb{R}$ の表現である．

例 2.23 正の実数の全体を $\mathbb{R}_+$ とする：$\mathbb{R}_+ := \{t | t > 0\}$．この集合は，実数の積に関して群になる．単位元は 1 であり，$t \in \mathbb{R}_+$ の逆元は $1/t$ である．$\mathbb{R}_+$ を**正実数乗法群**という．写像 $\rho:\mathbb{R}_+ \to \mathrm{GL}(\mathbb{R}^d)$ を

$$\rho(t) := D_t, \quad t \in \mathbb{R}_+$$

によって定義すれば，(1.25) によって，$\rho(ts) = \rho(t)\rho(s)$ が成り立つ．したがって，ρ は正実数乗法群 $\mathbb{R}_+$ の表現であり，$\rho(\mathbb{R}_+) = \mathscr{G}_{\mathrm{D}}$ が成り立つ．ゆえに，伸張変換群 $\mathscr{G}_{\mathrm{D}}$ は $\mathbb{R}_+$ の表現である．

注意 2.24 容易に見てとれるように，上に定義した表現のうち，例 2.22 のもの以外はすべて単射であり，したがって，表現を定義する写像を当該の群からその像への写像とみなした場合，それは同型写像をあたえる．ゆえに，次の同型関係が結論される：

$$\mathfrak{S}_2 \cong \mathscr{R}_p, \mathscr{R}_\ell, \mathscr{R}_\Sigma, \quad \mathbb{R}^d \cong \mathscr{F}_{\mathbb{R}^d}, \quad \mathscr{C}_n \cong \mathscr{P}_n, \quad \mathbb{R}_+ \cong \mathscr{G}_{\mathrm{D}}.$$

以上の論述から示唆されるように，群の理念によって，対称性の理念もさらに普遍化されることになる．すなわち，群の作用のもとで不変な性質を最も一般的な意味での対称性と呼ぶことができるのである．

群の性質や群の作用を抽象的なレヴェルから具象的なレヴェルにわたって，さ

まざまに研究する分野は**群論**と呼ばれる．これは，対称性という理念にふさわしく，非常に美しい理論であり，現在もなお活発に研究されている[11]．

2.4 物理学と化学における対称性

形態を生み出す物質は原子から構成されている．したがって，形態がもちうる対称性は，原子を支配する力学的原理のもつ対称性の結果であると予想される．ところで，原子スケールの極微の世界を統制する力学的原理は**量子力学**である．量子力学やその一般化である**場の量子論**の基礎方程式は，群によって記述されるいくつかの対称性をもつ．この対称性の結果として，諸々の現象における保存則や対称性が解明される (たとえば，結晶構造の対称性)．こうして，群論は物理学や化学において大きな役割を演じる[12]．

2.5 おわりに

この章では，具象的な対称性を共通に貫く性質を考察することにより，対称性の普遍的な原理を探求し，変換群の作用のもとでの不変性としての対称性の理念へと到達した．さらに変換群を含む，より普遍的・包括的な概念として群の概念が見いだされた．対称性の数学理論の背後には，群論という，非常に根源的・普遍的で美しい理論が控えているのである．

---

[11] 群論の入門書はたくさん出版されているから，図書館や書店で手にとってみるとよい．名著の一つとして [153] がある． [190] も名著であると思う．

[12] 物理学における対称性については， [11] の 6, 7 章に初等的な解説をした．さらに詳しい論述については， [36] を参照されたい．量子力学への群論の応用の名著として [185, 188] をあげておこう．群論のわかりやすい入門的記述が [129] の第 15 章にある (他の章と独立に読める)．これは量子力学への応用を念頭において書かれたものである．ヒルベルト空間形式の量子力学における対称性については文献 [30] の 4 章を参照されたい．群以外の視点をもとりいれた，形の規則性やパターンの研究については，たとえば， [176] が参考になるであろう．

第3章

対称性の破れ

3.1　はじめに

私たちのまわりに広がる世界の中には実に種々さまざまな物や現象が存在し，それぞれ固有の形態を有している．感覚的に知覚される巨視的世界においては，形態が支配的であり，形態の多様性は現象の多様性の重要な要素を形成する．日常的な意識は形態や現象の存在をごく当たり前のこととして受け入れるが，哲学的に思惟する心性の持ち主にとっては，形態の存在は大きな謎の一つと化す．形態とは何か？ — 事物のある種の本質へと向かう，この問いの解明が自然認識における根本的な課題の一つとなる．

諸々の形態を観察すれば容易にわかるように，形態には，大きく分けて，規則的なものとそれほど規則的でないものがある．たとえば，自然界では，水晶，雪の結晶，植物の葉や花，動物の模様などは前者に属し，山道や河原にあるごく普通の石などは後者に属する．人工的な物では，たとえば，工芸，絵画，建築に規則的な形態を見いだすことができる．幾何学的な対象では，円，正多角形 (正 3 角形，正方形，正 5 角形，$\cdots$)，2 等辺 3 角形，楕円，球，円錐，正多面体などは規則的な形をしている．多くの場合，規則的な形態にはある種の美しさが伴っていることも見逃せない．形態の規則的な性質と美の間に何らかの関係があること，さらには，この観点から，工芸や芸術の美に対して光を当てることの可能性が示唆される [1]．

形態の謎を解明するための手がかりは，まず，規則的な形態に注目し，その規

[1] 言うまでもなく，美においては，単に形態だけでなく，色彩も重要な役割を演じている．

則性の本質を明らかにすることから得られる．結論から言えば，今日では，多くの規則的な形態は，**対称性** (シンメトリー，symmetry) という概念を用いて統一的に理解できることが知られている．対称性というと，日常的にふれる機会の多い左右対称性をすぐに思い浮かべるかもしれないが，ここでいう対称性というのは，左右対称性をその具体的な一例として含む，普遍化された意味での対称性あるいは普遍的理念としての対称性である．これは**群** (group) と呼ばれる数学的対象によって記述される[2]．形態を表す集合がある群の作用で不変のとき，その形態は，その群についての対称性をもつというのである．この場合，この群を当該の形態の**対称群** (symmetry group) という．対称性とは，すなわち，群作用のもとでの不変性のことであり，多くの形態の規則性はこの意味での対称性として把握される．異なった群には異なった対称性が対応する．たとえば，左右対称性は，鏡映群の対称性であり，並進群は並進対称性を，回転群は回転対称性を，置換群は置換対称性を定める．

ところで，群の種類は無数にある．したがって，対称性の種類も無限である．こうして，なぜ，規則的な形態がかくも多種多様に存在しうるのかが統一的に理解される[3]．

では，不規則的あるいは完全には規則的ではない形態はどのように理解すればよいであろうか．現実には，この種の形態も多いわけであるから，この疑問の考察をぬきにしては，片手落ちというものである．この問題へのアプローチの一つを紹介するのがこの章の目的であり，その鍵となる概念が表題の**対称性の破れ**である．

3.2 対称性の破れとはどういうものか

形や形態というと，多くの人は，固定的に静的にとらえがちである．だが，静的に見ているかぎり，形態の本質は何も明らかにされない．たとえば，ユーク

---

[2] 本書の第 1 章，第 2 章を参照．

[3] ただし，群は可能な対称性を規定するものであって，どの対称性が物質界・感覚界に現象するかについては何も主張できない．これは現象の法則の別の面 — 動力学的側面 — と深く関わる事柄である．

リッド幾何学において，3 角形の本質の一つである「内角の和は 2 直角である」という性質は，固定された 3 角形をいくら目を凝らして眺めていても，それだけでは決して出てこないであろう．幾何学的対象の本質，すなわち，幾何学の諸定理として記述される性質は，ことごとく，幾何学的対象を動きの中でとらえることによってはじめて明るみにだされるのである (平面幾何では点，線分，曲線の動き，立体幾何では，点，線分，曲線，平面，曲面の動き)．幾何学的定理の証明に使われる，いわゆる補助線というのは，動的な思考を行えば自然に "見えてくる" ものであり，実際には，"補助" ではなく，考察下にある対象の幾何学的関連の一部をなすものなのである．ただ，静的な思考にとどまる限り，その関連が見えないだけにすぎない．動的な思考を通して，この関連が見えた瞬間，考察下にある定理は自明のものとなる．幾何学に限らず，真の数学的思考というのは動的なものであって，この生き生きとした動的思考によって，悟性的・静的な思考では見ることのできない，あるいは閉ざされたままにとどまる，対象の本質が明らかにされるのである．このとき，私たちは，世界のより深い相に突入し，感覚的・悟性的思考には隠されている神的な秩序あるいは真理を垣間みることになる [4]．

形態を動きの中でとらえる基本的な方法の一つは，数学的には，集合の写像を考えることである．写像は集合を集合にうつす．これは集合に動きをあたえることにほかならない．この動きの中で変化しない集合というのは，当該の動きにとって特別の意味をもつに違いない，と考えられる．対称性というのもこうした

---

[4] 余談であるが，筆者は，数学を学ぶことの最大の人間的意義あるいは価値は，ここで述べた意味での動的思考を学ぶこと ― それは決して易しいことではないが ― にあると考えるものである．数学の経験において獲得される動的思考の精神は数学の領域を超えて他の諸領域 (感覚的・物質的領域だけでなく心魂的・精神的領域も含む) へと拡大することが可能であり，世界の根底に横たわる神的秩序と真理 ― それは，感覚的・悟性的思考には隠されている ―，を数学におけるのと同種の明晰さと厳密さをもって認識することを可能にするのである．この意味で，数学の精神はあらゆる学問の基礎たりうるだけでなく，既成の学問領域を超える無限の可能性を秘めていると同時に，私たちを真の精神的 = 霊的な高みへと導く手段の一つを提供するのである．あの偉大なピュタゴラスやプラトンが数学を真の存在探究 (宗教) あるいは哲学の基礎として重要視したのは，まさに，数学の精神性が有するこの，人間の魂を浄化し，魂に光をあたえる比類ない力の所以なのである．

観点から見るともっとよく，ある意味で自然なものとして理解される．つまり，対称性をあたえる群というのは，ある性質をもつ写像のクラスであり，この性質に応じた特定の仕方で集合に動きをあたえる．この動きの中で不変になる集合，これがまさに当該の群に関して対称性をもつ集合 (形態) にほかならないのである．他方，規則的ではない形態というのは，対称性の観点からは，自らを不変にする群をもたない形態として理解される．

さて，規則的な形態 F を任意に一つとり，この形態の対称性を記述する群を G とした場合 (すなわち，任意の $g \in G$ に対して，$g(\mathsf{F}) = \mathsf{F}$ が成り立つ)，規則的な形態 F の対称性の破れとして，F から，より低いまたはより少ない対称性を有する形態が生じ，最終的には，上述の意味での規則的でない形態へ移行すると考えてみよう．ただし，この移行は時間的な意味での移行ではなく，構造論的な意味でのそれである．この考え方は種々ある形態の存在に関して統一的な見方をあたえる．

いま，形態 F が“連続的に”形態 F' に移行し，F' は群 G に関する対称性をもたないとしよう．このとき，F' においては G に関する対称性は破れているという．このとき，いくつかの場合が考えられる．

(S.1) 群 G の作用に関して，F' が“あまりずれない”場合．すなわち，G の任意の元 g に対して，F' を g でうつしてできる集合 $g(\mathsf{F}') := \{g(x) | x \in \mathsf{F}'\}$ が F' と“少ししか”違わない場合．この場合，F' は群 G について**近似的対称性**をもつという[5]．

(S.2) G の部分群 $H \neq G$ があって，F' または F' のある部分集合が H に関する対称性をもつ場合．

(S.3) F' のある部分集合が G に関する対称性をもつ場合．

(S.4) (S.1)〜(S.3) のいずれでもない場合．

---

[5] 違い (近似) の程度の測り方はいろいろありうる．最も直接的なのは，集合 F' が属する空間の適当な有界測度を用いて，集合 $g(\mathsf{F}')$ と F' の対称差 $g(\mathsf{F}') \ominus \mathsf{F}' := [g(\mathsf{F}') \setminus \mathsf{F}'] \cup [\mathsf{F}' \setminus g(\mathsf{F}')]$ の測度が 0 に近いほど，$g(\mathsf{F}')$ は F' と「より違いが少ない」とすることである (もし，F' が群 G に関して対称性をもてば，$g(\mathsf{F}') = \mathsf{F}'$ であるから，この定義は自然なものである)．しかし，いまはこの点には立ち入らない．

これらの場合分けのうち (S.1), (S.2), (S.3) は互いに排他的ではないことを注意しておく[6]．ここで重要なのは，(S.1)〜(S.3) の場合の集合 F′ は，群 G に関する対称性を有する形態 F の対称性が部分的に破れた形態であるとみなすことができるということである．この観点から言えば，場合 (S.4) はもともとの対称性が全面的に破れた形態とみなすことができる．このように，不規則的あるいは完全には規則的ではない形態を対称性が部分的または全面的に破れた形態としてとらえようとするのが，対称性の破れの基本的考え方である．この考え方は—もし，必要とあらば，群に基づく対称性よりもっと広い対称性の理念をとりいれることにより—あらゆる形態あるいは現象のパターンを，対称性の原理を基礎に据えて，統一的に認識しようとするものである．

一般に，形態を不変にする群の種類が多ければ多いほど，形態の対称性はより高いという．したがって，対称性が高ければ高いほど，形態を規定する条件はより強くなるので，可能な形態の種類はより少なくなる傾向をもつことになる．この意味で，対称性の高い形態はある種の“単純さ”をもつ[7]．他方，対称性のより低い形態は，形態を不変にする群の種類がより少ないわけであるから，形態を規定する条件もより緩くなり，可能な形態の種類もより多くなりうる．この意味で対称性のより低い形態は，高い形態よりも“複雑”でありうる[8]．ましてや，対称性の破れた形態ともなれば，いっそう“複雑な”形態が可能となるはずである．こうして，対称性の破れは，“単純な”ものから，“複雑な”ものを生み出す機構の一つと考えることができ，自然界における形態の多種多様性を統一的に説明するための原理的理念となりうる．実際，このことは，いくつかの自然現象によっても支持されるものである．たとえば，結晶は，結晶を構成する原子の集合の並進対称性の部分的破れとして，オウムガイや巻き貝あるいは渦巻型銀河星雲のような渦型あるいは螺旋的形態は回転対称性または伸張対称性の部分的破れとしてとらえることができる．二つの半径の異なる同心円筒の間に流体を満たし—ク

---

[6] 実際，形態の多くは，(S.1)〜(S.4) の性質をもつ形態の組み合わせとして理解される．次節の例を参照．

[7] たとえば，円，球．

[8] もちろん，何が単純で何が複雑かは多分に主観的な要素を含む．引用符“ ”をつけたのはこのためである．

エット-テイラーシステムと呼ばれる —，内側の円筒を回転させるとその回転の速さに応じて，流体に異なるパターンが生じる．これは，回転前の流体がもっていた対称性 (回転対称性，並進対称性，鏡映対称性) の破れとして理解される[9]．素粒子のような微視的対象が関わる量子的現象においても，対称性の破れは，特徴的な現象を生み出すための基本的な機構の一つとして認識されつつある．たとえば，超伝導や超流動などは，上に述べた感覚的形態の意味での対称性の破れではないが，量子力学的状態の対称性の破れとして把握される[10]．

3.3 幾何学的図形における対称性の破れ

前節で述べた対称性の破れの理念を幾何学的図形において具体的に見てみよう．簡単のため，2 次元ユークリッド空間 $\mathbb{R}^2 = \{\boldsymbol{r} = (x, y) | x, y \in \mathbb{R}\}$ において，2 次元図形の中でも，かなり高い対称性をもつ円盤の対称性の破れについて考察する．そこで，原点 O を中心とする円盤 C を考える (図 3.1)．この円盤が中心 O を通るすべての直線に関する鏡映対称性および点 O に関する全回転対称性をもつことは容易にわかる[11]．

前節で述べたように，形態は動きの中でとらえるのが本質的である．つまり，今見ている円盤は，運動状態にある形態が特定の瞬間においてとった形態であるとみなすのである．この形態はさらに運動を続け，たとえば，図 3.1 における点 N が連続的に動いて点 N′ に移動し，図 3.2 のような形態 C′ をとる瞬間をもつとしよう．ただし，図形 M と M′ が y 軸 (直線 $x = 0$) に関して鏡映対称性を保持しつつ動くとする．

この形態を見ると，円盤 C がもっていた回転対称性が失われていることがわ

---

[9] 詳しくは，[172] の 5 章を参照．

[10] **場の量子論**と呼ばれる高度の量子力学理論を用いて記述される．量子力学的状態も広い意味での形態とみなせば，いま言及した現象も形態の対称性の破れとしてとらえられよう．

[11] これを厳密に証明するには，円盤 C を $\mathrm{C} := \{\boldsymbol{r} = (x, y) \in \mathbb{R}^2 | x^2 + y^2 \leqq \varrho^2\}$ と表し ($\varrho > 0$ は C の半径；いま，C は閉円盤であるとする)，$c = 0$ とした (1.10) (∵原点を通る直線を考えている) と $\boldsymbol{p} = \boldsymbol{0}$ の場合の (1.19) を用いて，$R_\ell(\mathrm{C}) = \mathrm{C}, \forall \boldsymbol{a} \in \mathbb{R}^2 \setminus \{\boldsymbol{0}\}$ と $R_{\boldsymbol{0}}(\theta)(\mathrm{C}) = \mathrm{C}, \forall \theta \in \mathbb{R}$ を示せばよい．前者を示すには，$c = 0$ の場合，任意の $\boldsymbol{r} \in \mathbb{R}^2$ に対して，$|R_\ell(\boldsymbol{r})|^2 = |\boldsymbol{r}|^2$ が成り立つことを用いる．

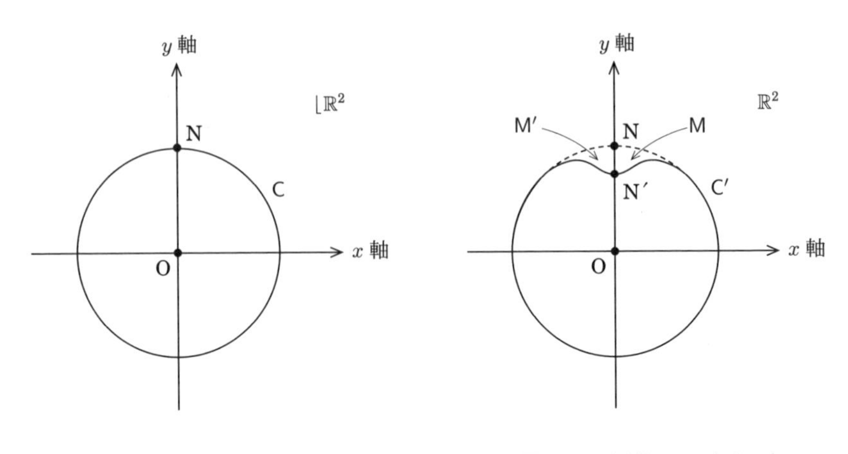

図 **3.1**　円盤 C　　　図 **3.2**　円盤 C の変容 C′

かる．しかし，鏡映対称性は完全には失われていない．なぜなら，y 軸に関する鏡映対称性はなおも保持されているからである (場合 (S.2) の実現)．さらに，もし，M の面積が (したがって，M′ の面積も) 十分小さければ C′ は，もともとの円盤 C がもつ対称性 (回転対称性，鏡映対称性) を近似的対称性としてもつ (場合 (S.1) の実現).

今度は，円盤 C が回転し，4 本の "枝"が分岐したような状況を考えよう (図 3.3)．ただし，"枝" B_j は B_{j+1} $(j=1,2,3)$ に $\pi/2$ の回転で重なるものとする．

この図形を C″ とすれば，$\mathsf{C}''=\mathsf{C}\cup\mathsf{B}_1\cup\mathsf{B}_2\cup\mathsf{B}_3\cup\mathsf{B}_4$．明らかに，C″ は点 O に関する全回転対称性をもたない．だが，2 次元回転変換群 $\mathfrak{R}(2)$ — 例 2.8 を参照 — の部分群 $\{I_{\mathbb{R}^2},\ R_{\mathbf{0}}(\pi/2),\ R_{\mathbf{0}}(\pi),\ R_{\mathbf{0}}(3\pi/2)\}$ に関する対称性 — 4 重回転対称性 (角度 $\pi/2,\pi,3\pi/2$ の回転対称性)[12] — は有している ([場合 (S.2) の実現]．中心を通る直線に関する鏡映対称性は全面的に破れている．しかし，$\mathsf{B}_1,\cdots,\mathsf{B}_4$ の面積は 0 であるから (場合によっては，それらに，面積が十分小であるような幅をもたせてもよい)，C″ はもともとの円盤 C の対称性を近似的対称性としてもつ [場合 (S.1) の実現]．さらに，C″ に含まれる部分形態としての C は，言うま

[12] 1.4 節を参照.

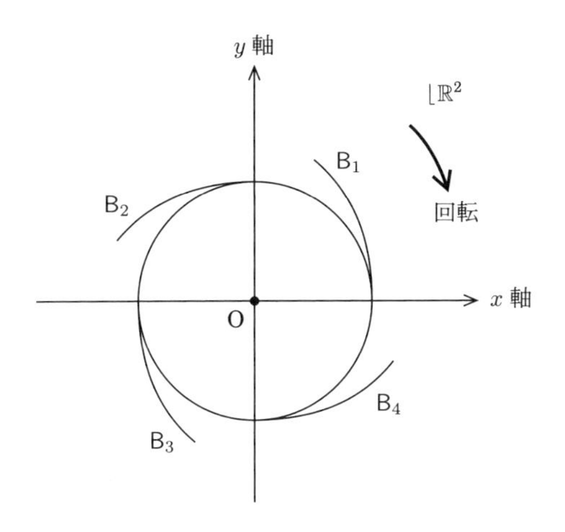

図 **3.3**　円盤 C の変容 C″

でもなく，もともとの円盤の対称性を完全に保持している [場合 (S.3) の実現][13].

このようにして，対称性の高い図形からの対称性の破れとして，対称性の低い図形あるいは，より“複雑な”図形が生成される．ほかにもいろいろ例をつくることができる

余談になるが，千利休(せんのりきゅう) (1522–1591) によって完成された，我が国特有の精神文化の一つである侘(わ)び茶 (茶道) にあっては，完全な対称性よりも，対称性の破れの中に興趣あるいは美が見いだされたのは注目すべきである．たとえば，利休が愛用した楽(らく)茶碗や武将で茶人でもあり，利休の精神を受け継ぎ，深めたといわれる古田織部(ふるたおりべ) (1544–1615) が好んだ織部焼にあっては，通常の茶碗の有する回転対称性が微妙な仕方で破れている．茶室やその周りの庭などにも対称性の破れが見事に使用されているように見える．日本の芸術文化を対称性の破れの観点から考察するのも一興かもしれない．

---

[13] この型の対称性の破れは，渦巻型銀河星雲 — 1.5 節を参照 — が形成される過程を記述するモデルの一つになるかもしれない．つまり，全回転対称性をもつ円盤が回転し，n 重回転対称性は保持しながら，渦型の形態を形成していくモデルである (n は当該の円盤の置かれている環境に依存しながら決まる).

3.4　おわりに

宇宙が自らを形成する原理のひとつとして，対称性の原理にしたがって活動しているとすれば— これはほぼ確実であると筆者は考えるが—，宇宙に存在する諸形態は，対称性の高い形態から，対称性の破れによって— しかし，いくつかの部分的対称性は保持しながら—，さまざまに変容しつつ生成されると考えるのは自然であり，魅力的でさえある．対称性の破れとは，ゲーテ的な観点から言えば，**対称性の理念のメタモルフォーゼ** (変形，変容，変身) にほかならない[14)]．前節の例は，この観点から構成したものである．形態のメタモルフォーゼを考察する場合，恣意性を排除し，ある種の法則性・必然性を意識することは極めて重要なことである．これは，造形芸術の作品を鑑賞したり，創作する場合にも有効に働くはずである．

この章では，いかなる原因から対称性の破れが生じるのか，という問題についてはふれなかった．これは，もちろん，重要な問題であり，ある意味でもっと根本的であるが，本書の範囲を超えるものである．この問題は，現象の動的原理と本質的に深く関わるものであり，簡単に答が出せるような問題ではない．これとの対比で言えば，対称性の破れの理念は，現象の形態的原理とでも言うべきものである．物理学では，対称性の破れとその法則性は，動力学的側面を記述する原理的基礎方程式— 古典物理学では，ニュートンの運動方程式，ラグランジュ方程式，マクスウェル方程式，量子物理学では，量子場の方程式，あるいは量子力学的状態を記述するシュレーディンガー方程式— から導き出せるはずであると信じられている．だが，部分的な成功はあるものの，まだ，完全な解明にはいたっていない．

対称性の破れについて，さらに詳しいことを知りたい読者は [172] およびそこにあげられている文献を参照されたい．形あるいは広い意味での形態に関する研究は，20 世紀後半から新しく発展してきた学際的科学分野の一つであり，数学，科学，工学，芸術，哲学が出会う場の一つを提供している．日本語の基本的な文

[14)] かの精神的巨人であるゲーテ (1749–1832, ドイツ) は，自然科学者でもあり，形態学を創始し，重要な発見をした．彼は，鉱物，植物，動物の形態の変化を統一的にとらえるために**メタモルフォーゼ**なる理念を導入した．詳しくは [88] を参照．

献として [176] がある．この本の中に，形の研究に関する多くの文献が載っている．1994 年に，筑波大学で開かれた，形と対称性に関する国際的シンポジウムの講演集 (英語) [146] は，日本の文化において現れた "形" にもふれていて，興味深い．

第4章

物理における対称性

4.1 はじめに — 対称性の一般概念

幾何学的図形の中には，ある空間的操作 — たとえば，直線や面に関する反転(鏡映)，並進(平行移動)，回転等々 — によって変わらないものがある．そのような図形は，当の空間的操作に関して対称であるという．したがって，空間的操作の種類に応じて，種々の対称性が存在することになる．たとえば，回転によって不変な図形，すなわち，回転に関して対称な図形は，回転対称性をもつという．同様に，鏡映，並進に関して対称な図形は，それぞれ，鏡映対称性，並進対称性をもつという．一つの図形がもちうる対称性は一つとは限らないということに注意しよう(以下の例 4.1〜例 4.4 を参照).

例 4.1 2次元ユークリッド平面における2等辺3角形 ABC (図 4.1 (a)) は，頂点 A からのその対辺 BC への垂線 AM に関する鏡映に関して対称である．一般に2次元ユークリッド平面における鏡映対称性は左右対称性あるいは線対称性とも呼ばれる.

例 4.2 2次元ユークリッド平面における円周 (図 4.1 (b)) は，その中心のまわりの任意の角度の回転に関して回転対称であり，その中心を通る任意の直線に関して左右対称である.

例 4.3 正方形 (図 4.1 (c)) は，その中心のまわりの角度 $\pi/2, \pi, 3\pi/2$ の回転に関して回転対称であり，対角線や向かい合う辺の中点を通る直線に関して左右対称である.

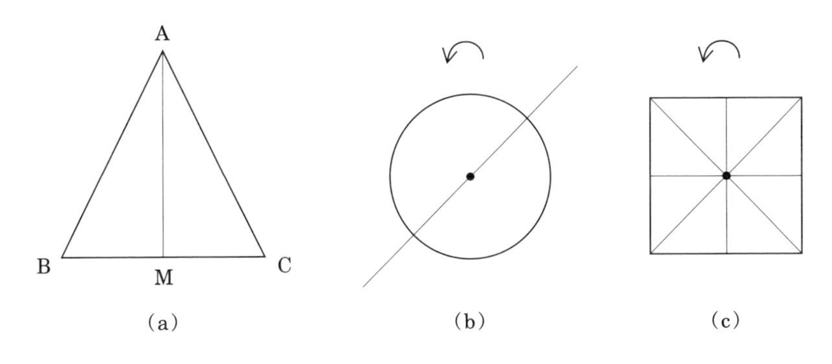

図 **4.1**　(a) 2 等辺 3 角形，(b) 円周，(c) 正方形

例 4.4 格子間隔が $a>0$ の 2 次元正方格子空間 (図 4.2)

$$\mathbb{Z}_a^2 := \{(am, an) | m, n \in \mathbb{Z}\}$$

は，x 軸方向に a だけ並進を行っても不変であるので，x 軸方向に関して (幅 a による) 並進対称性をもつ (y 軸方向についても同様)．また，$\mathbb{Z}_a^2$ は，その中の任意の点 P を中心とする角度 $\pi/2, \pi, 3\pi/2$ の回転に関して回転対称であり，P を通る x 軸に平行な直線と y 軸に平行な直線に関して左右対称である．

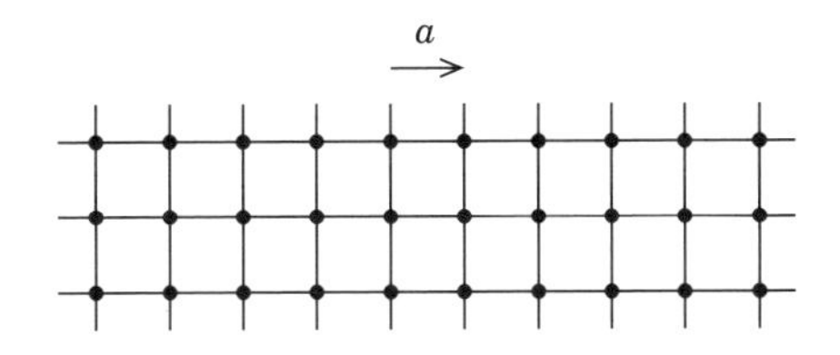

図 **4.2**　2 次元正方格子空間 $\mathbb{Z}_a^2$

図形に関わる対称性は，定性的には，図形の規則性，調和，均衡，“美”を測る概念の一つとして捉えることができる．また，造形芸術や音楽芸術において，いろいろな対称性が多用されていることを考慮するならば，対称性が芸術美とも深く結びついていることが洞察される．

上述の例に現れているような，諸々の具象的対称性から出発して，これらを特殊な場合として含む抽象的・普遍的な意味での対称性の概念へと至る道については，第2章で論述した．この意味での対称性は群の作用に対する不変性として定式化された．

図形 (集合) に対して，群の作用に対する不変性を要求することは，図形のとりうる形に対して，当の群の構造によって規定される秩序にしたがって，ある種の制限を課すことを意味する．このゆえに，対称性は，図形の形の規則性や調和あるいは均衡と結びつくのである．

対称性をもつ図形があれば，当然，そうでない図形もある．だが，それらを別物として考えるのではなく，対称性をもたない図形は，対称性を有する図形から**対称性の破れ**を通して生じる，という観点をとることにより，対称性を基点とする統一的な認識がもたらされる (第3章を参照)．

この章の目的は，物理学において現れる対称性とその物理的含意に関する基本的な側面を叙述することである．

4.2 物理における対称性の一般的側面

物理学の理論は，対象とする現象領域の範疇(はんちゅう)に応じて，古典力学，熱力学，古典電磁気学，相対性理論，流体力学，弾性論，古典場の理論，量子力学，量子場の理論など，いくつかの分野に分かれている．しかし，いずれの分野の理論においても，それを構成する上で基本となる概念は，物理系の状態と物理量の概念である．これらは，もちろん，理論の範疇ごとに異なる．各理論は，その理論に固有の基礎原理や基礎方程式から，観測にかかりうる諸々の事実を演繹的に導く，という構造をもつ．したがって，物理における対称性は，最も原理的なレヴェルでは，扱う分野に応じて，その基礎原理ないし基礎方程式の中に反映されることになる．そして，その構造と連関する形で状態や物理量の対称性が考察される．この場合，対称性を定める群が作用する空間として，たとえば，基礎方程式の解の空間や状態の集合あるいは物理量の集合がとられる．

一般に物理量 — 位置，運動量，角運動量，エネルギー等 — は時間とともに変化しうる．だが，それが時間に依らず一定となる場合，当の物理量は**保存する**といい，保存する物理量を**保存量**という．物理における対称性の重要な側面の一つとして，**対称性の存在が物理量の保存則を導く**という構造がある．理論に関与する対象—たとえば，力の場やポテンシャル—が何らかの対称性をもつならば，これに呼応する形で，しかるべき物理量の保存則が導かれるのである．

以下の節において，上に言及した，対称性と物理に関する一般的構造が古典力学においてどのように具現化されているかを見てみたい．

4.3 ニュートンの運動方程式の解空間の対称性

3 次元ユークリッドベクトル空間 $\mathbb{R}^3=\{\boldsymbol{x}=(x_1,x_2,x_3)|x_j\in\mathbb{R},j=1,2,3\}$ の連結開集合 D—たとえば，$D=\mathbb{R}^3$, $\mathbb{R}^3\setminus\{\boldsymbol{0}\}$—の中を運動する 1 個の質点からなる系を考える．質点の質量を $m>0$ とする．質点に働く力の場は D から $\mathbb{R}^3$ への写像 $\boldsymbol{F}:D\to\mathbb{R}^3$, すなわち，$D$ 上のベクトル場によって表されるとする．成分表示すれば

$$\boldsymbol{F}(\boldsymbol{x})=(F_1(\boldsymbol{x}),F_2(\boldsymbol{x}),F_3(\boldsymbol{x}))\in\mathbb{R}^3,\quad \boldsymbol{x}\in D$$

となる．ただし，各 $i=1,2,3$ に対して，F_i は D 上の実数値関数である．時刻 $t\in\mathbb{R}$ での質点の位置を $\boldsymbol{X}(t)=(X_1(t),X_2(t),X_3(t))\in D$ としよう (対応 $\boldsymbol{X}:t\mapsto\boldsymbol{X}(t)$ は $\mathbb{R}$ から D への写像を定める)．このとき，質点のしたがう運動方程式—**ニュートンの運動方程式** (古典力学の基礎方程式)—は

$$m\frac{d^2\boldsymbol{X}(t)}{dt^2}=\boldsymbol{F}(\boldsymbol{X}(t)),\quad t\in\mathbb{R} \tag{4.1}$$

であたえられる[1]．この方程式の解の全体—**解空間**—を $\mathscr{S}_{\boldsymbol{F}}$ とする：

$$\mathscr{S}_{\boldsymbol{F}}:=\{\boldsymbol{X}:\mathbb{R}\to D|\boldsymbol{X}\text{ は (4.1) を満たす }\}.$$

$\mathbb{R}$ から D への連続写像の全体を

$$\mathfrak{M}:=\{\boldsymbol{X}:\mathbb{R}\to D|\boldsymbol{X}\text{ は連続 }\}$$

とすれば，$\mathscr{S}_{\boldsymbol{F}}$ は $\mathfrak{M}$ の部分集合であり，$\mathscr{S}_{\boldsymbol{F}}$ の対称性は，$\mathfrak{M}$ 上の変換群に関するそれとして考察される[2]．$\mathfrak{M}$ の元を**運動**と呼ぶ．運動 $\boldsymbol{X}$ の像 $\{\boldsymbol{X}(t)|t\in\mathbb{R}\}$

[1] 無論，各成分関数 X_i は C^2 級であると仮定する．断りなしに，導関数が出てきた場合には，導関数の階数までの連続微分可能性は暗黙のうちに仮定されているとする．

[2] 2.2 節の記号で言えば，X が $\mathfrak{M}$ で，D が $\mathscr{S}_{\boldsymbol{F}}$ の場合．

を $\boldsymbol{X}$ の軌道という．

解空間 $\mathscr{S}_{\boldsymbol{F}}$ の対称性は力の場 $\boldsymbol{F}$ のそれから導かれる．この消息を以下に基本的な例で見たい．

4.3.1 解空間の並進対称性

ベクトル $\boldsymbol{a} \in \mathbb{R}^3 (\boldsymbol{a} \neq \boldsymbol{0})$ を一つ固定し，ベクトル $\boldsymbol{a}$ による並進変換を $T_{\boldsymbol{a}}$ とする：

$$T_{\boldsymbol{a}}(\boldsymbol{x}) := \boldsymbol{x} + \boldsymbol{a}, \quad \boldsymbol{x} \in \mathbb{R}^3.$$

いま，D は $T_{\boldsymbol{a}}$ 対称であると仮定する：$T_{\boldsymbol{a}}(D) = D$. 各 $\boldsymbol{X} \in \mathfrak{M}$ に対して，運動 $\boldsymbol{X}_{\boldsymbol{a}} : \mathbb{R} \to D$ を

$$\boldsymbol{X}_{\boldsymbol{a}}(t) := T_{\boldsymbol{a}}(\boldsymbol{X}(t)) = \boldsymbol{X}(t) + \boldsymbol{a}, \quad t \in \mathbb{R}$$

によって定義する．これを**運動 $\boldsymbol{X}$ のベクトル $\boldsymbol{a}$ による並進**と呼ぶ．

次に写像 $\hat{T}_{\boldsymbol{a}} : \mathfrak{M} \to \mathfrak{M}$ を

$$\hat{T}_{\boldsymbol{a}}(\boldsymbol{X}) := \boldsymbol{X}_{\boldsymbol{a}}, \quad \boldsymbol{X} \in \mathfrak{M}$$

によって定義し，これを **$\mathfrak{M}$ 上のベクトル $\boldsymbol{a}$ による並進変換**という．容易にわかるように，$\hat{T}_{\boldsymbol{a}}$ は全単射である．したがって，それは $\mathfrak{M}$ 上の変換である．そこで，次の定義を設ける：解空間 $\mathscr{S}_{\boldsymbol{F}}$ が $\hat{T}_{\boldsymbol{a}}$ 対称であるとき，すなわち，$\hat{T}_{\boldsymbol{a}}(\mathscr{S}_{\boldsymbol{F}}) = \mathscr{S}_{\boldsymbol{F}}$ が成り立つとき，**$\mathscr{S}_{\boldsymbol{F}}$ はベクトル $\boldsymbol{a}$ に関して並進対称である**という．これは，物理的には，力の場 $\boldsymbol{F}$ のもとで運動 $\boldsymbol{X}$ が可能ならば，同じ力の場 $\boldsymbol{F}$ のもとで，$\boldsymbol{X}_{\boldsymbol{a}}$ によって記述される運動 — $\boldsymbol{X}$ の軌道をベクトル $\boldsymbol{a}$ だけ平行移動してできる軌道を実現する運動 — も可能であることを意味する．

では，どのような力の場 $\boldsymbol{F}$ に対して $\mathscr{S}_{\boldsymbol{F}}$ はベクトル $\boldsymbol{a}$ に関して並進対称になるであろうか．これに答えるのが次の命題である：

命題 4.5 力の場 $\boldsymbol{F}$ はベクトル $\boldsymbol{a} \in \mathbb{R}^3$ に関する並進対称性をもつとしよう．すなわち

$$\boldsymbol{F}(\boldsymbol{x} + \boldsymbol{a}) = \boldsymbol{F}(\boldsymbol{x}), \quad \forall \boldsymbol{x} \in D \tag{4.2}$$

が成り立つとする．このとき，$\mathscr{S}_{\boldsymbol{F}}$ はベクトル $\boldsymbol{a}$ に関して並進対称である．

証明 $\boldsymbol{X}\in\hat{T}_{\boldsymbol{a}}(\mathscr{S}_{\boldsymbol{F}})$ としよう．このとき，$\boldsymbol{Y}\in\mathscr{S}_{\boldsymbol{F}}$ が存在して，$\boldsymbol{X}(t)=\boldsymbol{Y}(t)+\boldsymbol{a}$, $t\in\mathbb{R}$ と書ける．したがって

$$\begin{aligned}m\frac{d^2\boldsymbol{X}(t)}{dt^2}&=m\frac{d^2\boldsymbol{Y}(t)}{dt^2}=\boldsymbol{F}(\boldsymbol{Y}(t))\\&=\boldsymbol{F}(\boldsymbol{X}(t)-\boldsymbol{a})=\boldsymbol{F}((\boldsymbol{X}(t)-\boldsymbol{a})+\boldsymbol{a})\quad(\because (4.2))\\&=\boldsymbol{F}(\boldsymbol{X}(t)).\end{aligned}$$

ゆえに，$\boldsymbol{X}\in\mathscr{S}_{\boldsymbol{F}}$. よって，$\hat{T}_{\boldsymbol{a}}(\mathscr{S}_{\boldsymbol{F}})\subset\mathscr{S}_{\boldsymbol{F}}$.

逆に，$\boldsymbol{X}\in\mathscr{S}_{\boldsymbol{F}}$ としよう．このとき，$\boldsymbol{Y}(t):=\boldsymbol{X}(t)-\boldsymbol{a}$ とすれば，$\hat{T}_{\boldsymbol{a}}(\boldsymbol{Y})=\boldsymbol{X}$ である．さらに，前段と同様にして，

$$m\frac{d^2\boldsymbol{Y}(t)}{dt^2}=\boldsymbol{F}(\boldsymbol{Y}(t))$$

を示すことができる．したがって，$\boldsymbol{Y}\in\mathscr{S}_{\boldsymbol{F}}$. ゆえに，$\boldsymbol{X}\in\hat{T}_{\boldsymbol{a}}(\mathscr{S}_{\boldsymbol{F}})$. 以上から，$\hat{T}_{\boldsymbol{a}}(\mathscr{S}_{\boldsymbol{F}})=\mathscr{S}_{\boldsymbol{F}}$ が示されたことになるので，$\mathscr{S}_{\boldsymbol{F}}$ は $\hat{T}_{\boldsymbol{a}}$ 対称である． ■

こうして，力の場の並進対称性が解空間の並進対称性を導くことがわかる．

例 4.6 $\mathbb{R}^3$ 内の可算無限個の点 $n\boldsymbol{a}$ $(\boldsymbol{a}\neq\boldsymbol{0})$, $n\in\mathbb{Z}$ に電荷 $Q\in\mathbb{R}\setminus\{0\}$ が置かれている配位において，電荷 $q\in\mathbb{R}\setminus\{0\}$ の質点 m が部分集合

$$D_{\boldsymbol{a}}:=\mathbb{R}^3\setminus\{n\boldsymbol{a}|n\in\mathbb{Z}\}$$

の中を運動する状況を考える．容易にわかるように，$D_{\boldsymbol{a}}$ は $T_{\boldsymbol{a}}$ 対称である．点 $n\boldsymbol{a}$ の電荷が作り出す電気的クーロン力の場は，位置 $\boldsymbol{x}\in D_{\boldsymbol{a}}$ にある質点 m に

$$\boldsymbol{F}_n(\boldsymbol{x})=\frac{qQ}{|\boldsymbol{x}-n\boldsymbol{a}|^2}\frac{\boldsymbol{x}-n\boldsymbol{a}}{|\boldsymbol{x}-n\boldsymbol{a}|},\quad \boldsymbol{x}\in D_{\boldsymbol{a}}$$

の力を及ぼす．したがって，位置 $\boldsymbol{x}$ にある質点 m は全体として

$$\boldsymbol{F}(\boldsymbol{x})=\sum_{n=-\infty}^{\infty}\boldsymbol{F}_n(\boldsymbol{x})$$

の力を受ける[3]．容易にわかるように，$\boldsymbol{F}_n(\boldsymbol{x}+\boldsymbol{a})=\boldsymbol{F}_{n-1}(\boldsymbol{x})$ である．したがって，各 $\boldsymbol{x}\in D_{\boldsymbol{a}}$ に対して

$$\boldsymbol{F}(\boldsymbol{x}+\boldsymbol{a})=\sum_{n=-\infty}^{\infty}\boldsymbol{F}_{n-1}(\boldsymbol{x})=\sum_{n=-\infty}^{\infty}\boldsymbol{F}_n(\boldsymbol{x})=\boldsymbol{F}(\boldsymbol{x}).$$

ゆえに，$\boldsymbol{F}$ はベクトル $\boldsymbol{a}$ に関して並進対称である．よって，命題4.5によって，この場合の $\mathscr{S}_{\boldsymbol{F}}$ はベクトル $\boldsymbol{a}$ に関して並進対称である．

4.3.2 解空間の回転対称性

この項では，力の場 $\boldsymbol{F}$ の回転対称性を定義し，$\boldsymbol{F}$ の回転対称性が解空間 $\mathscr{S}_{\boldsymbol{F}}$ の回転対称性を導くことを示す．

$g=(g_{ij})_{i,j=1,2,3}$ を3次の直交行列で，$\det g$ (g の行列式)$=1$ を満たすものとする．各 $\boldsymbol{x}\in\mathbb{R}^3$ に対して，$g\boldsymbol{x}\in\mathbb{R}^3$ を $(g\boldsymbol{x})_i:=\sum_{j=1}^{3}g_{ij}x_j, \boldsymbol{x}\in\mathbb{R}^3, i=1,2,3$ によって定義すれば，g は $\mathbb{R}^3$ 上の全単射な線形写像と見ることができる．この意味での g を $\mathbb{R}^3$ の原点を中心とする回転変換あるいは単に回転と呼ぶ．そのような回転の全体

$$\mathrm{SO}(3):=\{g|{}^{\mathrm{t}}gg=1, \det g=1\}$$

(${}^{\mathrm{t}}g$ は g の転置行列) は $\mathbb{R}^3$ 上の変換群であり，**3次元回転群**と呼ばれる．各回転 $g\in\mathrm{SO}(3)$ はベクトル $\boldsymbol{x}$ の長さを変えないこと，すなわち，$|g\boldsymbol{x}|=|\boldsymbol{x}|, \forall\boldsymbol{x}\in\mathbb{R}^3$ が成立することに注意しよう．実際，$\mathbb{R}^3$ の内積を $\langle\cdot,\cdot\rangle$[4] とし，ベクトル $\boldsymbol{a}=$

---

[3]右辺の級数の収束性 (絶対収束) は次のようにしてわかる．任意の $\boldsymbol{x}\in D_{\boldsymbol{a}}$ に対して，$|\boldsymbol{x}|<R$ となる正数 $R>0$ が存在する．この $\boldsymbol{x}$ と $n\neq 0$ に対して

$$|\boldsymbol{x}-n\boldsymbol{a}|=|n|\left|\boldsymbol{a}-\frac{\boldsymbol{x}}{n}\right|\geqq|n|\left(|\boldsymbol{a}|-\frac{|\boldsymbol{x}|}{|n|}\right)\quad(\because\ 3\text{ 角不等式})\geqq|n|\left(|\boldsymbol{a}|-\frac{R}{|n|}\right)$$

n_0 を $n_0\geqq 2R/|\boldsymbol{a}|$ を満たす任意の自然数とすれば，$|n|\geqq n_0$ に対して $|\boldsymbol{a}|-(R/|n|)\geqq|\boldsymbol{a}|/2$ が成り立つ．したがって，$|\boldsymbol{x}-n\boldsymbol{a}|\geqq|n||\boldsymbol{a}|/2$, $|n|\geqq n_0$. ゆえに

$$\sum_{|n|\geqq n_0}|\boldsymbol{F}_n(\boldsymbol{x})|=\sum_{|n|\geqq n_0}\frac{|q||Q|}{|\boldsymbol{x}-n\boldsymbol{a}|^2}\leqq\frac{4|Q||q|}{|\boldsymbol{a}|^2}\sum_{|n|\geqq n_0}\frac{1}{n^2}<\infty.$$

[4]$\boldsymbol{a}=(a_1,a_2,a_3)$, $\boldsymbol{b}=(b_1,b_2,b_3)\in\mathbb{R}^3$ に対して，$\langle\boldsymbol{a},\boldsymbol{b}\rangle:=\sum_{i=1}^{3}a_ib_i$. 内積 $\langle\boldsymbol{a},\boldsymbol{b}\rangle$ を $(\boldsymbol{a},\boldsymbol{b})$ または $\boldsymbol{a}\cdot\boldsymbol{b}$ と記す流儀もある．

$(a_1, a_2, a_3) \in \mathbb{R}^3$ の長さ (大きさ) を

$$|\boldsymbol{a}| := \sqrt{\langle \boldsymbol{a}, \boldsymbol{a} \rangle} = \sqrt{a_1^2 + a_2^2 + a_3^2}$$

とすれば

$$|g\boldsymbol{x}|^2 = \langle g\boldsymbol{x}, g\boldsymbol{x} \rangle = \langle \boldsymbol{x}, {}^{\mathrm{t}}g\, g\boldsymbol{x} \rangle = \langle \boldsymbol{x}, \boldsymbol{x} \rangle = |\boldsymbol{x}|^2$$

となる.

さて, D は回転対称であるとしよう. すなわち, すべての $g \in \mathrm{SO}(3)$ に対して

$$g(D) = D \tag{4.3}$$

が成り立つとする. さきほどあげた例 $\mathbb{R}^3 \setminus \{\mathbf{0}\}$ は回転対称である. このとき, 各 $g \in \mathrm{SO}(3)$ に対して, 写像 $R(g) : \mathfrak{M} \to \mathfrak{M}$ を

$$(R(g)\boldsymbol{X})(t) := g\boldsymbol{X}(t), \quad \boldsymbol{X} \in \mathfrak{M}, \quad t \in \mathbb{R}$$

によって定義できる ($\boldsymbol{X}(t) \in D \Longrightarrow g\boldsymbol{X}(t) \in D$ に注意). $R(g)\boldsymbol{X}$ を**運動 $\boldsymbol{X}$ の g による回転**と呼ぶ. 運動 $R(g)\boldsymbol{X}$ の像は, 運動 $\boldsymbol{X}$ の像を g によって回転したものである. 次の事実を証明しよう :

命題 4.7 各 $g \in \mathrm{SO}(3)$ に対して, $R(g)$ は $\mathfrak{M}$ 上の変換であり, $R(g)^{-1} = R(g^{-1})$ が成り立つ.

証明 $R(g)$ が $\mathfrak{M}$ 上の全単射写像であることと $R(g)^{-1} = R(g^{-1})$ を示せばよい.

まず, 単射性を示す. $R(g)\boldsymbol{X} = R(g)\boldsymbol{Y}\,(\boldsymbol{X}, \boldsymbol{Y} \in \mathfrak{M})$ ならば $g\boldsymbol{X}(t) = g\boldsymbol{Y}(t)$, $\forall t \in \mathbb{R}$. 左から, g^{-1} を作用させれば, $\boldsymbol{X}(t) = \boldsymbol{Y}(t), \forall t \in \mathbb{R}$. したがって, $\boldsymbol{X} = \boldsymbol{Y}$. ゆえに, $R(g)$ は単射である.

次に全射性を示そう. 任意の $\boldsymbol{X} \in \mathfrak{M}$ に対して, 写像 $\boldsymbol{Y} : \mathbb{R} \to D$ を $\boldsymbol{Y}(t) := g^{-1}\boldsymbol{X}(t), \forall t \in \mathbb{R}$ によって定義する. このとき, $\boldsymbol{Y} \in \mathfrak{M}$ であり, $R(g)\boldsymbol{Y} = \boldsymbol{X}$ が成り立つ. したがって, $R(g)$ は全射である. いまの議論は, $\boldsymbol{Y} = R(g)^{-1}\boldsymbol{X}$ を意味する. 他方, $\boldsymbol{Y}$ の定義より, $\boldsymbol{Y} = R(g^{-1})\boldsymbol{X}$ である. したがって, $R(g)^{-1} = R(g^{-1})$ が得られる. ■

容易にわかるように

$$R(g)R(h)=R(gh), \quad \forall g,h\in \mathrm{SO}(3) \tag{4.4}$$

が成り立つ．これは対応 $R:\mathrm{SO}(3)\to \Gamma(\mathfrak{M})$($\mathfrak{M}$ 上の全変換群 [5]) が SO(3) の $\mathfrak{M}$ 上での表現 (2.3 節を参照) であることを意味する．したがって，$\{R(g)|g\in \mathrm{SO}(3)\}$ は $\mathfrak{M}$ 上の変換群 ($\Gamma(\mathfrak{M})$ の部分変換群) である．

命題 4.7 に基づいて，解空間 $\mathscr{S}_{\boldsymbol{F}}$ が $R(g)$ 対称であるとき，すなわち，$R(g)(\mathscr{S}_{\boldsymbol{F}})=\mathscr{S}_{\boldsymbol{F}}$ が成り立つとき，**解空間 $\mathscr{S}_{\boldsymbol{F}}$ は g に関して回転対称**であるという．

解空間 $\mathscr{S}_{\boldsymbol{F}}$ の回転対称性は力の場 $\boldsymbol{F}$ の特性に依存することは容易に想像されよう．そこで，次に，回転に関わる $\boldsymbol{F}$ の特性について考察する．D 上のベクトル場の全体

$$\mathfrak{F}:=\{\boldsymbol{F}:D\to\mathbb{R}^3\}$$

を考え，各 $g\in\mathrm{SO}(3)$ と $\boldsymbol{F}\in\mathfrak{F}$ に対して，ベクトル場 $\boldsymbol{F}_g\in\mathfrak{F}$ を

$$\boldsymbol{F}_g(\boldsymbol{x}):=g\boldsymbol{F}(g^{-1}\boldsymbol{x}), \quad \boldsymbol{x}\in D$$

によって定義する．これを用いて，写像 $\hat{g}:\mathfrak{F}\to\mathfrak{F}$ を

$$\hat{g}(\boldsymbol{F}):=\boldsymbol{F}_g$$

によって定義する．

命題 4.8 各 $g\in\mathrm{SO}(3)$ に対して，$\hat{g}$ は $\mathfrak{F}$ 上の変換であり，$\hat{g}^{-1}=\widehat{g^{-1}}$ が成り立つ．

証明 $\hat{g}$ の全単射性を示せばよい．$\boldsymbol{F},\boldsymbol{G}\in\mathfrak{F}$ が $\hat{g}(\boldsymbol{F})=\hat{g}(\boldsymbol{G})$ を満たすとしよう．このとき，$\boldsymbol{F}_g=\boldsymbol{G}_g$ である．したがって，すべての $\boldsymbol{x}\in D$ に対して，$g\boldsymbol{F}(g^{-1}\boldsymbol{x})=g\boldsymbol{G}(g^{-1}\boldsymbol{x})$ が成り立つ．左から g^{-1} を作用すれば，$\boldsymbol{F}(g^{-1}\boldsymbol{x})=\boldsymbol{G}(g^{-1}\boldsymbol{x})$ が得られる．$g^{-1}(D)=D$ であるから，写像の等式 $\boldsymbol{F}=\boldsymbol{G}$ が成立する．したがって，$\hat{g}$ は単射である．

$\hat{g}$ の全射性を示すために，$\boldsymbol{G}\in\mathfrak{F}$ を任意にとる．$\boldsymbol{F}(\boldsymbol{x}):=g^{-1}\boldsymbol{G}(g\boldsymbol{x}), \boldsymbol{x}\in D$ とすれば，$\boldsymbol{F}\in\mathfrak{F}$ であり，$\hat{g}(\boldsymbol{F})=\boldsymbol{G}$ がわかる．したがって，$\hat{g}$ は全射である．いまの計算は，$\boldsymbol{F}=\hat{g}^{-1}\boldsymbol{G}$ を意味する．他方，$\boldsymbol{F}$ の定義により，$\boldsymbol{F}=\widehat{g^{-1}}(\boldsymbol{G})$ であ

[5] (2.18) を参照.

るので，$\hat{g}^{-1} = \widehat{g^{-1}}$ が得られる． ■

回転変換 $g \in \mathrm{SO}(3)$ に対して，$\hat{g}$ 対称なベクトル場 $\boldsymbol{F}$, すなわち，$\hat{g}(\boldsymbol{F}) = \boldsymbol{F}$ を満たすベクトル場 $\boldsymbol{F}$ を g **に関して回転対称なベクトル場**と呼ぶ．この場合，$\boldsymbol{F}$ は g に関する回転対称性をもつともいう．

$\boldsymbol{F}$ がすべての $g \in \mathrm{SO}(3)$ に関して回転対称であるとき，単に，$\boldsymbol{F}$ は**回転対称**であるという．

例 4.9 $k \in \mathbb{R} \setminus \{0\}$ を定数として，ベクトル場 $\boldsymbol{F}_k : \mathbb{R}^3 \to \mathbb{R}^3$ を

$$\boldsymbol{F}_k(\boldsymbol{x}) := k\boldsymbol{x}, \quad \boldsymbol{x} \in \mathbb{R}^3$$

によって定義する (図 4.3 を参照)．$\boldsymbol{F}_k$ は**線形力の場**と呼ばれる．特に，$k < 0$ の場合の $\boldsymbol{F}_k$ を**線形復元力**という [6)]．容易にわかるように，任意の $g \in \mathrm{SO}(3)$ に対して，$(\boldsymbol{F}_k)_g = \boldsymbol{F}_k$ が成り立つ．したがって，$\boldsymbol{F}_k$ は回転対称である．

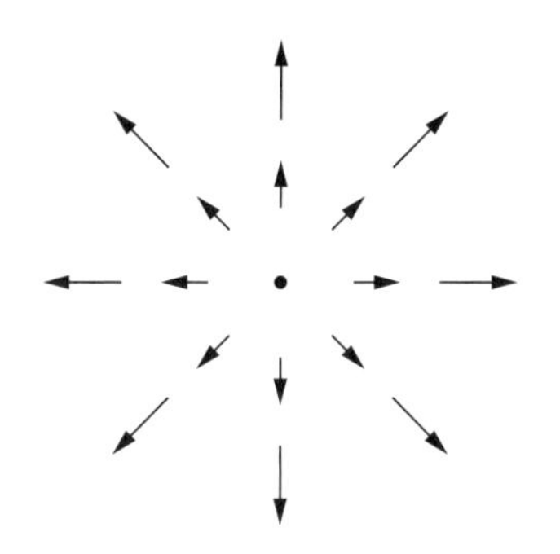

図 **4.3**　線形力の場 $\boldsymbol{F}_k$：$k > 0$ の場合

例 4.10 D 上の実数値関数 ϕ から定まる力の場

$$\boldsymbol{F}_\phi(\boldsymbol{x}) := \phi(\boldsymbol{x})\boldsymbol{x}, \quad \boldsymbol{x} \in D \tag{4.5}$$

を考える．これは，線形力の場 $\boldsymbol{F}_k$ における定数 k を関数値 $\phi(\boldsymbol{x})$ で置き換えたものに他ならず，線形力の一般化になっている．この型の力の場を**中心力場**と呼

6) バネの復元力の 3 次元版である．

ぶ[7]．もし，$g \in \mathrm{SO}(3)$ に対して，$\phi(g^{-1}\boldsymbol{x}) = \phi(\boldsymbol{x})$, $\boldsymbol{x} \in D$ — これを関数 ϕ の g に関する回転対称性という — が成り立つならば，$\boldsymbol{F}_\phi$ は g に関して回転対称である．なぜなら，任意の $\boldsymbol{x} \in D$ に対して

$$g\boldsymbol{F}_\phi(g^{-1}\boldsymbol{x}) = g\phi(g^{-1}\boldsymbol{x})g^{-1}\boldsymbol{x} = \phi(g^{-1}\boldsymbol{x})\boldsymbol{x} = \phi(\boldsymbol{x})\boldsymbol{x} = \boldsymbol{F}_\phi(\boldsymbol{x})$$

となるからである．

線形力の場と異なる中心力場の基本的な例の一つは，$D = \mathbb{R}^3 \setminus \{\boldsymbol{0}\}$ かつ

$$\boldsymbol{F}_{\mathrm{C}}(\boldsymbol{x}) := \frac{\gamma}{|\boldsymbol{x}|^3}\boldsymbol{x}, \quad \boldsymbol{x} \in \mathbb{R}^3 \setminus \{\boldsymbol{0}\}$$

という型のベクトル場によってあたえられる．ただし，$\gamma \in \mathbb{R} \setminus \{0\}$ は定数である．これは，$\phi(\boldsymbol{x}) = \gamma/|\boldsymbol{x}|^3$ の場合の $\boldsymbol{F}_\phi$ である．力の場 $\boldsymbol{F}_{\mathrm{C}}$ は**クーロン力の場**と呼ばれる．

次の事実に注意する：

補題 4.11 $\boldsymbol{F}$ が g に関して回転対称ならば，それは g^{-1} に関しても回転対称である．

証明 仮定により，すべての $\boldsymbol{x} \in D$ に対して，$g\boldsymbol{F}(g^{-1}\boldsymbol{x}) = \boldsymbol{F}(\boldsymbol{x})$ が成り立つ．左から g^{-1} を作用すれば，$\boldsymbol{F}(g^{-1}\boldsymbol{x}) = g^{-1}\boldsymbol{F}(\boldsymbol{x})$．$g^{-1}(D) = D$ であるから，$g^{-1}\boldsymbol{x}$ をあらためて $\boldsymbol{x}$ とすれば，$\boldsymbol{F}(\boldsymbol{x}) = g^{-1}\boldsymbol{F}(g\boldsymbol{x})$ が得られる．右辺は $\boldsymbol{F}_{g^{-1}}(\boldsymbol{x})$ であるので，$\boldsymbol{F} = \boldsymbol{F}_{g^{-1}}$ が得られる．ゆえに，$\boldsymbol{F}$ は g^{-1} に関して回転対称である．■

次の命題が成立する：

命題 4.12 $\boldsymbol{F}$ が g に関して回転対称なベクトル場ならば，解空間 $\mathscr{S}_{\boldsymbol{F}}$ は g に関して回転対称である．

証明 $\boldsymbol{X} \in R(g)(\mathscr{S}_{\boldsymbol{F}})$ とすれば，$\boldsymbol{X} = R(g)\boldsymbol{Y}$ となる $\boldsymbol{Y} \in \mathscr{S}_{\boldsymbol{F}}$ がある．したがって，任意の $t \in \mathbb{R}$ に対して

$$m\frac{d^2\boldsymbol{X}(t)}{dt^2} = m\frac{d^2(R(g)\boldsymbol{Y})(t)}{dt^2} = mg\frac{d^2\boldsymbol{Y}(t)}{dt^2}.$$

[7] 文献によっては，$\phi(\boldsymbol{x})$ が $|\boldsymbol{x}|$ だけの関数の場合のみを中心力場という場合がある．

$\boldsymbol{Y}$ は $\mathscr{S}_{\boldsymbol{F}}$ の元であるから

$$m\frac{d^2\boldsymbol{Y}(t)}{dt^2} = \boldsymbol{F}(\boldsymbol{Y}(t))$$

が成り立つ．したがって

$$m\frac{d^2\boldsymbol{X}(t)}{dt^2} = g\boldsymbol{F}(\boldsymbol{Y}(t))$$

となる．さらに，$\hat{g}(\boldsymbol{F}) = \boldsymbol{F}$ であるから，$\boldsymbol{F}_g = \boldsymbol{F}$．したがって，$g\boldsymbol{F}(g^{-1}\boldsymbol{x}) = \boldsymbol{F}(\boldsymbol{x}),\ \boldsymbol{x} \in D$．ゆえに

$$g\boldsymbol{F}(\boldsymbol{Y}(t)) = \boldsymbol{F}(g\boldsymbol{Y}(t)) = \boldsymbol{F}(\boldsymbol{X}(t)).$$

よって，$\boldsymbol{X}$ は (4.1) を満たす．すなわち，$\boldsymbol{X} \in \mathscr{S}_{\boldsymbol{F}}$．ゆえに

$$R(g)(\mathscr{S}_{\boldsymbol{F}}) \subset \mathscr{S}_{\boldsymbol{F}}. \tag{4.6}$$

逆の包含関係を示そう．補題 4.11 によって，$\boldsymbol{F}$ は g^{-1} に関しても回転対称であるから，(4.6) で g を g^{-1} に置き換えた式も成立する：

$$R(g^{-1})(\mathscr{S}_{\boldsymbol{F}}) \subset \mathscr{S}_{\boldsymbol{F}}.$$

付録 A の命題 A.1 (i) を応用すれば，$((R(g)R(g^{-1}))(\mathscr{S}_{\boldsymbol{F}}) \subset R(g)(\mathscr{S}_{\boldsymbol{F}})$ が得られる．(4.4) によって，$R(g)R(g^{-1}) = I_{\mathfrak{M}}$ ($\mathfrak{M}$ 上の恒等写像) であるから，$\mathscr{S}_{\boldsymbol{F}} \subset R(g)(\mathscr{S}_{\boldsymbol{F}})$，ゆえに，(4.6) の逆の包含関係が導かれる． ■

命題 4.12 において，力の場 $\boldsymbol{F}$ の回転対称性が解空間 $\mathscr{S}_{\boldsymbol{F}}$ の回転対称性を導くことに注意しよう．解空間 $\mathscr{S}_{\boldsymbol{F}}$ が回転 g に関して回転対称であることの物理的意味は，ニュートンの運動方程式 (4.1) にしたがう運動の g による回転も同じ力の場 $\boldsymbol{F}$ の作用のもとで可能な運動であるということである．

命題 4.12 を例 4.9 と例 4.10 に応用することにより，次の結果を得る．

例 4.13 線形力の場 $\boldsymbol{F}_k$ に対する解空間 $\mathscr{S}_{\boldsymbol{F}_k}$ は，すべての $g \in \mathrm{SO}(3)$ に対して回転対称である．

例 4.14 $\phi(\boldsymbol{x})$ が $|\boldsymbol{x}|$ だけの関数としよう．このとき，すべての $g \in \mathrm{SO}(3)$ に関して，$\phi(g^{-1}\boldsymbol{x}) = \phi(\boldsymbol{x}),\ \boldsymbol{x} \in D$ が成り立つ ($\because\ |g^{-1}\boldsymbol{x}| = |\boldsymbol{x}|,\ \forall \boldsymbol{x} \in \mathbb{R}^3$)．したがっ

て，この場合，$\boldsymbol{F}_\phi$ は回転対称である．ゆえに，$\mathscr{S}_{\boldsymbol{F}_\phi}$ は，すべての $g\in \mathrm{SO}(3)$ に対して回転対称である．

4.4 対称性と保存則

この節では，ニュートンの運動方程式 (4.1) にしたがう運動に対して，力の場 $\boldsymbol{F}$ が有する対称性がいくつかの物理量の保存則を導くことを例証する．

4.4.1 運動量保存則

質点 m の時刻 $t\in\mathbb{R}$ での**速度**は

$$\boldsymbol{v}(t) := \frac{d\boldsymbol{X}(t)}{dt}$$

によって定義される．このベクトルの m 倍

$$\boldsymbol{p}(t) := m\boldsymbol{v}(t)$$

を質点 m の時刻 t での**運動量**と呼ぶ．この物理量を用いると，ニュートンの運動方程式 (4.1) は

$$\frac{d\boldsymbol{p}(t)}{dt} = \boldsymbol{F}(\boldsymbol{X}(t))$$

と書ける [8]．

力の場のあるクラスを導入する．実数値関数 $V:D\to\mathbb{R}$ があって，力の場 $\boldsymbol{F}$ が

$$\boldsymbol{F}(\boldsymbol{x}) = -\nabla V(\boldsymbol{x}) := -(\partial_1 V(\boldsymbol{x}), \partial_2 V(\boldsymbol{x}), \partial_3 V(\boldsymbol{x})), \quad \boldsymbol{x} = (x_1, x_2, x_3)\in D \tag{4.7}$$

— $\partial_i V := \partial V/\partial x_i (i=1,2,3)$ — という形であたえられる場合を考えよう [9]．この場合，V を**ポテンシャル**または**ポテンシャルエネルギー**と呼び，$\boldsymbol{F}$ を**ポテンシャル力**または**保存力**という．

---

[8] この形の運動方程式は m が時間による場合でも成立し，したがって，こちらの方がより一般的である．

[9] ∇V (ナブラ V) は $\mathrm{grad}\, V$ とも書かれ，V の**勾配** (gradient) とも呼ばれる．

ある単位ベクトル $\boldsymbol{a} \in \mathbb{R}^3$ ($|\boldsymbol{a}|=1$) があって，任意の $s \in \mathbb{R}$ に対して

$$V(\boldsymbol{x}+s\boldsymbol{a})=V(\boldsymbol{x}), \quad \boldsymbol{x} \in D \tag{4.8}$$

が成り立つとき，V は $\boldsymbol{a}$ **方向への並進対称性**をもつという．この対称性は，次の命題における意味で，部分的な運動量保存則を導く．

命題 4.15 ポテンシャル V は $\boldsymbol{a}$ 方向への並進対称性をもつとする．このとき，$\boldsymbol{a}$ 方向への運動量成分 $p_{\boldsymbol{a}}(t) := \langle \boldsymbol{a}, \boldsymbol{p}(t) \rangle$ は保存量である．すなわち，$p_{\boldsymbol{a}}(t)$ は t に依らない．

証明 $dp_{\boldsymbol{a}}(t)/dt=0$ を示せばよい．次のように計算を進めればよい：

$$\frac{dp_{\boldsymbol{a}}(t)}{dt}=\left\langle \boldsymbol{a}, \frac{d\boldsymbol{p}(t)}{dt} \right\rangle = -\langle \boldsymbol{a}, (\nabla V)(\boldsymbol{X}(t)) \rangle. \tag{4.9}$$

(4.8) によって，$\dfrac{dV(\boldsymbol{x}+s\boldsymbol{a})}{ds}=0$. 一方，合成関数の微分法により

$$\left.\frac{dV(\boldsymbol{x}+s\boldsymbol{a})}{ds}\right|_{s=0}=\sum_{i=1}^{3} a_i(\partial_i V)(\boldsymbol{x})=\langle \boldsymbol{a}, \nabla V(\boldsymbol{x}) \rangle.$$

したがって，$\langle \boldsymbol{a}, \nabla V(\boldsymbol{x}) \rangle=0$. ゆえに (4.9) の右辺は 0 である． ■

注意 4.16 $\mathbb{R}^3$ の標準基底を $(\boldsymbol{e}_1, \boldsymbol{e}_2, \boldsymbol{e}_3)$ としよう：

$$\boldsymbol{e}_1 := (1,0,0), \quad \boldsymbol{e}_2 := (0,1,0), \quad \boldsymbol{e}_3 := (0,0,1).$$

このとき，$\boldsymbol{p}(t)=\sum_{i=1}^{3} \langle \boldsymbol{e}_i, \boldsymbol{p}(t) \rangle \boldsymbol{e}_i$ と展開できる．したがって，V が各 $\boldsymbol{e}_i$ 方向への並進対称性をもつならば，命題 4.15 により，$\langle \boldsymbol{e}_i, \boldsymbol{p}(t) \rangle$ は t に依らない定数であるので，$\boldsymbol{p}(t)$ は t に依らない．すなわち，運動量は保存される．一方，容易にわかるように，V が各 $\boldsymbol{e}_i$ 方向への並進対称性をもつことと V が定数であることは同値である．したがって，この場合，$\boldsymbol{F}=\boldsymbol{0}$ となるので，$d\boldsymbol{p}(t)/dt=\boldsymbol{0}$. これは $\boldsymbol{p}(t)=\boldsymbol{p}(0)$(定ベクトル) を意味するので，こちらの議論からも運動量が保存されることがわかる．ただし，この特殊な場合だけを考察したのでは，V の並進対称性が運動量成分の保存則を導くという構造 (命題 4.15) は見えてこない．

4.4.2 エネルギー保存則

運動エネルギー

$$T(t) := \frac{m|\boldsymbol{v}(t)|^2}{2}$$

とポテンシャルエネルギー $V(\boldsymbol{X}(t))$ の和

$$E(t) := T(t) + V(\boldsymbol{X}(t))$$

は運動 $\boldsymbol{X}$ に関する**全力学的エネルギー**と呼ばれる．これに関して次の命題が成り立つ：

命題 4.17 $\boldsymbol{X} \in \mathscr{S}_{\boldsymbol{F}}$ ならば $E(t)$ は保存量である．すなわち，$E(t)$ は t に依らない．

証明 次のように計算を進めればよい ($V(\boldsymbol{X}(t))$ の t に関する微分については，合成関数の微分法を用いる)：

$$\begin{aligned}\frac{dE(t)}{dt} &= \frac{dT(t)}{dt} + \frac{dV(\boldsymbol{X}(t))}{dt}\\ &= m\left\langle \boldsymbol{v}(t), \frac{d\boldsymbol{v}(t)}{dt}\right\rangle + \left\langle \frac{d\boldsymbol{X}(t)}{dt}, (\nabla V)(\boldsymbol{X}(t))\right\rangle\\ &= \langle \boldsymbol{v}(t), \boldsymbol{F}(\boldsymbol{X}(t))\rangle + \langle \boldsymbol{v}(t), -\boldsymbol{F}(\boldsymbol{X}(t)\rangle = 0.\end{aligned}$$

したがって，$E(t) = C$ (定数) である． ■

命題 4.17 は**エネルギー保存則**と呼ばれる．上の証明の計算からわかるように，この保存則は，ポテンシャル V が陽に時間 t に依らないこと，言い換えれば，V が時間に関する並進対称性をもつことから導かれる．より一般的には，ポテンシャル V は時空変数 $(t, \boldsymbol{x}) \in \mathbb{R} \times \mathbb{R}^3$ の関数 $V = U(t, \boldsymbol{x})$ である．もし，$\partial U(t, \boldsymbol{x})/\partial t \neq 0$ (つまり，U は時間に関して並進対称でない) ならば，全力学的エネルギー

$$E_U(t) := T(t) + U(t, \boldsymbol{X}(t))$$

に対して

$$\frac{dE_U(t)}{dt} = \left(\frac{\partial U}{\partial t}\right)(t, \boldsymbol{X}(t))$$

となるので

$$\boldsymbol{X}(t) \in \left\{\boldsymbol{x} \in \mathbb{R}^3 \middle| \frac{\partial U(t,\boldsymbol{x})}{\partial t} \neq 0\right\}$$

を満たす軌道に対しては，エネルギー保存則は成立しない．

4.4.3 角運動量保存則

質点の位置と運動量からつくられる物理量として，$\mathbb{R}^3$ の原点に関する角運動量

$$\boldsymbol{L}(t) := \boldsymbol{X}(t) \times \boldsymbol{p}(t)$$

がある．ただし，ここでの $\times$ はベクトル積を表す．

引き続き，力の場 $\boldsymbol{F}$ は (4.7) によってあたえられるとする．

ポテンシャル V は，すべての $g \in \mathrm{SO}(3)$ に対して，$V(g\boldsymbol{x}) = V(\boldsymbol{x})$, $\boldsymbol{x} \in D$ を満たすとき，**回転対称**であるという．ただし，$g(D) = D, \forall g \in \mathrm{SO}(3)$ とする．

補題 4.18 $D = \mathbb{R}^3 \setminus \{\boldsymbol{0}\}$ の場合を考える．V が回転対称ならば，V は $|\boldsymbol{x}|$ だけの関数である．すなわち，関数 $\phi : (0,\infty) \to \mathbb{R}$ が存在して，$V(\boldsymbol{x}) = \phi(|\boldsymbol{x}|)$, $\boldsymbol{x} \in D$ と表される．さらに，V が D 上で C^1 級ならば，ϕ も $(0,\infty)$ で C^1 級であり

$$\nabla V(\boldsymbol{x}) = \phi'(|\boldsymbol{x}|)\frac{\boldsymbol{x}}{|\boldsymbol{x}|}, \quad \boldsymbol{x} \in D \tag{4.10}$$

が成り立つ．

証明 各 $r > 0$ に対して，$S_r := \{\boldsymbol{x} \in \mathbb{R}^3 | |\boldsymbol{x}| = r\}$ とすれば，$\mathbb{R}^3 \setminus \{\boldsymbol{0}\} = \bigcup_{r>0} S_r$ が成立する．明らかに，$\boldsymbol{x} \in S_r$ ならば $g\boldsymbol{x} \in S_r$ である．S_r 上の任意の 2 点 $\boldsymbol{x}, \boldsymbol{y} \in S_r$ に対して，$\boldsymbol{y} = g\boldsymbol{x}$ となる $g \in \mathrm{SO}(3)$ が存在する[10]．仮定により，$V(\boldsymbol{x}) = V(\boldsymbol{y})$ であるので，S_r 上では V の値は一定である．そこで，関数 $\phi : (0,\infty) \to \mathbb{R}$ を $\phi(r) := V(\boldsymbol{a})$, $r > 0$ (ただし，$\boldsymbol{a} \in S_r$) によって定義できる．任意の $\boldsymbol{x} \in \mathbb{R}^3 \setminus \{\boldsymbol{0}\}$ に対して，$\boldsymbol{x} \in S_r (r = |\boldsymbol{x}|)$ であるので，$V(\boldsymbol{x}) = \phi(r) = \phi(|\boldsymbol{x}|)$ となる．

$x_2 = 0, x_3 = 0, x_1 > 0$ とすれば，$V(x_1, 0, 0) = \phi(x_1)$．したがって，ϕ は微分可能であり，$\partial_1 V(x_1, 0, 0) = \phi'(x_1)$ が成り立つ．左辺は x_1 について連続であるの

[10] この事実は直観的には自明であろうが，その厳密な証明は自明でない．詳しくは [36] の定理 1.73 を参照されたい．

で，ϕ' も連続である．したがって，ϕ は $(0,\infty)$ 上で C^1 級である．公式 (4.10) は，合成関数の微分法と $\partial_i|\boldsymbol{x}|=x_i/|\boldsymbol{x}|$, $\boldsymbol{x}\in D$ $(i=1,2,3)$ による． ■

次の事実が成立する：

命題 4.19 (角運動量保存則) $D=\mathbb{R}^3\setminus\{\mathbf{0}\}$ とする．V が回転対称で C^1 級ならば，任意の $\boldsymbol{X}\in\mathscr{S}_{\boldsymbol{F}}$ に対して，角運動量 $\boldsymbol{L}(t)$ は保存する．すなわち，$\boldsymbol{L}(t)$ は t によらない定ベクトルである．

証明 $\boldsymbol{L}(t)$ の導関数が $\mathbf{0}$ であることを示せばよい．$\boldsymbol{L}(t)$ の導関数は次のように計算される：

$$\begin{aligned}\frac{d\boldsymbol{L}(t)}{dt}&=\frac{d\boldsymbol{X}(t)}{dt}\times\boldsymbol{p}(t)+\boldsymbol{X}(t)\times\frac{d\boldsymbol{p}(t)}{dt}\\&=\frac{1}{m}\boldsymbol{p}(t)\times\boldsymbol{p}(t)-\boldsymbol{X}(t)\times(\nabla V)(\boldsymbol{X}(t))\\&=\frac{1}{m}\boldsymbol{p}(t)\times\boldsymbol{p}(t)-\frac{\phi'(|\boldsymbol{X}(t)|)}{|\boldsymbol{X}(t)|}\boldsymbol{X}(t)\times\boldsymbol{X}(t)\quad(\because (4.10)).\end{aligned}$$

他方，任意のベクトル $\boldsymbol{u}\in\mathbb{R}^3$ に対して，$\boldsymbol{u}\times\boldsymbol{u}=\mathbf{0}$. したがって，上式の右辺の各項は $\mathbf{0}$ である．ゆえに $d\boldsymbol{L}(t)/dt=\mathbf{0}$. これは $\boldsymbol{L}(t)=\boldsymbol{C}$ (定ベクトル) を意味する． ■

命題 4.19 は，ポテンシャル V の回転対称性から角運動量の保存が導かれることを語る．だが，ポテンシャルの回転対称性は角運動量保存の必要条件ではない．実際，ポテンシャル力とは限らない力の場 $\boldsymbol{F}$ が

$$\boldsymbol{x}\times\boldsymbol{F}(\boldsymbol{x})=\mathbf{0},\quad \boldsymbol{x}\in D \tag{4.11}$$

を満たすならば，上の計算とまったく同様にして，$d\boldsymbol{L}(t)/dt=\mathbf{0}$ を示すことができる．したがって，この場合も角運動量は保存される．対称性が保存則を導くという観点からは，条件 (4.11) は力の場に対する回転対称性のある種の一般化と見ることができるかもしれない．

4.5 おわりに

物理における対称性は，4.1 節で述べた普遍的な対称性の理念が物理現象に関わる具象的なコンテクストで実現されたものである．だが，その実現の仕方は現

象の範疇に応じて多様でありうる．古典力学の一般的形式の一つであるラグランジュ形式においては，対称性と保存則の関係はより普遍的な形で定式化される(**ネーターの定理**)(詳しくは [36] の 3.3 節を参照)．他方，原子や素粒子のような微視的対象に由来する現象の範疇を記述する量子力学においては対称性ならびに物理量の保存則は古典力学とは異なる形式をとる．この側面の詳細については，[30] の 4 章や [36] の 7 章を参照されたい．

第5章

シュレーディンガー方程式とディラック方程式における対称性

5.1 はじめに

本章の主題であるシュレーディンガー方程式とディラック方程式は，いずれも量子力学における原理的な基礎方程式である．これらの方程式は，その一般的形態においては，時間変数 $t \in \mathbb{R}$ と N 個の空間変数 $\boldsymbol{x}_1, \cdots, \boldsymbol{x}_N$ $(\boldsymbol{x}_j \in \mathbb{R}^3, j = 1, \cdots, N)$ に関する偏微分方程式である．この場合の自然数 N は，量子系を構成する量子的粒子の個数を表す (このような量子系は N 体系と呼ばれる)．これらの方程式に関して第一義的に重要なことは，言うまでもなく，その解を求めることである．だが，これは一般には容易な仕事ではない．というのは，シュレーディンガー方程式とディラック方程式はポテンシャルと呼ばれる関数を含み，解が存在するか否か，あるいは解が存在する場合に，解が明示的な表示 (“よくわかった” 関数を用いての表示) をもつかどうかは，ポテンシャルの性質に依存するからである [1]．そこで，視点を変えて，方程式を解かなくても，解について，方程式の構造だけからわかる性質を探求することを考える．明示的な解が求められる問題だけに親しんできた人にとっては，そのような探求を可能にする方法があるのかと訝しく思われるかもしれない．だが，実際，それは存在する．その種の方法の基礎の一つをあたえるのが本章のもう一つの主題，すなわち，対称性で

[1] 解が明示的に求められる場合もある (その最も簡単な場合はポテンシャルがない場合であり，このような量子系は自由系と呼ばれる)．通常，物理学の教科書で扱われるのは，ほとんどそのような場合だけである．だが，数学的・一般的観点から言えば，それはごく特殊な場合である．このことをはっきりと認識しておくことは重要である．

ある．対称性の考察は，解の一般的構造に関する知見を得ることを可能にするだけでなく，実は，明示的な解を求める上でも役立つのである．

数学のほぼ全領域を貫く根源的で普遍的な理念としての対称性は，物理現象のコンテクストにおいては，時間や空間，あるいは内部自由度 (たとえば，素粒子のスピン) の空間における変換に関するある種の不変性あるいは規則性として現れる．本章の目的は，この意味での対称性がシュレーディンガー方程式とディラック方程式の場合にどのような形をとるかを，ごく初歩的な部分に限定して，叙述することである．

5.2 シュレーディンガー方程式

簡単のため，1 体系のシュレーディンガー方程式を考える (5.1 節の記号で $N=1$ の場合)．シュレーディンガー方程式には二つの型がある．すなわち，時間依存型とそうでない型である．まず，前者の型のシュレーディンガー方程式における対称性を考察する．

5.2.1 時間依存型シュレーディンガー方程式

4 次元時空 $M:=\mathbb{R}\times\mathbb{R}^3=\{(t,\boldsymbol{x})|t\in\mathbb{R},\boldsymbol{x}=(x^1,x^2,x^3)\in\mathbb{R}^3\}$ 上の複素数値関数 $\psi:M\to\mathbb{C}$ (M から $\mathbb{C}$ への写像) ; $(t,\boldsymbol{x})\mapsto\psi(t,\boldsymbol{x})$ を未知関数とする，次の 2 階偏微分方程式を考える：

$$i\hbar\frac{\partial\psi(t,\boldsymbol{x})}{\partial t}=-\frac{\hbar^2}{2m}\Delta\psi(t,\boldsymbol{x})+V(\boldsymbol{x})\psi(t,\boldsymbol{x}). \tag{5.1}$$

ただし，i は虚数単位，$\hbar>0$ と $m>0$ は定数，

$$\Delta:=\sum_{j=1}^{3}\partial_j^2$$

— $\partial_j:=\partial/\partial x^j$ $(j=1,2,3)$ — は **3 次元ラプラシアン**と呼ばれる偏微分作用素，$V:\mathbb{R}^3\to\mathbb{R}$ はあたえられた実数値関数である．方程式 (5.1) は，量子力学のコンテクストでは，質量 m の非相対論的な量子的粒子 1 個がポテンシャル V の作用のもとに存在している系の状態の時間発展を記述し — この場合，$\hbar$ は，物理的には，プランクの定数 h を 2π で割った定数を表す —，**時間依存型シュレーディ**

ンガー方程式と呼ばれる [2]．この範疇の量子系の状態は，一般に，$\mathbb{R}^3$ 上の零でない複素数値関数 $\phi:\mathbb{R}^3\to\mathbb{C}$ で絶対 2 乗可積分条件

$$\|\phi\|^2 := \int_{\mathbb{R}^3} |\phi(\boldsymbol{x})|^2 d\boldsymbol{x} < \infty$$

を満たすものによって記述される．ただし，定数倍だけ異なる，零でない関数は同じ状態を表す (量子力学的状態の相等原理)．シュレーディンガー方程式 (5.1) の解 $\psi\neq 0$ で，各 $t\in\mathbb{R}$ に対して定まる写像 $\psi(t,\cdot):\mathbb{R}^3\to\mathbb{C};\boldsymbol{x}\mapsto\psi(t,\boldsymbol{x})$ が

$$\|\psi(t,\cdot)\|^2 < \infty, \quad \forall t\in\mathbb{R} \tag{5.2}$$

を満たすならば，$\psi(t,\cdot)$ は時刻 t における系の状態を表す．

シュレーディンガー方程式 (5.1) の解 ψ で (5.2) を満たすものすべてからなる集合を $\mathsf{S}_V\neq\varnothing$ とし，これを (5.1) の**解空間**という [3]．これは，M 上の複素数値関数全体からなる集合 $\mathscr{F}(M)$ の "図形" である．さらに，$\mathscr{S}_V$ は関数の和とスカラー倍で閉じていること，すなわち，$\psi_1,\psi_2\in\mathscr{S}_V$ ならば $\alpha_1\psi_1+\alpha_2\psi_2\in\mathscr{S}_V,\alpha_1,\alpha_2\in\mathbb{C}$ が成り立つことも容易にわかる．したがって，$\mathscr{S}_V$ は $\mathscr{F}(M)$ の部分空間である．

以下，時間依存型シュレーディンガー方程式 (5.1) が有する対称性を解空間 $\mathscr{S}_V$ に関して考察する．

---

[2]「非相対論的」における「相対論的」は，アインシュタインの特殊相対性理論の意味でのそれである．ところで，古典的物質場の理論においても，(5.1) と同じ形の方程式が現れる．この場合には，(5.1) を**ド・ブロイ場の方程式**という (文献 [181] や [25] の 7.7 節を参照)．無論，方程式の形は同じでも，量子力学と古典的物質場の理論では，その物理的解釈は異なる．だが，この点については，量子力学の発展史上，不幸にして，概念的な混乱が見られた．両理論の概念的な違いをこの上なく明晰な形で論じている本として名著 [181] がある．ついでに言えば，ド・ブロイ場の "量子化" は**非相対論的な量子場**のクラスの一つをあたえる．

[3]解の存在については，ここでは議論しない．これは，ヒルベルト空間上の作用素論を用いて考察することにより，数学的に厳密かつ明晰に論じることができる．その結果，非常に広いクラスの V に対して，方程式 (5.1) の解の存在が証明される．詳しくは，文献 [120] や [189] を参照．

5.2.2 自由なシュレーディンガー方程式におけるガリレイ対称性

方程式 (5.1) において，ポテンシャル V が 0 の場合を考えると，**自由なシュレーディンガー方程式**

$$i\hbar\frac{\partial\psi(t,\boldsymbol{x})}{\partial t}=-\frac{\hbar^2}{2m}\Delta\psi(t,\boldsymbol{x}) \tag{5.3}$$

が得られる．これは外力が働いていない量子的粒子 — 自由な量子的粒子 — の状態の時間発展を記述する．自由なシュレーディンガー方程式 (5.3) の解空間を $\mathscr{S}_0$ としよう．

すでに言及したように，シュレーディンガー方程式は非相対論的な方程式である．この観点からは，シュレーディンガー方程式 (5.1) に関わる時空 M は**ガリレイ時空**と呼ばれる時空でなければならない[4)]．ガリレイ時空には**ガリレイ変換**と呼ばれる変換が作用する．この変換を定義するために，3 次の直交行列の全体 — 3 次直交群 (第 2 章の表 2.1 を参照) — を O(3) とする[5)]：

$$\mathrm{O}(3):=\{R\in\mathrm{M}_3(\mathbb{R})|{}^{\mathrm{t}}RR=E_3\}.$$

3 次直交群の元は**広義回転**とも呼ばれる．ガリレイ変換は，広義回転 $R\in\mathrm{O}(3)$ と 4 次元ベクトル $a=(a_0,\boldsymbol{a})\in\mathbb{R}\times\mathbb{R}^3=\mathbb{R}^4$ および 3 次元ベクトル $\boldsymbol{v}\in\mathbb{R}^3$ (速度を表す) の組 $(\boldsymbol{v},a,R)$ ごとに定まり，次の式によって定義される：各 $(t,\boldsymbol{x})\in M$ に対して

$$g_{(\boldsymbol{v},a,R)}(t,\boldsymbol{x}):=(t+a_0,R\boldsymbol{x}+\boldsymbol{a}+(t+a_0)\boldsymbol{v}). \tag{5.4}$$

ガリレイ変換 $g_{(\boldsymbol{v},a,R)}:M\to M$ は，幾何学的には，まず，時空の空間点 $\boldsymbol{x}$ を直交行列 R によって広義の意味で回転し $(\boldsymbol{x}\mapsto R\boldsymbol{x})$, 次に，ベクトル $a\in\mathbb{R}^4$ による時空並進 $(t,R\boldsymbol{x})\mapsto(t+a_0,R\boldsymbol{x}+\boldsymbol{a})$ を行い，最後に，速度 $\boldsymbol{v}$ の等速運動による空間並進 $(t+a_0,R\boldsymbol{x}+\boldsymbol{a})\mapsto(t+a_0,R\boldsymbol{x}+\boldsymbol{a}+(t+a_0)\boldsymbol{v})$ を施すことを意味す

---

4)単なるアファイン空間としての M にはいろいろな計量的構造が入る．その計量的構造を変えることにより，相異なる時空概念が得られる．ガリレイ時空や後出のミンコフスキー空間はそのような時空の例である．

5)記号については第 2 章を参照.

る[6].

ガリレイ変換の全体は M 上の変換群であることが示される．変換 $g_{(\boldsymbol{v},a,R)}$ の逆元 $g_{(\boldsymbol{v},a,R)}^{-1}$ の作用は次の形であたえられる：

$$g_{(\boldsymbol{v},a,R)}^{-1}(t,\boldsymbol{x}) = (t-a_0, R^{-1}(\boldsymbol{x}-\boldsymbol{a}-t\boldsymbol{v})), \quad (t,\boldsymbol{x}) \in M. \tag{5.5}$$

この変換群を G と記し，**ガリレイ群**と呼ぶ．各ガリレイ変換 $g = g_{(\boldsymbol{v},a,R)} \in \mathrm{G}$ に対して，$\mathscr{F}(M)$ 上の写像 $\rho_{\mathrm{G}}(g) : \mathscr{F}(M) \to \mathscr{F}(M)$ を次のように定義する：各 $\psi \in \mathscr{F}(M)$ と各 $(t,\boldsymbol{x}) \in M$ に対して

$$(\rho_{\mathrm{G}}(g)\psi)(t,\boldsymbol{x}) := e^{i(m\boldsymbol{v}\boldsymbol{x}-\frac{1}{2}m\boldsymbol{v}^2 t)/\hbar}\psi(g^{-1}(t,\boldsymbol{x})). \tag{5.6}$$

ただし，$\boldsymbol{v}\boldsymbol{x} := \sum_{j=1}^{3} v^j x^j$，$\boldsymbol{v}^2 := \sum_{j=1}^{3} (v^j)^2$．次の事実が見いだされる：

定理 5.1 ψ が自由なシュレーディンガー方程式 (5.3) の解ならば，任意のガリレイ変換 $g \in \mathrm{G}$ に対して $\rho_{\mathrm{G}}(g)\psi$ も (5.3) の解である．さらに，$\mathscr{S}_0$ は $\rho_{\mathrm{G}}(g)$ 対称である：$\rho_{\mathrm{G}}(g)(\mathscr{S}_0) = \mathscr{S}_0$.

この定理に述べられた性質を**自由なシュレーディンガー方程式のガリレイ対称性**という．ここで，次の 2 点を注意しておこう．

(i) 自由なシュレーディンガー方程式 (5.3) の解は明示的な表示をもつ[7]．だが，定理 5.1 は，明示的な解を求めることなしに，方程式 (5.3) だけから証明される．

(ii) $\boldsymbol{v} \neq \boldsymbol{0}$ の場合，$\rho_{\mathrm{G}}(g)$ の定義 (5.6) において，指数因子 $e^{i(m\boldsymbol{v}\boldsymbol{x}-\frac{1}{2}m\boldsymbol{v}^2 t)/\hbar}$ が必要である．これは，詳細は略すが，$\rho_{\mathrm{G}} : \mathrm{G} \to \mathrm{GL}(\mathscr{F}(M))$[8]$; g \mapsto \rho_{\mathrm{G}}(g)$ がガリレイ群の通常の意味での表現 (2.3 節を参照) ではなく，より一般的な**射影表現**ま

---

[6] 誤解はないと思うが，念のために言っておけば，ここで考えているガリレイ変換は M 上の写像であって座標変換ではない (座標変換は，M の点は動かさず，点の座標表示を取り換える手続きであり，M 上の写像とは異なる概念である)．後に言及するユークリッド的合同変換，時間反転，ローレンツ変換，ポアンカレ変換についても同様のことが当てはまる．

[7] たとえば，文献 [17] の定理 6.11 (p.202) や [47] の定理 3.42 (p.342) を参照．

[8] 第 2 章の 2.3 節を参照．

たは**射線表現**と呼ばれる範疇の表現であることを意味するものであって，物理的にも数学的にもたいへん興味深い構造の一つである [9)].

5.2.3 一般の場合の時間依存型シュレーディンガー方程式

ポテンシャル $V \neq 0$ が定数でない場合には，解空間 $\mathscr{S}_V$ は，たとえば，ガリレイ変換 $g_{(\boldsymbol{v},0,I_3)}$ $(\boldsymbol{v} \neq \mathbf{0})$ に対して $\rho_{\mathrm{G}}(g_{(\boldsymbol{v},0,I_3)})$ 対称ではない．だが，$\mathscr{S}_V$ は，ガリレイ群 G のある部分変換群に対しては，対称性をもちうる．

各 $R \in \mathrm{O}(3)$ と各 $\boldsymbol{a} \in \mathbb{R}^3$ に対して，$(\boldsymbol{a}, R)(\boldsymbol{x}) := R\boldsymbol{x} + \boldsymbol{a}, \boldsymbol{x} \in \mathbb{R}^3$ によって定義される写像 $(\boldsymbol{a}, R) : \mathbb{R}^3 \to \mathbb{R}^3$ は**ユークリッド的合同変換**と呼ばれる．これは，幾何学的には，ユークリッド空間としての $\mathbb{R}^3$ 上の広義回転と並進の合成が生み出す変換である．ユークリッド的合同変換の全体

$$\mathscr{E}(\mathbb{R}^3) := \{(\boldsymbol{a}, R) | R \in \mathrm{O}(3), \boldsymbol{a} \in \mathbb{R}^3\}$$

は $\mathbb{R}^3$ 上の変換群であり，**ユークリッド的合同変換群**と呼ばれる．容易にわかるように，各 $(\boldsymbol{a}, R) \in \mathscr{E}(\mathbb{R}^3)$ の逆元 $(\boldsymbol{a}, R)^{-1}$ は

$$(\boldsymbol{a}, R)^{-1}(\boldsymbol{x}) = R^{-1}(\boldsymbol{x} - \boldsymbol{a}), \quad \boldsymbol{x} \in \mathbb{R}^3$$

によってあたえられる．

各 $(\boldsymbol{a}, R) \in \mathscr{E}(\mathbb{R}^3)$ に対して，$g_{\boldsymbol{a},R} := g_{(\mathbf{0},(0,\boldsymbol{a}),R)}$ はガリレイ変換であり，$\{g_{\boldsymbol{a},R} | R \in \mathrm{O}(3), \boldsymbol{a} \in \mathbb{R}^3\}$ はガリレイ群 G の部分変換群である．

一般に，関数 $f : \mathbb{R}^3 \to \mathbb{C}$ が $R \in \mathrm{O}(3)$ と $\boldsymbol{a} \in \mathbb{R}^3$ に対して，$f(R\boldsymbol{x} + \boldsymbol{a}) = f(\boldsymbol{x})$, $\forall \boldsymbol{x} \in \mathbb{R}^3$ を満たすとき，f は $(\boldsymbol{a}, R)$ **対称**であるという．

次の定理はシュレーディンガー方程式 (5.1) の**部分的なガリレイ対称性**に関するものである：

定理 5.2 ある $R \in \mathrm{O}(3)$ とある $\boldsymbol{a} \in \mathbb{R}^3$ に対して，V が $(\boldsymbol{a}, R)$ 対称ならば，$\mathscr{S}_V$ は $\rho_{\mathrm{G}}(g_{\boldsymbol{a},R})$ 対称である．すなわち，$\rho_{\mathrm{G}}(g_{\boldsymbol{a},R})(\mathscr{S}_V) = \mathscr{S}_V$ が成り立つ．

この定理において，ポテンシャル V の対称性がシュレーディンガー方程式 (5.1) の解空間 $\mathscr{S}_V$ の対称性を導くことに注意しよう．

[9)] 射影表現については，文献 [30] の 4.3.2 項や [36] の 7.5 節を参照．

注意 5.3 $N \geqq 2$ に対する N 体系のシュレーディンガー方程式の場合には，含まれるポテンシャルが空間変数の差 $\boldsymbol{x}_j - \boldsymbol{x}_k$ $(j \neq k, j, k = 1, \cdots, N)$ だけに依存するならば，解空間はガリレイ対称性をもつ．この項で考察したシュレーディンガー方程式 (5.1) は，物理的には，ポテンシャル部分が $V(\boldsymbol{x}_1 - \boldsymbol{x}_2)$ であたえられる，2 体系のシュレーディンガー方程式からのある種の還元によって得られるものと見るのが自然であり (詳しくは，文献 [30] の 2.3.4 項を参照)，この観点からは，$V \neq 0$ が定数でない場合には，解空間 $\mathscr{S}_V$ に対して，ガリレイ群全体に関する対称性が成立しないのはむしろ当然というべきなのである．

5.2.4 時間反転対称性

ガリレイ群に含まれない，M 上の変換として，**時間反転**：$(t, \boldsymbol{x}) \mapsto (-t, \boldsymbol{x})$ がある．これに付随する $\mathscr{F}(M)$ 上の写像 $R_{\rm time}$ を

$$(R_{\rm time}(F))(t, \boldsymbol{x}) := F(-t, \boldsymbol{x})^*, \quad (t, \boldsymbol{x}) \in M, F \in \mathscr{F}(M) \tag{5.7}$$

によって定義する (右辺は $F(-t, \boldsymbol{x})$ の複素共役であることに注意)．写像 $R_{\rm time}$ を**時間反転作用素**という．これは反線形写像である．すなわち

$$R_{\rm time}(\alpha F + \beta G) = \alpha^* R_{\rm time}(F) + \beta^* R_{\rm time}(G), \quad F, G \in \mathscr{F}(M), \alpha, \beta \in \mathbb{C}.$$

さらに

$$R_{\rm time}^2 = I_{\mathscr{F}(M)} \quad (\mathscr{F}(M) \text{ 上の恒等写像})$$

が成り立つ．次の定理は容易に証明される：

定理 5.4 (時間反転対称性) $R_{\rm time}(\mathscr{S}_V) = \mathscr{S}_V$.

5.2.5 時間に依存しないシュレーディンガー方程式

シュレーディンガー方程式 (5.1) の解として，$\psi(t, \boldsymbol{x}) = e^{-itE/\hbar}\phi_E(\boldsymbol{x})(E \in \mathbb{R}$ は定数) という形のものを求めることを考えよう．ただし

$$\int_{\mathbb{R}^3} |\phi_E(\boldsymbol{x})|^2 dx < \infty$$

とする．このような解は**定常解**と呼ばれる．容易に確かめられるように，関数 ψ が (5.1) の解であるための必要十分条件は，ϕ_E が**時間に依存しないシュレー**

ディンガー方程式

$$-\frac{\hbar^2}{2m}\Delta\phi_E + V\phi_E = E\phi_E \tag{5.8}$$

を満たすことである．方程式 (5.8) の解空間を $\mathscr{S}_V(E)$ としよう．この集合は，$\mathbb{R}^3$ 上の複素数値関数全体の空間 $\mathscr{F}(\mathbb{R}^3)$ の部分空間であることは容易にわかる．量子力学のコンテクストでは，$\mathscr{S}_V(E)$ が空でないとき，$\mathscr{S}_V(E)$ の元 ϕ_E はエネルギーが E の固有状態を表す．この場合，E を**エネルギー固有値**と呼ぶ．$\mathscr{S}_V(E)$ の次元 $\dim \mathscr{S}_V(E)$ が 1 のとき，エネルギー E の固有状態は**非縮退**であるという．他方，$\dim \mathscr{S}_V(E) \geqq 2$ のときは，エネルギー E の固有状態は**縮退**しているといい，$\dim \mathscr{S}_V(E)$ をその**縮退度**と呼ぶ．

ポテンシャル V の実性 $(V^* = V)$ から，$\phi_E \in \mathscr{S}_V(E)$ ならば $\phi_E^* \in \mathscr{S}_V(E)$ が導かれる．すなわち，$\mathscr{S}_V(E)$ は関数の共役をとる操作に関して不変である．

各 $(\boldsymbol{a}, R) \in \mathscr{E}(\mathbb{R}^3)$ に対して，$\rho(\boldsymbol{a}, R) : \mathscr{F}(\mathbb{R}^3) \to \mathscr{F}(\mathbb{R}^3)$ を

$$(\rho(\boldsymbol{a}, R)f)(\boldsymbol{x}) := f((\boldsymbol{a}, R)^{-1}\boldsymbol{x}) = f(R^{-1}(\boldsymbol{x} - \boldsymbol{a})), \quad f \in \mathscr{F}(\mathbb{R}^3),\ \boldsymbol{x} \in \mathbb{R}^3$$

によって定義する．このとき，対応 $\rho : \mathscr{E}(\mathbb{R}^3) \to \mathscr{F}(\mathbb{R}^3); (\boldsymbol{a}, R) \mapsto \rho(\boldsymbol{a}, R)$ はユークリッド的合同変換群 $\mathscr{E}(\mathbb{R}^3)$ の $\mathscr{F}(\mathbb{R}^3)$ 上での表現をあたえる．この表現に関して，次の定理が成立する：

定理 5.5 V が $(\boldsymbol{a}, R)$ 対称ならば，$\mathscr{S}_V(E)$ は $\rho(\boldsymbol{a}, R)$ 対称である．

この定理から，いくつかの重要な帰結が得られる．一般に，すべての回転 $R \in \mathrm{SO}(3)$ に対して，$(\boldsymbol{0}, R)$ 対称な関数を**回転対称な関数**と呼ぶ．このような関数は $|\boldsymbol{x}|$ だけの関数である (補題 4.18 を参照)．いま，V は回転対称であるとしよう．このとき，$\widetilde{\rho}(R) := \rho(\boldsymbol{0}, R)$ によって定義される写像 $\widetilde{\rho} : \mathrm{SO}(3) \to \mathrm{GL}(\mathscr{S}_V(E))$ は $\mathrm{SO}(3)$ の表現をあたえる．すなわち，解空間 $\mathscr{S}_V(E)$ は回転群 $\mathrm{SO}(3)$ の表現空間になっている．したがって，回転群の表現論における諸事実をいまのコンテクストに応用することができる [10]：

(i) 回転群 $\mathrm{SO}(3)$ の任意の有限次元既約表現 [11] の表現空間の次元は奇数であ

---

[10] $\mathrm{SO}(3)$ の表現論については，たとえば，名著 [190] を参照．

[11] 一般に，群 $\mathscr{G}$ のベクトル空間 $\mathscr{V}$ 上での表現 $\rho : \mathscr{G} \to \mathrm{GL}(\mathscr{V})$ ($\mathscr{V}$ 上の一般線形群；2.3 節を参照) について，すべての $g \in \mathscr{G}$ に対して，$\rho(g)(\mathscr{W}) \subset \mathscr{W}$ を満たす部分空間 $\mathscr{W} \subset \mathscr{V}$ が $\{0\}$ または $\mathscr{V}$ に限るとき，表現 ρ は**既約**であるという．

る [12]．そこで，最も単純な場合，すなわち，$\tilde{\rho}$ が 1 次元既約表現の場合を考える．この場合，$\dim \mathscr{S}_V(E)=1$ であり，エネルギー E の固有状態は縮退していない．さらに，1 次元ベクトル空間 $\mathscr{S}_V(E)$ の基底として，回転対称な実数値関数 (したがって，$|\boldsymbol{x}|$ だけに依存する実数値関数) をとることができる．通常，このような状態は，エネルギーの一番低い状態，すなわち，**基底状態**によって実現される．

(ii) $\dim \mathscr{S}_V(E) < \infty$ ならば，$\mathscr{S}_V(E)$ は，$\mathscr{S}_V(E) = \bigoplus_{k=1}^{K} \mathsf{W}_k$ という形に直和分解でき ($K \geqq 1$ はある自然数)，各部分空間 W_k は SO(3) の既約表現の表現空間 (したがって，$\dim \mathsf{W}_k$ は奇数) になっている．

このようにして，方程式の対称性と群の表現論の諸結果を合わせることにより，方程式を具体的に解かなくても，方程式の解が有する基本的な性質を見いだすことができる．

5.3 ディラック方程式

すでに述べたように，シュレーディンガー方程式は，非相対論的な量子的粒子の系の状態を記述する方程式である．では，相対論的な量子的粒子の系の場合に，その状態を記述する方程式はどのようになるであろうか．これは，相対性理論を基礎に据える観点からは，自然な問いである．結論から言えば，そのような方程式の一つがディラック方程式である．この方程式を書き下すためにいくつか記号を導入する．4 次の複素正方行列の全体を $\mathrm{M}_4(\mathbb{C})$ で表し，$\mathbb{C}^4 := \{z = (z_1, z_2, z_3, z_4) | z_n \in \mathbb{C}, n=1,2,3,4\}$ を 4 次元エルミート空間とし，ベクトル $z \in \mathbb{C}^4$ のノルムを $\|z\|_{\mathbb{C}^4}$ で表す：$\|z\|_{\mathbb{C}^4} := \sqrt{\sum_{n=1}^{4} |z_n|^2}$．各 $T = (T_{nl}) \in \mathrm{M}_4(\mathbb{C})$ と $z \in \mathbb{C}^4$ に対して，$Tz \in \mathbb{C}^4$ を $(Tz)_n := \sum_{l=1}^{4} T_{nl} z_l, n=1,2,3,4$ によって定義する．$\alpha_j (j=1,2,3), \beta$ を 4 次のエルミート行列で

[12] [190] の p.77, 定理 3 を参照.

$$\alpha_j\alpha_k + \alpha_k\alpha_j = 2\delta_{jk}E_4, \tag{5.9}$$

$$\alpha_j\beta + \beta\alpha_j = O_4, \quad \beta^2 = E_4 \tag{5.10}$$

$(j,k=1,2,3)$ を満たすものとする (δ_{jk} はクロネッカーのデルタ，E_4 は 4 次の単位行列，O_4 は 4 次の零行列) [13]．Φ を $\mathbb{R}^3$ から $\mathrm{M}_4(\mathbb{C})$ への写像で各点 $\boldsymbol{x}$ に対して $\Phi(\boldsymbol{x}) \in \mathrm{M}_4(\mathbb{C})$ がエルミート行列となるものとする．この型の写像を**行列値ポテンシャル**と呼ぶ．$\mathfrak{m} \geqq 0$ を相対論的な量子的粒子の質量としよう．**ディラック方程式**は，写像 $\Psi : M \to \mathbb{C}^4$ (M 上の $\mathbb{C}^4$ 値関数) に関する次の 1 階偏微分方程式である [14]：

$$i\hbar\frac{\partial\Psi(t,\boldsymbol{x})}{\partial t} = \sum_{j=1}^{3} c\alpha_j(-i\hbar)\partial_j\Psi(t,\boldsymbol{x}) + \mathfrak{m}c^2\beta\Psi(t,\boldsymbol{x}) + \Phi(\boldsymbol{x})\Psi(t,\boldsymbol{x}) \tag{5.11}$$

ただし，c は真空中の光速を表すパラメータである．$\Phi=0$ の場合の方程式 (5.11) を**自由なディラック方程式**という．

ディラック方程式 (5.11) の解で積分条件

$$\int_{\mathbb{R}^3} \|\Psi_n(t,\boldsymbol{x})\|_{\mathbb{C}^4}^2 d\boldsymbol{x} < \infty \quad t \in \mathbb{R}, n=1,2,3,4$$

を満たすものの全体を $\mathscr{S}_\Phi^{\mathrm{D}}$ とする．

ディラック方程式 (5.11) の相対論的対称性を考察しよう．ベクトル空間 $\mathbb{R}^4$ の任意の 2 点 $x=(x^0,x^1,x^2,x^3), y=(y^0,y^1,y^2,y^3)$ に対して

---

[13] α_j, β は，(5.9), (5.10) を満たす 4 次のエルミート行列ならば何でもよい (ここでの考察にとって，具体的な表示は本質的ではない)．α_j, β の例として次のものがある：

$$\alpha_j = \begin{pmatrix} O_2 & \sigma_j \\ \sigma_j & O_2 \end{pmatrix}, \quad \beta = \begin{pmatrix} E_2 & O_2 \\ O_2 & -E_2 \end{pmatrix}.$$

ただし，$\sigma_1, \sigma_2, \sigma_3$ はパウリ行列 (第 2 章の注意 2.15 を参照)，O_2 は 2 次の零行列，E_2 は 2 次の単位行列である．複素数 α と n 次単位行列 E_n に対して，αE_n を単に α と記す場合もある．

[14] ディラック方程式の発見法的導出については，文献 [71] の XI 章や [47] の 3.4.3 項を参照．方程式 (5.11) は，相対論的な古典的物質場の理論においても現れる．このコンテクストでは，Ψ は相対論的な物質場を表し，**ディラック場** (ド・ブロイ場の相対論版) と呼ばれる．方程式 (5.11) についても，その物理的解釈に関して，脚注 2 と同様の注意が当てはまる．ディラック場の "量子化" は**相対論的な量子場**のクラスの一つをあたえる (文献 [20] の 11 章を参照)．

$$\langle x,y\rangle := x^0y^0 - \sum_{j=1}^{3} x^jy^j$$

によって定義される実数 $\langle x,y\rangle$ を x と y の**ミンコフスキー計量**と呼ぶ．この計量を備えた $\mathbb{R}^4$ を **4 次元ミンコフスキーベクトル空間**といい，これを V_{M} で表す．4 次元ミンコフスキーベクトル空間 V_{M} は相対論的力学が展開される時空を記述する [15]．V_{M} 上の線形写像 Λ で，ミンコフスキー計量を不変にするもの，すなわち，$\langle \Lambda x, \Lambda y\rangle = \langle x,y\rangle, x,y \in V_{\mathrm{M}}$ を満たすものを V_{M} 上の**ローレンツ変換**という．ローレンツ変換の全体を $\mathscr{L}$ とすれば，$\mathscr{L}$ は V_{M} 上の変換群をなすことがわかる．この変換群を**ローレンツ変換群**と呼ぶ．

各 $a \in \mathbb{R}^4$ と各 $\Lambda \in \mathscr{L}$ に対して，V_M 上の写像 (a,Λ) を

$$(a,\Lambda)(x) := \Lambda x + a, \quad x \in V_{\mathrm{M}}$$

によって定義する．この型の写像を V_M 上の**ポアンカレ変換**という．ポアンカレ変換の全体 $\mathscr{P} := \{(a,\Lambda) | a \in \mathbb{R}^4, \Lambda \in \mathscr{L}\}$ は V_{M} 上の変換群になる．これを V_{M} 上の**ポアンカレ変換群**という．

さて

$$\gamma^0 := \beta, \quad \gamma^j := \beta\alpha_j \quad (j=1,2,3)$$

とし，$t = x^0/c$ と変数変換すれば，$\beta^2 = E_4$ を用いることにより，ディラック方程式 (5.11) は

$$i\hbar \sum_{\mu=0}^{3} \gamma^\mu \partial_\mu \widetilde{\Psi} - \mathfrak{m}c\widetilde{\Psi} - \beta\widetilde{\Phi}\widetilde{\Psi} = 0$$

という，より美しい形に書きなおせる．ただし，$\partial_0 := \partial/\partial x^0$,

$$\widetilde{\Psi}(x) := \Psi\left(\frac{x^0}{c}, \boldsymbol{x}\right), \quad \widetilde{\Phi}(x) := \frac{1}{c}\Phi(\boldsymbol{x}), \quad x = (x^0, \boldsymbol{x}) \in V_{\mathrm{M}}. \tag{5.12}$$

新しく導入された行列 γ^μ — **ガンマ行列**と呼ばれる — は

$$\gamma^\mu\gamma^\nu + \gamma^\nu\gamma^\mu = 2g^{\mu\nu} \quad (\mu,\nu = 0,1,2,3)$$

---

15) より厳密には，相対論的時空は，V_{M} を基準ベクトル空間とする計量アファイン空間 — **4 次元ミンコフスキー空間** — である．詳しくは，文献 [36] の 4 章を参照．

を満たすことがわかる．ただし

$$g^{00} := 1, \quad g^{jj} := -1 \quad (j = 1, 2, 3), \quad g^{\mu\nu} := 0, \quad \mu \neq \nu.$$

各ローレンツ変換 Λ に対して，4 次正方行列 $(\Lambda^\mu_\nu)_{\mu,\nu=0,1,2,3}$ を

$$\Lambda^\mu_\nu := \frac{\partial(\Lambda x)^\mu}{\partial x^\nu}, \quad x \in V_{\mathrm{M}}$$

によって定義する (これは x に依らずに定まる)．ガンマ行列に関する次の事実は基本的である[16]：

補題 5.6 各 $\Lambda \in \mathscr{L}$ に対して，4 次の正則行列 $S(\Lambda)$ が存在して

$$S(\Lambda)^{-1}\gamma^\mu S(\Lambda) = \sum_{\nu=0}^{3} \Lambda^\mu_\nu \gamma^\nu \quad (\mu = 0, 1, 2, 3)$$

が成り立つ．

V_{M} 上の $\mathbb{C}^4$ 値関数の全体を $\mathscr{F}(V_{\mathrm{M}}; \mathbb{C}^4)$ とし，各 $(a, \Lambda) \in \mathscr{P}$ に対して，$\mathscr{F}(V_{\mathrm{M}}; \mathbb{C}^4)$ 上の写像 $\pi(a, \Lambda)$ を

$$(\pi(a, \Lambda)F)(x) := S(\Lambda)F(\Lambda^{-1}(x - a)), \quad F \in \mathscr{F}(V_{\mathrm{M}}; \mathbb{C}^4), \quad x \in V_{\mathrm{M}} \tag{5.13}$$

によって定義する．次の定理は，シュレーディンガー方程式の対称性に関する定理 5.2 に相当する定理であり，ディラック方程式 (5.11) の相対論的対称性を表す：

定理 5.7 ある $(a, \Lambda) \in \mathscr{P}$ に対して

$$S(\Lambda)\beta\widetilde{\Phi}(x)S(\Lambda)^{-1} = \beta\widetilde{\Phi}(\Lambda x + a), \quad x \in M \tag{5.14}$$

が成り立つとしよう．このとき，Ψ がディラック方程式 (5.11) の解ならば，$\pi(a, \Lambda)\Psi$ も (5.11) の解である．さらに，$\mathscr{S}^{\mathrm{D}}_{\Phi}$ は $\pi(a, \Lambda)$ 対称である．

$\Phi = 0$ の場合，条件 (5.14) は自明的に満たされる．したがって，自由なディラック方程式の解空間 $\mathscr{S}^{\mathrm{D}}_0$ は，すべての $(a, \Lambda) \in \mathscr{P}$ に対して，$\pi(a, \Lambda)$ 対称である．これを**自由なディラック方程式のポアンカレ対称性**という．

---

[16] パウリの補題 (文献 [20] の p.468) からしたがう．

時間依存型シュレーディンガー方程式の場合と同様に，ディラック方程式 (5.11) の解を $\Psi(t,\boldsymbol{x})=e^{-iEt/\hbar}\Psi_E(\boldsymbol{x})$ ($E\in\mathbb{R},\Psi_E:\mathbb{R}^3\to\mathbb{C}^4$) の形で求めることが可能である．この場合，$\Psi\in\mathscr{S}_\Phi^{\mathrm{D}}$ であるための必要十分条件は，Ψ_E が**時間に依存しないディラック方程式**

$$-ic\hbar\sum_{j=1}^{3}\alpha_j\partial_j\Psi_E+\mathrm{m}c^2\beta\Psi_E+\Phi\Psi_E=E\Psi_E \tag{5.15}$$

と条件 $\int_{\mathbb{R}^3}\|\Psi_E(\boldsymbol{x})\|_{\mathbb{C}^4}^2 d\boldsymbol{x}<\infty$ を満たすことである．方程式 (5.15) の解の全体を $\mathscr{S}_\Phi^{\mathrm{D}}(E)$ とする．

各 $R\in\mathrm{O}(3)$ に対して，$\Lambda_R(x):=(x^0,R\boldsymbol{x}), x=(x^0,\boldsymbol{x})\in V_{\mathrm{M}}$ によって定義される写像 $\Lambda_R:V_{\mathrm{M}}\to V_{\mathrm{M}}$ はローレンツ変換である．$\mathbb{R}^3$ 上の $\mathbb{C}^4$ 値関数 F に対して $u(R)F:\mathbb{R}^3\to\mathbb{C}^4$ を

$$(u(R)F)(\boldsymbol{x}):=S(\Lambda_R)F(R^{-1}\boldsymbol{x}),\quad \boldsymbol{x}\in\mathbb{R}^3$$

によって定義する．次の定理が成立する：

定理 5.8 ポテンシャル Φ は

$$S(\Lambda_R)\Phi(\boldsymbol{x})S(\Lambda_R)^{-1}=\Phi(R\boldsymbol{x}),\quad \boldsymbol{x}\in\mathbb{R}^3$$

を満たすとする．このとき，$\mathscr{S}_\Phi^{\mathrm{D}}(E)$ は $u(R)$ 対称である．

5.4 おわりに

本章で述べた事柄はすべて，ヒルベルト空間上の線形作用素論の枠組みで定式化することが可能である．しかも，その方が明晰さ，統一性，一般性において格段に優れている．しかし，予備知識をあまり多く仮定しないならば，ヒルベルト空間による方法を短い頁数で叙述するのは不可能である．この理由から，本章ではシュレーディンガー方程式とディラック方程式に対して “古典的” なアプローチをとった．ヒルベルト空間形式による扱いについては，文献 [17] の 6 章や [47] を参照されたい．

第 II 部

数学と物理学

第6章

数理物理学

理念 (Idee〔イデー〕) と呼ばれるものは，つねに現象としてあらわれるものであり，だからあらゆる現象の法則としてわれわれの前に登場するものである．　　　　ゲーテ[1)]

数学は単なる計算術ではなく，数理的概念・理念に関する学問である．この学問の「道具」は人間のうちに潜む高次の精神的器官であり，インスピレーション，インテュイションおよび厳密で明晰な思考が導きの星である．日常的な感覚や意識からすれば，数学の世界は現実離れしているように見えるかもしれないが，実際にはそうではなく，無常で生成と消滅のうちにある物質的・感覚的世界とはそのリアリティにおいて次元が異なるのである．すなわち，数学は，物質的・感覚的世界を超える，より高次の世界の認識に関わる．この認識を通して，純粋に精神的な存在世界での活動力，そして永遠なるものとの交わりを可能にする精神的な諸力が養われる．物理学において，数学が驚くべき有効性を発揮するのも現象を背後で支える数学的理念界のリアリティの一つの現われにほかならない．現代数学と，物質の究極的法則を超ミクロのレベルで探求する現代物理学との刺激的な関係は，「万物は数からなる」という言葉に象徴される，ピュタゴラスの思想の真実性を一段と深い意味において示唆しているように見える．　　　　著者[2)]

---

1) ゲーテ『自然と象徴 — 自然科学論集 —』(高橋義人編訳，前田富士男訳，冨山房，1982) の p.114.

2) 『数学セミナー』，1993 年 7 月号，表紙 (若干の修正を施した).

6.1 はじめに

数理物理学 (Mathematical Physics) とはどのような学問か？　この問いに一言で答えるとすれば，数理物理学とは物理学と数学の両方に関わる学際的な学問である，ということができようか．しかし，これは抽象的・外面的な性格づけにすぎない．もう少し具体的に見てゆくために，まず，物理学がどういう学問であるかをざっと思いだしておこう．

6.2 物理学の性格

私たちのまわりには，じつにさまざまな自然現象が見られる．物体の落下や運動，太陽，月，星々の運行，空の変化，空気の温暖の変化，物質の様態の変化，音や色彩の現象，植物や動物の多様な生態などなど．なぜ，こうした現象が存在するのであろうか？— 考えてみれば不思議である [3]．自然は私たちに謎を提出しているかのようである．この，自然現象の謎をいくつかの簡潔な基本原理あるいは基本法則から，“客観的”かつ“正確に”解きあかそうとするのが近代的・現代的な意味での自然科学の目標あるいは理念である [4]．だが，そのような基本原

---

3) いまの問いを徹底的におし進めると，「存在」とは何か？ (それを知覚し，考察する)「私」とは何か？ という根源的な問いへと至る．だが，無論，これは簡単に答えが出せるような問いではなく，一生をかけて取り組むべき問いであろう．ここでは，人生を真に有意義に生きるための，この極めて本質的で重要な根本的な問いの存在に注意を向けるにとどめる．この根源的な問いとの関連における数学の意義についての哲学的試論が論文 [44] に提示されている．

4) “客観性”と“正確さ”ということを除けば，多様な自然の諸現象を簡単な原理から説明しようとする思想自体は，古代ギリシアの偉大な哲学者の一人タレス (B.C. 640 (624) 頃–546 頃，古代ギリシア) にまで遡ることができる．ちなみに，タレスは，世界の根源は“水”であるとした [123]．もちろん，この言を意味あるものとして受けとるとすれば，この“水”は物質的な意味での水ではなく，これを現象として分節し包摂する，より高次の次元に存在する非物質的・非感覚的「要素」であると考えねばならない (古代ギリシア哲学を正しく理解するには，当時，少数の者だけが与かることが許された密儀的叡智が流れ込んでいることが考慮されねばならない [104])．フィロソフィー (愛智，哲学) という言葉を最初に使用したといわれるピュタゴラスは，宇宙全体における秩序や法則の存在を洞察し，この宇宙的秩序・法則をコスモスと称した [101, 152]．ところで，何らかの秩序・法則の存在の想定なしには，自然科学的探求は始まり得ないであろうから，この意味において，ピュタゴラスは自然科学の祖と言えるであろう．

理は，前もって人間にあたえられているのではなく，現象の精密な観測や実験と理論的考察による絶え間ない探求の努力を通して見いだされるのが普通である．これは歴史の教えるところでもある．自然現象の基本原理は人間がみずからの力で発見しなければならないのだ．しかも，自然の謎解きは一挙になされるのではなく，漸進的である．

自然界は，植物や動物のように，生命を有する存在に関わる有機的自然と石や岩のような鉱物的要素が織りなす非生命的，無機的自然とからなる．自然科学の中の一分科である物理学が研究対象とするのは，主に後者，すなわち，無機的自然の現象である[5]．

さて，物理学の記述には数学が使用される．これに対する表面的な理由は，物理学は現象の数量的に規定される部分を問題にする，という点に求められる (たとえば，物体の質量，位置，速度)．物理現象の観測にはいつもいくつかの数変数が関わるのである．一方，数変数は数学的概念と結びつく．たとえば，物体の位置を表す数変数は，位置ベクトルによって表される．こうして，物理学においては現象の観測そのものがすでに数学的対象と直結しており，観測によって得られるデータは，数学的には，観測に関わる数変数の関数関係をあたえる．たとえば，物体の位置の時間変化は，数学的には，時刻を独立変数とする，空間のベクトルに値をとる関数 — ベクトル値関数 — によって表現される．だが，観測データをまとめるだけでは，まだ博物学的段階であって，上記の意味での物理学とはいえない．種々の観測データを統一的に説明する基本原理が求められなければならないのだ．観測データが数学的概念を用いて記述されているのであるから，それを演繹的に導くべき基本原理も数学的概念によって定式化されなければならないことになる．基本原理を表現する数学的概念は既知の場合もあるし，未知の場

---

[5] 無機的自然現象というのは，現象に関わる変化が他のものからの外的な働きによってのみ規定されるような現象である(たとえば，物体の落下)．他方，有機的自然現象というのは，単に外的な作用だけでなく，現象に関わるものの内的な能力が発揮された結果として生じるような現象である (たとえば，植物の生長)．とらわれのない観察と考察を行えば，これら二種の現象は，重なり合う部分を持ちながらも質の異なる知覚の領域を形成し，その本性において，本質的に異なることが洞察される．とすれば，有機的自然現象をも物理学の方法で解明できるとする流布した安易で通俗的見解は，全面的に受け入れられるものではなく，高々部分的な正当性をもつにすぎないことに注意すべきである．

合もある．後者の場合，その概念の発見が新しい数学の展開につながる．

たとえば，近代的物理学の理論体系の範型を，『自然哲学の数学的諸原理 (プリンキピア)』 [142] という大著を通して，人類史上初めて打ち立てたニュートン (1642–1727, イギリス) による微分，積分の概念の発見はまさにそのようなものであった[6]．ニュートンは**瞬間速度** — 時間経過の一瞬一瞬における速度 — という新しい物理的概念を導入した．これは数学的には微分の概念の発見と同じことである．具体的に言えば，3 次元ユークリッド空間 $\mathbb{R}^3$ において，時刻 t における物体 (質点) の位置ベクトルを $\boldsymbol{r}(t) = (x(t), y(t), z(t))$ とすれば，時刻 t における**瞬間速度** $\boldsymbol{v}(t)$ は

$$\boldsymbol{v}(t) = \lim_{\Delta t \to 0} \frac{\boldsymbol{r}(t+\Delta t) - \boldsymbol{r}(t)}{\Delta t} \tag{6.1}$$

によって定義される (以後，慣習にしたがって，瞬間速度を単に**速度**と呼ぶ)．容易に見てとれるように，右辺はベクトル値関数 $\boldsymbol{r}(t)$ の微分

$$\frac{d\boldsymbol{r}(t)}{dt} = \left(\frac{dx(t)}{dt}, \frac{dy(t)}{dt}, \frac{dz(t)}{dt} \right) \tag{6.2}$$

に他ならない．時刻 t での物体の質量を $m = m(t)$ とするとき，質量と速度の積

$$\boldsymbol{p}(t) = m(t)\boldsymbol{v}(t) = m(t)\frac{d\boldsymbol{r}(t)}{dt} \tag{6.3}$$

は物体の**運動量**と呼ばれる[7]．ニュートン力学における基本原理の一つは，時刻 t, 位置 $\boldsymbol{r}$ で物体に働く力を表すベクトルを $\boldsymbol{F}(t, \boldsymbol{r}) = (F_1(t, \boldsymbol{r}), F_2(t, \boldsymbol{r}), F_3(t, \boldsymbol{r}))$ とすれば，物体の運動は**ニュートンの運動方程式**

$$\frac{d\boldsymbol{p}(t)}{dt} = \boldsymbol{F}(t, \boldsymbol{r}(t)) \tag{N}$$

によって決定されるということである．この方程式の左辺を詳しく書けば，

---

[6] ニュートンとは異なる方向からではあるが，ドイツの偉大な哲学者にして数学者でもあったライプニッツ (1646–1716, ドイツ) も微分，積分の概念を発見している．ライプニッツは，「曲線に接線を引く問題」および「直線があたえられたとき，それを接線とする曲線を見つける問題」から出発して，微分，積分の概念に到達した [138].

[7] 質量が時刻とともに変化する例としては，たとえば，ロケットの運動がある．

$$\frac{d\boldsymbol{p}(t)}{dt} = \frac{dm(t)}{dt}\frac{d\boldsymbol{r}(t)}{dt} + m(t)\frac{d^2\boldsymbol{r}(t)}{dt^2} \tag{6.4}$$

であるから，(N) は，$m(t)$ を既知とすれば，$\boldsymbol{r}(t)$ を未知関数とする 2 階の常微分方程式である [8].

力を記述するベクトル値関数 $\boldsymbol{F}(t, \boldsymbol{r})$ があたえられたとき，これに対応する微分方程式 (N) のそれぞれの解 $\boldsymbol{r}(t)$ — これは，幾何学的には $\mathbb{R}^3$ 内の曲線 — が，この力の作用のもとで可能な運動の軌道の一つを表す．これらの可能な運動のうち，どれが実際に実現するかは，初期条件 — ある時刻での位置と運動量 — の取り方によって定まる．初期条件を決めれば，微分方程式 (N) の解の一意性が成立する限り，任意の時刻における位置と運動量を正確に予言することができるのである．

個々の力学系に応じて，ニュートンの運動方程式を解くことによって，物体の運動に関する諸々の現象の法則性の謎が解明される．たとえば，太陽系にニュートンの運動方程式を適用すれば，ケプラーの法則 — すなわち，(第 1 法則) 惑星は太陽を一つの焦点とする楕円を描いて運行する；(第 2 法則) 惑星と太陽を結ぶ動径は，単位時間内に同一面積を掃く (面積速度一定の法則)；(第 3 法則) 惑星の周期の 2 乗とその楕円軌道の半長径の 3 乗の比は惑星によらず一定である — を導くことができる．これはニュートン力学の偉大な成果の一つであった．

ニュートンによって，旧来の自然哲学が革命的に刷新されて以来，物理学はめざましい発展をとげてきた．だが，この発展にともなって，物理学はいろいろな分野に細分化されることになった．すなわち，取り扱う対象に応じて，古典力学，古典電磁気学，熱力学，流体力学，相対性理論，量子力学，素粒子論等々である．物理学の研究の仕方も，実験を主として研究を進める実験物理学と，観測・実験結果を参照しながら，理論的考察によってのみ研究を推進する理論物理学とに分

---

[8] 『プリンキピア』は幾何学的な体裁で書かれており，そこでは微分，積分の概念はあらわには使われていない．微分，積分の理論はニュートンの別の著書『流率法』(1671 年に完成，1736 年 — 死後 9 年 — に出版) において論じられた．ニュートンは微分を流率，積分を流量と呼んだ．関数 $x(t)$ $(t \in \mathbb{R})$ の微分を $\dot{x}(t)$ と書くのはニュートンの流儀である．今日，多くの数学の教科書では，関数 $x(t)$ の微分を $dx(t)/dt$ のように表すが，これは，もう一人の微分積分学の創始者，ライプニッツによって考案された記法である．

かれることになった[9]．

6.3 数理物理学の理念

すでに述べたように，物理学の理論は数学を用いて記述される．だが，その中核となる数学は物理学の分野ごとに異なりうる．ただし，それらは，数学的理念界の深遠な有機的特性により，互いに関連はしている．たとえば，物理学の最も初等的な理論である古典力学を記述する数学は微分積分学であり，方程式論としては，常微分方程式論の範疇にある [式 (N) を参照]．他方，古典電磁気学や流体力学では偏微分方程式論がその基本的な数学的道具である．だが，物理学の理論あるいは理論物理学にあっては，物理現象と直接に関わる数学的部分にのみ興味が集中する傾向があり，物理現象を支配する数理の根源的・普遍的構造を探究する観点が欠落しがちである．この点を補い，むしろ，そこに積極的な意味・意義を見いだそうとするのが数理物理学である．すなわち，数理物理学の目的は，物理学的思考に加えて，数学的思考を駆使することによって，**通常の物理学の方法では明らかにされない，あるいは隠されたままにとどまる，物理現象の普遍的な**

---

[9] 20 世紀の初め頃から，特殊な分野あるいは特異な才能の持ち主を除いては，一人の人間が実験と理論の両面にわたって水準の高い研究を行うことは不可能となってきた．また，実験的研究，理論的研究それぞれに限っても，個人がすべての分野に通暁することは難しくなってきた．だが，自然を研究する営みは，上に言及したニュートンの著作の題名からも示唆されるように，本来は，フィロソフィー (愛智)，すなわち，**真・善・美を統合する叡智を愛し探究する全的な**精神活動の一部をなすはずのものなのである．「科学」を志すものはこの点をつねに心に留めるべきである．今日，普通に使われる意味での「科学」および「科学者」の概念が成立したのは，ヨーロッパにおいて個別の学問領域の独立・専門化が顕著になり始めた 19 世紀半ばのことにすぎない．いま言及した全一性の哲学的観点が欠如すると，自然科学を含めて，個々の学問は単なる知的好奇心ないし欲望 (名声や名誉，科学的技術に基づく便利さや物質的・感覚的快楽の追求など) を満足させる以上のものではなく，精神的に盲目，不毛であり，危険でさえある．実際，環境問題など，現代の生活上の種々の深刻な問題はこのことを如実に示している．近代自然科学の世俗化の中で失われていった，世界・自然を認識する知 (真) と人間の生と行為を導くべき倫理的叡智 (善・美) の調和的統合を回復する道が探求される必要がある．この問題について，正鵠を得た論述の一つが，藤沢令夫『ギリシア哲学と現代』(岩波新書，岩波書店) に見られる．

数学的構造や理念，すなわち，世界のより深い層で物理現象を支え，その根底を築く数学的イデアを探究することにある．これは，誤解を恐れずに分かりやすく言えば，物理学の理論を純粋数学化あるいは純粋理念化するということである．なぜ，こうした作業が必要なのかと言うと，これなくしては，真の現実，世界の真の姿が明らかにならないからである [10]．この探究は，種々の物理現象をより高次の数学的観点から統一的に認識することを可能にし，広範囲にわたって適用可能なより一般的な理論をもたらしうる．場合によっては新しい物理学理論を構築することをも可能にする．

この意味での数理物理学の先駆をきった重要な人物を一人あげるとすれば，18 世紀，ヨーロッパ最大の数学者と呼ばれたラグランジュ (1736–1813, イタリア) であろう．彼は，ニュートンの理論を代数解析的手法により一般化し，**解析力学**と呼ばれる普遍化された古典力学の体系を構築した．これによって，ニュートン力学の普遍的理念が明らかにされただけでなく，力学理論は極めて見通しのよいものになり，応用範囲も飛躍的に広がったのであった [11]．

---

[10] この観点は，かの傑出した偉大な哲学者プラトンに負うものである．プラトンの哲学は，さまざまに曲解あるいは誤解されてきたが，それはかつて人間の精神から発現した最も崇高な思想の構築物の一つであると言わなければならない．フィロソフィーの本質的部分はプラトンで尽きていると思われる．プラトンのイデア論については，特に，『国家』 [151] の第 6, 7 巻を参照されたい．プラトン哲学の優れた案内書として，アラン『プラトンに関する十一章』(ちくま学芸文庫，筑摩書房) や藤沢令夫『プラトンの哲学』(岩波新書，岩波書店) がある．また，他に類をみない形で，プラトン哲学の核心を生き生きと捉えている本格的な著述として，井筒俊彦『神秘哲学』(人文書院，1978)(新版は [104]) の第二章をあげておこう．イデアとは個別的なものを，一つの生き生きとした全体から生まれるものとして現象させる精神的存在であって，人間の内面 (魂・精神) に概念的・理念的形式をとって姿を表す (イデアを感覚的事物のように表象してはならない)．数学の対象は，ことごとくイデア的存在である．イデアは時間性・空間性を超えた超感覚的存在であり，通常の感覚や意識ではとらえることができず (これは，感覚的知覚と悟性的論理だけにたよる多くの人々にとって，数学が理解できない原因の一つ)，真に思考する精神によって知覚される．イデアは，宇宙が人間の内面に語りかける言葉(ロゴス)である (はじめにロゴスありき — ヨハネ福音書)．

ラグランジュ

6.4 解析力学からの例

ここで，上述の数理物理学の理念が，解析力学の場合にどのように実現されているか，1 個の質点からなる系の運動を例にとって，手短に見ておこう．ニュートンの運動方程式 (N) は，直交座標系 $\boldsymbol{r}=(x,y,z)$ を用いて書かれている．ところで，座標系の取り方というのは現象を観測する人間の側にまかされており，現象の本質に属するものではない．このことを考慮すると，運動の基本方程式を直

---

[11] (p.115 の脚注) ラグランジュの記念碑的著作『*Mécanique Analytique* (解析力学)』(初版 1788；1888–1889 年に，パリ，ゴティエ-ヴィラー社から出版された全集版では，ほぼ 800 ページ近い大著) の序文に見られる次の文章は，この大きな仕事に対する，彼の並々ならぬ自負をうかがわせる.「この書物には一つの図形も見いだされないであろう．$\cdots$(中略)$\cdots$ 解析学を愛好する人々は，力学が解析学の新しい分科になったことを喜びをもって見守り，こうして解析学の分野を拡大したことについて，私の功をねぎらってくださるであろう.」(広重 徹『物理学史 I』, 培風館，1968，p.92 より引用)．これは，まさに，力学の "純粋数学化" の達成に対する満足感を表明するものであろう．ちなみに，わが国では，この大著の抄訳が，大正 5 年 (1916 年) に，東北帝国大学編纂による科学名著集の第 7 冊，ラグランジュ原著『解析力學抄』(桑木彧雄訳，長岡半太郎校閲) として，丸善から出版されている．明治後期からの日本の物理学研究の基礎とその発展に多大の功績を残した長岡半太郎博士 (1865–1950) — 土星型原子模型 (1903) でも有名 — は，この訳本の小引で，力学理論の歴史を概観しつつ，ラグランジュの解析力学がいかに偉大な功績であったかを，ラグランジュの生涯と人格にふれながら，たいへん格調の高い文語体で情熱的に語っている．筆者は，この小引を読んだとき，感慨無量となったことを白状しなければならない．まことに感動的なラグランジュ讃である．

交座標系のみに限定して表すのは普遍性に欠けると言わなければならない．つまり，直交座標系のみの形式では，運動方程式の本質的イデアが明らかにされているとは言い難いのである．そこで，運動方程式 (N) が一般の任意の座標系ではどういう形をとるかを調べるのである．これが解析力学への第一歩である．

いま，簡単のため，質量 m は時刻によらず一定であるとする．また，力は陽に時間に依らないとし，力を記述するベクトル値関数を $\boldsymbol{F}(\boldsymbol{r})$ と書く．このとき，ニュートンの運動方程式 (N) は，(6.4) と $dm/dt=0$ により

$$m\frac{d^2\boldsymbol{r}(t)}{dt^2}=\boldsymbol{F}(\boldsymbol{r}(t)) \tag{6.5}$$

という形をとる．質点 m が速度 $\boldsymbol{v}=(v_1,v_2,v_3)\in\mathbb{R}^3$ を有するときの運動エネルギーは

$$T(\boldsymbol{v}):=\frac{m}{2}\boldsymbol{v}^2$$

であたえられる．したがって，運動方程式 (6.5) にしたがう運動 $\boldsymbol{r}(t)$ の時刻 t における質点の運動エネルギーは

$$T(\dot{\boldsymbol{r}}(t))=\frac{m}{2}(\dot{x}^2(t)+\dot{y}^2(t)+\dot{z}^2(t)) \tag{6.6}$$

となる．ただし，$\dot{\boldsymbol{r}}(t):=d\boldsymbol{r}(t)/dt=(\dot{x}(t),\dot{y}(t),\dot{z}(t))$ ($\dot{x}(t):=dx(t)/dt$, $\dot{y}(t)$, $\dot{z}(t)$ についても同様)．力 $\boldsymbol{F}$ は，ある関数 $V(\boldsymbol{r})$ を用いて

$$F_1(\boldsymbol{r})=-\partial_x V(\boldsymbol{r}),\quad F_2(\boldsymbol{r})=-\partial_y V(\boldsymbol{r}),\quad F_3(\boldsymbol{r})=-\partial_z V(\boldsymbol{r}) \tag{6.7}$$

と表されているとしよう．ただし，$\partial_x:=\partial/\partial x$ は変数 x による偏微分を表す．y,z についても同様．このような場合，力 $\boldsymbol{F}$ は**保存力**であるといい，V を $\boldsymbol{F}$ の**ポテンシャル**または**ポテンシャルエネルギー**と呼ぶ[12)]．関数 $V(\boldsymbol{r}(t))$ を考察下の運動の時刻 t での**ポテンシャルエネルギー**という．

さて，3 次元ユークリッド空間における任意の座標系は三つの実変数の組 $q=(q_1,q_2,q_3)$ で表される．これを仮に q-座標系とよんでおく．この座標系は直交座

12) たとえば，質量 M の質点が原点にあるとき，位置 $\boldsymbol{r}$ にある，質量 m の質点に働く万有引力は，$-GmM\boldsymbol{r}/|\boldsymbol{r}|^3$ である (G は重力定数)．容易にわかるように，これは保存力であり，そのポテンシャルは，$-GmM/|\boldsymbol{r}|$ である．

標系と

$$x=x(q_1,q_2,q_3),\quad y=y(q_1,q_2,q_3),\quad z=z(q_1,q_2,q_3), \tag{6.8}$$

$$q_1=q_1(x,y,z),\quad q_2=q_2(x,y,z),\quad q_3=q_3(x,y,z) \tag{6.9}$$

という関数関係で結ばれているとしよう[13]．したがって，q-座標系での運動の軌跡は，(6.9) から，$q_j(t)=q_j(x(t),y(t),z(t))$, $j=1,2,3$ で表される．すると，(6.8) によって

$$x(t)=x(q_1(t),q_2(t),q_3(t)),\quad y(t)=y(q_1(t),q_2(t),q_3(t)),$$
$$z(t)=z(q_1(t),q_2(t),q_3(t))$$

であるから，これと合成関数の微分法により

$$\dot{x}(t)=\dot{q}_1(t)\partial_{q_1}x(t)+\dot{q}_2(t)\partial_{q_2}x(t)+\dot{q}_3(t)\partial_{q_3}x(t). \tag{6.10}$$

$\dot{y}(t),\dot{z}(t)$ についても同様．したがって，運動エネルギー $T(\dot{\boldsymbol{r}}(t))$ は，q-座標系では，$\dot{q}_j(t),q_j(t)\,(j=1,2,3)$ の関数である．そこで，$q(t)=(q_1(t),q_2(t),q_3(t))$ として，$T(\dot{\boldsymbol{r}}(t))$ を $T(q(t),\dot{q}(t))$ と表す：

$$T(q(t),\dot{q}(t)):=T(\dot{\boldsymbol{r}}(t)).$$

ただし，$\dot{q}(t)=(\dot{q}_1(t),\dot{q}_2(t),\dot{q}_3(t))$ である．同様に，ポテンシャルエネルギー $V(\boldsymbol{r}(t))$ は，q-座標系では，$q_j(t)\,(j=1,2,3)$ の関数であるので，これを $U(q(t))$ と記す：

$$U(q(t)):=V(\boldsymbol{r}(t)).$$

天下り的だが，運動エネルギーとポテンシャルエネルギーの差によって定まる関数

$$L(\boldsymbol{r}(t),\dot{\boldsymbol{r}}(t)):=T(\dot{\boldsymbol{r}}(t))-V(\boldsymbol{r}(t)) \tag{6.11}$$

を導入する．これを**ラグランジュ関数**という．上述のことから，q-座標系では，$L(\boldsymbol{r}(t),\dot{\boldsymbol{r}}(t))$ は $\dot{q}_j,q_j\,(j=1,2,3)$ の関数である．そこで，$L(\boldsymbol{r}(t),\dot{\boldsymbol{r}}(t))$ を $q(t),\dot{q}(t)$

[13] (q_1,q_2,q_3) は，一般には，ベクトルではないことに注意．たとえば，極座標 (r,θ,ϕ), $r>0$, $0\leqq\theta\leqq\pi$, $0\leqq\phi<2\pi$, $x=r\sin\theta\cos\phi$, $y=r\sin\theta\sin\phi$, $z=r\cos\theta$.

の関数とみたものを $\mathscr{L}(q(t),\dot{q}(t))$ とする：

$$\mathscr{L}(q(t),\dot{q}(t)):=L(\boldsymbol{r}(t),\dot{\boldsymbol{r}}(t))=T(q(t),\dot{q}(t))-U(q(t)).$$

$\mathscr{L}(q(t),\dot{q}(t))$ に対して，各 $\dot{q}_j(t)$ を独立変数と見て行う偏微分を $\partial\mathscr{L}(t)/\partial\dot{q}_j(t)$ のように表す．$q_j(t)$ についても同様．このとき，運動方程式 (6.5) は，q-座標系では

$$\frac{d}{dt}\frac{\partial\mathscr{L}(q(t),\dot{q}(t))}{\partial\dot{q}_j(t)}-\frac{\partial\mathscr{L}(q(t),\dot{q}(t))}{\partial q_j(t)}=0,\quad j=1,2,3 \tag{6.12}$$

と表されることが示される[14]．この方程式を**ラグランジュ方程式**という．こうして，座標系の特定の取り方によらない，運動方程式の普遍的な形が求められる．この方程式は，「質点がしたがう運動は，ラグランジュ関数 $\mathscr{L}(q(t),\dot{q}(t))$ から定まる」ことを語る．つまり，質点の運動を生じさせるもっとも基本的な対象は，ラグランジュ関数だということである[15]．ラグランジュ方程式 (6.12) は，多粒子系の場合や束縛条件がともなう系 (たとえば，曲面上を動く質点) にも拡張することができ，基本的に任意の力学系を扱うことが可能となる．

ところで，さらに高次の普遍へと向かう精神は，方程式 (6.12) でも満足しないで，次のような問いをたてるであろう：なぜ，ラグランジュ方程式なのか，これを導く何らかの原理があるのであろうか，と．この問いに対する一つの答は**変分原理**，すなわち，「ラグランジュ関数 $\mathscr{L}$ から決まる，関数 q の汎関数 $S(q)=\int_{t_1}^{t_2}\mathscr{L}(q(t),\dot{q}(t))dt$ ($t_1,t_2\in\mathbb{R}$ は任意に固定) の変分 $\delta S(q)$ を 0 とする関数 $q_j(t)$ $(j=1,2,3)$, すなわち，変分方程式 $\delta S(q)=0$ の解 q はラグランジュ方程

[14] 証明は，それほど難しくないが，たとえば，E. シュポルスキー『原子物理学 I (増訂新版)』(玉木英彦ほか訳，東京図書) の §55 を参照．余談であるが，私見によれば，この本は，II 巻，III 巻も含めて，じつに懇切丁寧に解説がなされており，初心者が原子物理学を学ぶには最良の教科書の一つである．古典物理学と量子力学を有機的な形で一緒に学ぶことができる点においても優れている．

[15] 上の議論では，紙数の都合上，ラグランジュ関数を天下り的にあたえたが，実際には，(6.5) を変形していく過程で，それは発見されるのである．これは，(6.5) だけで満足していたならば，決して得られない成果である．より普遍的なイデアへと向かう努力がいかに実り豊かなものであるかを示す好例の一つと言えよう．

式 (6.12) にしたがう」によってあたえられる[16]．こうして，巨視的な運動の現象を根底で支える基本原理 (イデア) が明るみに出される．この原理は，20 世紀の革命的な基礎物理理論である量子力学の建設にあっても重要な役割を演じた．なお，解析力学が多様体の理論の発展に重要な刺激をあたえたことも注意しておこう．

ラグランジュの他に，D. ベルヌーイ[17](1700–1782, スイス), オイラー (1707–1783, スイス), ダランベール (1717–1783, フランス), ラプラス (1749–1827, フランス), フーリエ (1768–1830, フランス), ポアッソン (1781–1840, フランス), ハミルトン (1805–1865, イギリス), ポアンカレ (1854–1912, フランス) なども 18 世紀，19 世紀の数理物理学の発展に大きな寄与をした．

6.5　20 世紀以降の数理物理学

数理物理学は 20 世紀になってから大きな変貌をとげた．それは 20 世紀の第 1–四半期における，相対性理論と量子力学の出現によるところが大きい．19 世紀までの数理物理学で使われる数学は，基本的には微分，積分を用いる解析学であった．だが，相対性理論や量子力学を数理物理学的な観点からきちんと論じようとすれば，もはや 19 世紀的な数学ではまにあわなくなったのである．相対性理論や量子力学の発展と並行して，20 世紀の始めから 20 年代にかけて，新しい数学の諸理念が発見され，20 世紀のその後の数学研究の流れの基盤を形成した．20 世紀の数理物理学はこうした新しい数学の発展と深く関わりながら展開されるのである[18]．

6.6　おわりに

すでに述べた事柄から示唆されるように，上述の意味での数理物理学は，物理学だけでなく数学の発展にとっても重要であることを強調しておこう．つまり，

---

16) 変分原理については，[25] の 5.3 節を参照されたい．[41] の第 2 章にさらに詳しい解説がある．

17) ベルヌーイ家は，数学史上に名をとどめる数学者を 8 名も輩出したことで有名．

18) より詳しくは，本書の第 9 章を参照．

数理物理学の方法は，通常の数学の領域のうちにとどまっていたのでは見いだされなかったかもしれない新しい数学的構造の発見とそれに基づく新理論の創始をもたらす可能性があるのである．19 世紀までの古典的な数理物理学に限っても，たとえば，ラグランジュやハミルトン (1805–1865，アイルランド) の解析力学，ポアッソン (1781–1840，フランス) によるポテンシャル論，フーリエによる熱の解析理論から生まれたフーリエ級数の理論が現代に通じる数学の発展にあたえた影響には測り知れないものがある．また，前段で少しふれたように，20 世紀の数学と，現代数理物理学に通じる新しい数理物理学の発展は切っても切れない関係にある．こうして，数理物理学は，物理学と数学の双方の発展に固有の仕方で重要な寄与をなしうる．

最後に，本章で特徴づけたような意味での現代数理物理学 — 現代数学ならびに数学的思考・物理学的思考を総動員して物理現象のイデアを探究し，同時に数学的理念界の未知の領野を顕在化せしめる高次の精神的活動 — の哲学的意義に少しふれるならば，それは，無機的自然界の理念的側面を可能な限り深く把握する努力を通して，物理学あるいは数学どちらか片方だけでは達成されない，無機的自然界に関する深い精神的・理念的認識，言い換えれば，無機的自然界の創造に関わる宇宙思考の認識を可能にするということである．この意味で現代数理物理学は現代的な意味での自然哲学 — 厳密な学としての自然哲学 — の基礎の一部を提供するとともに，物理的現象の根拠となっている永遠なる精神的・理念的世界にふれることを可能にするのである．

6.7 補遺 — 読書案内

現代数理物理学の道に入るためには，まず，準備として，物理学の基礎科目 (古典力学，熱力学，古典電磁気学，波動論，相対性理論，量子力学，古典統計力学，量子統計力学，物性物理，原子核物理，素粒子論など) と数学の基礎科目 (微分積分学，線形代数学，集合と位相，古典解析学 (古典的ベクトル解析を含む)，複素解析学，常微分方程式論，偏微分方程式論，ルベーグ積分論，関数解析学など) を少なくとも入門的レベルで習得し，同時に，古典的な物理数学 (たとえば，[55, 128, 129, 165]) にも取り組んでおくのが望ましい．その上で以下に挙げる本に進むとよいかもしれない (もちろん，これはあくまでも一つの選択肢である)：

1. 拙著『物理現象の数学的諸原理』，共立出版，2003.

2. 拙著『物理学の数理 — ニュートン力学から量子力学まで』，丸善出版，2012.

3. 保江邦夫『数理物理学方法序説 1〜8 および別巻』，日本評論社，2000〜2002.

現代数学を現代数理物理学との関連において統一的に俯瞰・展望にするには

4. 拙著『現代物理数学ハンドブック』，朝倉書店，2006 (総ページ数 707)

を参照されたい．

洋書では

5. Y. Choquet-Bruhat and C. DeWitt-Morrette, *Analysis, Manifolds Physics*, North-Holland, 1982; 同 Part II: *Applications*, 1989

が解析学と微分幾何学に重点をおきながら，現代数学の広範な分野を，物理学から多くの例をとりながら，手際よく解説している．現代数理物理学の参考書または学習書として推薦できる．

現代数理物理学を古典数理物理学 (Classical Mathematical Physics) と量子数理物理学 (Quantum Mathematical Physics) に分けて詳しく展開した本として次のものがある：

6. W. Thirring, *Classical Mathematical Physics — Dynamical Systems and Field Theories*, Springer, 1978, 1992.

7. W. Thirring, *Quantum Mathematical Physics — Atoms, Molecules and Large Systems*, Springer, 2010.

ここから先は，読者の個別的な興味に応じて，現代数理物理学のより本格的な専門書に進むとよい．著者の研究分野の一つである量子数理物理学の研究のための学習法と基本的文献については拙著『ヒルベルト空間と量子力学』(共立出版)，改訂増補版 (2014) の「あとがき — さらに進んだ学習と研究のために —」(p.325〜p.328) を参照されたい．

第7章

マクスウェル方程式から
ゲージ場の方程式へ

これを書き記したのは神であろうか.　　ボルツマン[1)]

7.1 はじめに — 歴史的背景

電気や磁気の存在は，摩擦電気や磁石の発見を通して，古代ギリシアの時代から知られていたが，電気・磁気 (電磁気) に関わる現象についての系統的研究がはじまったのはやっと 18 世紀になってからであった[2)]．電磁気についての研究の初期の段階では電気と磁気は別物であると考えられた．こうした，電気と磁気の並行的な取り扱いから，両者が互いに密接に結びついていることを認識し，電磁誘導を含む電磁現象の研究へと進むのは 19 世紀になってからであり，エルステッド (1777–1851, デンマーク)，アンペール (1775–1836, フランス)，ファラデー (1791–1867, イギリス)，ヘンリー (1797–1878, アメリカ)，ヴェーバー (1804–1891, ドイツ) など多くの優れた物理学者たちによって，電磁気に関する基本法則が次々に明らかにされていった．このような歴史的過程を経て実験的に確立された，電磁現象に関する諸事実を体系的な理論にまとめあげたのがマクス

---

1)ゾンマーフェルト『電磁気学』(伊藤大介訳，講談社，ゾンマーフェルト理論物理学講座 III)，p.22 から引用 (“これ” とはマクスウェル方程式のこと)．ボルツマン (1844–1906, オーストリア) はオーストリアの偉大な理論物理学者．統計力学や熱輻射の基礎的研究に大きな功績を残した．

2)電気力と磁気力に関する，あのクーロン (1736–1806, フランス) の法則が発見されたのは，1785–1787 頃である．

ウェル (1831–1879, イギリス) である．彼は電磁現象の基本法則が，電場と磁場に関する単純な連立偏微分方程式の形にまとめられることを示した (1864)．この方程式がマクスウェル方程式である．マクスウェルの理論によって，巨視的世界の電磁気に関する物理学，すなわち，古典電磁気学が完成される．巨視的領域における電磁現象はすべて，原理的には，マクスウェル方程式から導かれるとされる．これは実に驚くべきことであって，マクスウェル方程式が電磁現象の基礎方程式と呼ばれる所以である．マクスウェル方程式の根源性とその神々しい印象的な美しさは，ボルツマンをして，冒頭に引用した言葉を書かしめた．

7.2 マクスウェル方程式

3 次元空間 $\mathbb{R}^3$ の各点 $\boldsymbol{r}=(x,y,z)$ に一つの 3 次元ベクトル

$$\boldsymbol{u}(\boldsymbol{r})=(u_x(\boldsymbol{r}),u_y(\boldsymbol{r}),u_z(\boldsymbol{r}))$$

があたえられているとしよう．このとき，対応：$\boldsymbol{r}\mapsto\boldsymbol{u}(\boldsymbol{r})$ は，$\mathbb{R}^3$ から $\mathbb{R}^3$ への一つの写像を定める．このような写像を $\mathbb{R}^3$ 上の**ベクトル場**あるいは**ベクトル値関数**と呼ぶ[3)]．ベクトル場に関わる解析においては，**ナブラ**あるいは**デル**と呼ばれる，偏微分作用素 (偏微分演算子) の組 $\nabla=\left(\dfrac{\partial}{\partial x},\dfrac{\partial}{\partial y},\dfrac{\partial}{\partial z}\right)$ を導入すると便利である．ベクトル場 $\boldsymbol{u}$ に対して

$$\nabla\cdot\boldsymbol{u}:=\frac{\partial u_x}{\partial x}+\frac{\partial u_y}{\partial y}+\frac{\partial u_z}{\partial z}$$

によって定義されるスカラー関数 $\nabla\cdot\boldsymbol{u}$ をベクトル場 $\boldsymbol{u}$ の**発散**という．また

$$\nabla\times\boldsymbol{u}:=\left(\frac{\partial u_z}{\partial y}-\frac{\partial u_y}{\partial z},\frac{\partial u_x}{\partial z}-\frac{\partial u_z}{\partial x},\frac{\partial u_y}{\partial x}-\frac{\partial u_x}{\partial y}\right)$$

によって定義されるベクトル場 $\nabla\times\boldsymbol{u}$ を $\boldsymbol{u}$ の**回転**という．

電磁現象の担い手である電場と磁場は，任意の時刻において，$\mathbb{R}^3$ 上のベクトル場によって表現される．時刻 t における電場と磁場をそれぞれ，$\boldsymbol{E}=\boldsymbol{E}(t,\boldsymbol{r}),\boldsymbol{B}=$

---

3) 以下において取り扱われる関数やベクトル場については，必要なだけのなめらかさ (微分可能性) をつねに仮定する．

$\boldsymbol{B}(t,\boldsymbol{r})$ としよう．また，時刻 t，点 $\boldsymbol{r}$ における電荷密度 (単位体積あたりの電荷)，電流密度 (単位時間，単位面積あたりを流れる電荷の割合) をそれぞれ，$\varrho=\varrho(t,\boldsymbol{r})$，$\boldsymbol{j}=\boldsymbol{j}(t,\boldsymbol{r})=(j_x(t,\boldsymbol{r}),j_y(t,\boldsymbol{r}),j_z(t,\boldsymbol{r}))$ とする[4)]．これらは，**電荷の保存則**を表す方程式

$$\nabla\cdot\boldsymbol{j}=-\frac{\partial\varrho}{\partial t}$$

を満たさなければならない．電荷や電流によって電場，磁場が生成され，これらは互いに作用しあいながら，時間的・空間的に変化する．これが電磁現象の定性的な本質である．この変化の仕方を根本において支配する法則を連立偏微分方程式の形で表現したのが**マクスウェル方程式**である：

$$\text{(M.1)}\quad \nabla\cdot\boldsymbol{E}=\frac{\varrho}{\varepsilon_0},$$

$$\text{(M.2)}\quad \nabla\times\boldsymbol{E}=-\frac{\partial\boldsymbol{B}}{\partial t},$$

$$\text{(M.3)}\quad \nabla\cdot\boldsymbol{B}=0,$$

$$\text{(M.4)}\quad \nabla\times\boldsymbol{B}=\frac{\boldsymbol{j}}{c^2\varepsilon_0}+\frac{1}{c^2}\frac{\partial\boldsymbol{E}}{\partial t}.$$

ここで，c は真空中の光速，ε_0 は真空の誘電率と呼ばれる物理定数である．また，ρ は，分極電荷も含むすべての電荷による密度であり，$\boldsymbol{j}$ はすべての電流による密度である[5)]．方程式 (M.1)〜(M.4) はいずれも直観的な物理的内容を表現している：(M.1) は 3 次元空間の中の任意の閉曲面 S を通る電束 (電場を仮想的な何らかの実体の流れとみたとき，S から出ていく，その流れの総量) は S の内部にある電荷に比例することを表す．これは**ガウスの法則**と呼ばれる．(M.2) は，磁場の時間的変化が空間内の任意の閉曲線内に起電力を引き起こす，というファ

---

4) 時刻 t を固定するとき，電荷密度は $\mathbb{R}^3$ 上のスカラー関数，電流密度はベクトル場である．

5) 電束密度 $\boldsymbol{D}$ や磁界 $\boldsymbol{H}$ を導入してマクスウェル方程式を書き記す教科書や文献もあるが，この場合，ファインマン (1918–1988, アメリカ) が指摘するように (ファインマン他『ファインマン物理学 III 電磁気学』の p.129 を参照)，電束密度と電場の関係 $\boldsymbol{D}=\varepsilon\boldsymbol{E}$ や $\boldsymbol{B}$ と磁界の関係 $\boldsymbol{B}=\mu\boldsymbol{H}$ (この場合，$\boldsymbol{B}$ は磁束密度と呼ばれる) は現象論的な式であるので，マクスウェル方程式の根源性が明晰に認識されにくいきらいがある．ここでは，ファインマンの流儀にしたがう．

ラデーの**電磁誘導の法則**を定式化したものである．(M.3) は単独の磁荷が存在しないことの表式である．(M.4) は，電場の時間的変化と電流が磁場をどのように形成するかを表す．

マクスウェル理論から導かれる重要な結果の一つは，電気振動によって発生する電磁波の存在の予言であり，これはヘルツ (1857–1894, ドイツ) によって実験的に確認された．さらに，電磁波は光の波と同一の性質をもつことも明らかにされ，光の波動説がマクスウェル理論のもとに確立された[6]．

7.3 マクスウェル理論のゲージ不変性

マクスウェル方程式はこれと同等な別の形に書き換えることができる．しかもこの書き換えによってマクウェル理論の新しい側面が見えてくるのである．まず，(M.3) から

$$\boldsymbol{B} = \nabla \times \boldsymbol{A} \tag{7.1}$$

となるベクトル場 $\boldsymbol{A} = (A_x(t, \boldsymbol{r}), A_y(t, \boldsymbol{r}), A_z(t, \boldsymbol{r}))$ が存在する[7]．このベクトル場は磁場に対する**ベクトルポテンシャル**と呼ばれる．(7.1) を (M.2) に代入すると $\nabla \times \left(\boldsymbol{E} + \dfrac{\partial \boldsymbol{A}}{\partial t}\right) = 0$ が得られる．これは $\boldsymbol{E} + \dfrac{\partial \boldsymbol{A}}{\partial t} = -\nabla\phi$, すなわち

$$\boldsymbol{E} = -\frac{\partial \boldsymbol{A}}{\partial t} - \nabla\phi \tag{7.2}$$

を満たすスカラー関数 $\phi = \phi(t, \boldsymbol{r})$ の存在を意味する[8]．ϕ を**スカラーポテンシャル**と呼ぶ．(7.1), (7.2) を (M.1), (M.4) に代入すると，$\boldsymbol{A}, \phi$ に対する方程式

---

[6] だが，20 世紀に入ると，光について，マクスウェル理論から導かれる波動的観点からは説明のできない粒子的性質のあることが明らかとなって，マクスウェル理論は修正を余儀なくされる．この修正は，後に言及する量子電磁力学によって達成される．

[7] 以下，紙数の都合上，ベクトル解析についての基本的事実を断りなしに使う．

[8] $\dfrac{\partial \boldsymbol{A}}{\partial t} := \left(\dfrac{\partial A_x}{\partial t}, \dfrac{\partial A_y}{\partial t}, \dfrac{\partial A_z}{\partial t}\right), \nabla\phi := \left(\dfrac{\partial \phi}{\partial x}, \dfrac{\partial \phi}{\partial y}, \dfrac{\partial \phi}{\partial z}\right)$.

$$\nabla \cdot \left(\frac{\partial \boldsymbol{A}}{\partial t} + \nabla \phi \right) = -\frac{\varrho}{\varepsilon_0}, \tag{7.3}$$

$$\frac{1}{c^2} \frac{\partial^2 \boldsymbol{A}}{\partial t^2} - \Delta \boldsymbol{A} + \nabla \left(\frac{1}{c^2} \frac{\partial \phi}{\partial t} + \nabla \cdot \boldsymbol{A} \right) = \frac{\boldsymbol{j}}{c^2 \varepsilon_0} \tag{7.4}$$

を得る．ただし

$$\Delta := \nabla \cdot \nabla = \nabla^2 = \frac{\partial^2}{\partial x^2} + \frac{\partial^2}{\partial y^2} + \frac{\partial^2}{\partial z^2} \qquad \text{(ラプラシアン)}.$$

逆に，(7.3), (7.4) を満たすベクトル場 $\boldsymbol{A}$ とスカラー関数 ϕ があたえられたとき，$\boldsymbol{B}, \boldsymbol{E}$ をそれぞれ，(7.1), (7.2) によって定義すれば，$\boldsymbol{B}, \boldsymbol{E}$ はマクウェルの方程式 (M.1)～(M.4) を満たす．こうして，マクスウェル方程式と (7.1)–(7.4) は同等であることがわかる．これは，マクスウェル理論が，電場や磁場そのものではなく，方程式 (7.3), (7.4) にしたがうベクトルポテンシャル $\boldsymbol{A}$ とスカラーポテンシャル ϕ の組 $(\phi, \boldsymbol{A})$ — **電磁ポテンシャル** — を用いて記述されうることを意味する．

この新しい観点にたって電場と磁場を見直してみよう．(7.1), (7.2) からわかるように，電場 $\boldsymbol{E}$, 磁場 $\boldsymbol{B}$ は電磁ポテンシャルが変われば一般には変化しうる．そこで，$\boldsymbol{E}, \boldsymbol{B}$ が変化しないような電磁ポテンシャルの変換があるかどうかを問うのは自然であろう．$\Lambda = \Lambda(t, \boldsymbol{r})$ を任意のスカラー関数として，

$$\boldsymbol{A}' = \boldsymbol{A} + \nabla \Lambda, \quad \phi' = \phi - \frac{\partial \Lambda}{\partial t} \tag{7.5}$$

という変換を考えると，$\nabla \times \boldsymbol{A}' = \nabla \times \boldsymbol{A}, \dfrac{\partial \boldsymbol{A}'}{\partial t} + \nabla \phi' = \dfrac{\partial \boldsymbol{A}}{\partial t} + \nabla \phi$ が成立する．したがって，$\boldsymbol{B}, \boldsymbol{E}$ は変換 (7.5) に対して不変である．さらに，$\boldsymbol{A}', \phi'$ は，方程式 (7.3), (7.4) を満たすこと，すなわち，(7.3), (7.4) で，$\boldsymbol{A}, \phi$ のかわりに $\boldsymbol{A}', \phi'$ を代入した式が成立することも示される．

電磁ポテンシャルの変換 (7.5) を**ゲージ変換**という[9]．こうして，電磁ポテンシャルを用いて記述されるマクスウェル理論はゲージ変換に対して不変であることがわかる．

---

[9] **第二種ゲージ変換**ということもある．ゲージ (gauge) というのは，尺度 (ものさし) の意である．ゲージ変換を決めるスカラー関数 Λ がある意味での尺度をあたえる．次の節を参照．

7.4 ゲージ場としての電磁ポテンシャル

ゲージ変換 (7.5) を司るスカラー関数 Λ の物理的意味はマクスウェル理論の範囲内では，さしあたって，明らかではない．この点の解明は，電気を担う素粒子の一つである電子をある種の波動 (電子波) として考察する観点からなされる．電子波の概念は量子力学の建設の過程でド・ブロイ (1892–1987, フランス) によって提唱されたもので，電子線の回折や干渉の実験によって (限定された意味で) 有効であることが示された．この観点によれば，電子はある種の波動の場 — **電子場** — によって記述される[10]．ここでは，簡単のため，時刻 t における電子場は $\mathbb{R}^3$ 上の複素数値関数 $\Psi(t,\boldsymbol{r})$ であたえられるとしよう[11]．さらに，非相対論的な場合，すなわち，電子波の時間的変化の速さが光速に比べて十分小さいような状況を考えよう．このとき，電子が他の物質や光 (電磁波) と相互作用をしないとすれば，電子場 $\Psi(t,\boldsymbol{r})$ は，$\mu>0$ を定数として，**ド・ブロイ場の方程式**

$$i\frac{\partial\Psi}{\partial t}+\frac{1}{2\mu}\Delta\Psi=0 \tag{7.6}$$

にしたがう ($i=\sqrt{-1}$ は虚数単位)[12]．Ψ が (7.6) の解であるとき，任意の実定

---

10) 電子以外の素粒子も限定された範囲において波動として扱うことが可能であり，そのような波動場を素粒子の物質場という．

11) より現実的には，電子は "スピン" と呼ばれる内部自由度 — ある種の "内部空間" における "回転" の自由度 — をもっているので，スピノール場と呼ばれる，4 個の成分 (関数) からなる対象によって記述される．

12) これは，量子力学において，物理系の状態の時間発展を決めるシュレーディンガー方程式と同一の形をしているが，物理的な概念としては区別されるべきものである．ここで考察している電子場は，マクスウェル理論における電場や磁場あるいは電磁ポテンシャルと同じ水準にある古典場であって，量子力学的な状態を表すものではない．他の素粒子の物質場についても同様である．素粒子の波動性のみに注目する物質場の理論は，場の理論の観点からは，古典場の理論の一種なのである．素粒子の粒子的側面をも記述しうる理論をつくるためには，古典場の理論に何らかの修正が施されなければならない．この修正の一つの方法は場の量子化と呼ばれ，この手続きによって場の量子論がつくられる．だが，残念ながら，この理論形式は，数学的に厳密な意味では，なおも本質的な困難を抱えており，数学理論としては完成されていない．こうした事情については，江沢 洋・新井 朝雄『場の量子論と統計力学』(日本評論社) の "まえがき" や第 1 章を参照されたい．

数 Θ に対して，$\Psi' = e^{i\Theta}\Psi$ も方程式 (7.6) の解である．すなわち，ド・ブロイ場の方程式は変換：$\Psi \mapsto \Psi'$ のもとで不変である．

よく知られているように，複素平面上の点 z に対して，$e^{i\Theta}z$ は，z を原点のまわりに角度 Θ だけ回転して得られる複素数を表す．電子場というのは，時空間，すなわち，時間と空間をあわせた集合 $\{(t, \boldsymbol{r}) | t \in \mathbb{R}, \boldsymbol{r} \in \mathbb{R}^3\}$ の各点 $(t, \boldsymbol{r})$ に一つの複素数 $\Psi(t, \boldsymbol{r})$ がくっついているような状態とみなせる．したがって，変換 $\Psi \to \Psi'$ は，時空間のすべての点において，電子場 Ψ を一定の角度 Θ だけ回転する変換とみることができる．この変換を**大局的な第一種ゲージ変換**と呼ぶ[13]．

電子場の回転の角度を時空の各点ごとに変えたらどうなるであろうか？　この疑問を追求していくことにより，本章の主題であるゲージ場の概念へと導かれうる．電子場の回転の角度を時空の各点ごとに変えることは，数学的には，回転の角度 Θ を時空間上の一般の関数 $\Theta = \Theta(t, \boldsymbol{r})$ で置き換えることを意味する．したがって，このような変換は，大局的な第一種ゲージ変換の拡張として

$$\Psi'(t, \boldsymbol{r}) = e^{i\Theta(t, \boldsymbol{r})}\Psi(t, \boldsymbol{r}) \tag{7.7}$$

によってあたえられる．これを**局所的な第一種のゲージ変換**という[14]．このとき，単純な計算によって，Ψ がド・ブロイ場の方程式 (7.6) を満たしても，Ψ' はド・ブロイ場の方程式を満たすとは限らないことがわかる．つまり，ド・ブロイ場の方程式あるいはこれによって記述される電子場の理論は局所的な第一種ゲージ変換に対しては不変にならない．

しかし，ここであきらめないで，(7.6) に適当な修正を施すことによって，局所的な第一種のゲージ変換に対しても不変となるような理論が構成できないかどうかを検討しよう．これに対する鍵は (7.7) を満たす Ψ', Ψ に対して

$$\left(\frac{\partial}{\partial t} - i\frac{\partial \Theta}{\partial t}\right)\Psi' = e^{i\Theta}\frac{\partial \Psi}{\partial t}$$

が成り立つことに注目することである (x, y, z に関する偏微分についても同様)．

---

[13] この場合，“大局的 (global)” というのは，どの時空点でも同じ角度だけ回転することの意である．いまの場合のゲージ (尺度) は電子場の位相 (phase) である．

[14] この場合，“局所的 (local)” というのは，回転の角度が時空間の各点ごとに異なりうることの意である．

これは

$$\left(\frac{\partial}{\partial t}+i\chi'\right)\Psi'=e^{i\Theta}\left(\frac{\partial}{\partial t}+i\chi\right)\Psi \tag{7.8}$$

を満たすスカラー関数 χ, χ' の導入を示唆する．もし，(7.8) が成立するならば，容易にわかるように

$$\chi'=\chi-\frac{\partial\Theta}{\partial t} \tag{7.9}$$

でなければならない．逆に，(7.9) を満たす任意のスカラー関数 χ, χ' に対して (7.8) が成立する．電子場の x, y, z に関する偏微分についても同様であって

$$\boldsymbol{a}'=\boldsymbol{a}+\nabla\Theta \tag{7.10}$$

を満たすベクトル場 $\boldsymbol{a}, \boldsymbol{a}'$ を導入すれば，

$$(\nabla-i\boldsymbol{a}')\Psi'=e^{i\Theta}(\nabla-i\boldsymbol{a})\Psi$$

が成立する．これと (7.8) から，方程式

$$\left(i\frac{\partial}{\partial t}-\chi\right)\Psi-\frac{1}{2\mu}(i\nabla+\boldsymbol{a})^2\Psi=0 \tag{7.11}$$

は変換 (7.7), (7.9), (7.10) のもとで不変であることがわかる[15]．こうして，(7.7), (7.9), (7.10) によって定義される変換：$\{\Psi, \chi, \boldsymbol{a}\}\to\{\Psi', \chi', \boldsymbol{a}'\}$ — これを**局所的ゲージ変換**という — のもとで不変な方程式が得られる．ここで導入された関数の組 $(\chi, \boldsymbol{a})$ は**ゲージ場**と呼ばれる．新しく導かれた方程式 (7.11) は電子場とゲージ場の相互作用を記述する．

では，このゲージ場は物理的には何を表すのであろうか？　変換 (7.9), (7.10) は電磁ポテンシャルに対するゲージ変換 (7.5) と同一の形をしている[16]．そこで，$(\chi, \boldsymbol{a})$ を電磁ポテンシャル $(\phi, \boldsymbol{A})$ と同一視するのは自然である．実際，この

---

[15] すなわち

$$\left(i\frac{\partial}{\partial t}-\chi'\right)\Psi'-\frac{1}{2\mu}(i\nabla+\boldsymbol{a}')^2\Psi'=0$$

が成立する．なお

$$(i\nabla+\boldsymbol{a})^2\Psi=i^2\nabla^2\Psi+i\nabla\cdot(\boldsymbol{a}\Psi)+i\boldsymbol{a}\cdot\nabla\Psi+\boldsymbol{a}^2\Psi=-\nabla^2\Psi+i\nabla\cdot(\boldsymbol{a}\Psi)+i\boldsymbol{a}\cdot\nabla\Psi+\boldsymbol{a}^2\Psi.$$

[16] 対応関係は $\Lambda\longleftrightarrow\Theta, \phi\longleftrightarrow\chi, \boldsymbol{A}\longleftrightarrow\boldsymbol{a}$.

同一視は正しいことが示される．こうして，ゲージ変換 (7.5) におけるスカラー関数 Λ の意味が明らかになるとともに，電磁ポテンシャルは電子場に付随するゲージ場としてとらえられることがわかる [17]．

7.5　ゲージ対称性と力の統一理論

電子場の理論から出発して電磁ポテンシャルを導く上述の方法は電子場以外の素粒子の物質場に拡張することが可能である．その考え方の要点は次の通りである：ある大局的な変換 (電子場の場合には複素平面上の回転) によって不変な物質場の理論を考える [18]．これを局所化する (つまり，変換を時空の各点ごとに異なりうるとする) とその不変性がくずれる．そこで，新たな場を導入して，この場と元々の物質場の組に対する局所的変換 (一般化された意味での局所的ゲージ変換) のもとで不変となるような理論をつくる．ここで導入される新しい場がゲージ場である．この際に重要な点は物質場とゲージ場との相互作用の形も自動的に決まってしまうということである．つまり，この考え方は物質場と他の場 (いまの場合はゲージ場) との相互作用を自然な形で決める一つの原理をあたえる．この意味で，いま述べた方法論的な理念は**ゲージ対称性の原理**と呼ばれる．

物理現象を支配する力として，これまで 4 種類の力，すなわち，重力，電磁気力，強い力，弱い力が知られている．これらの力を統一的に記述する理論 — **統一理論** — を建設することは現代物理学の最も重要な課題の一つである．これは

---

[17] (7.3), (7.4) がいまの場合のゲージ場の方程式である．ゲージ場が考察下の電子場とだけ相互作用をするとすれば，電荷密度と電流密度はそれぞれ，ε を定数として

$$\varrho(t,\boldsymbol{r}) = \varepsilon|\Psi(t,\boldsymbol{r})|^2,$$
$$\boldsymbol{j} = \frac{\varepsilon}{2\mu}(\Psi^*(-i\nabla - \boldsymbol{A})\Psi - \Psi(-i\nabla + \boldsymbol{A})\Psi^*)$$

によってあたえられる．連立偏微分方程式 (7.3), (7.4), (7.11) (ただし，$\chi, \boldsymbol{a}$ を $\phi, \boldsymbol{A}$ で置き換える) が電子場とゲージ場の相互作用を記述する基礎方程式である．直接計算により，電荷の保存則

$$\nabla\cdot\boldsymbol{j} = -\frac{\partial\rho}{\partial t}$$

が示される．

[18] 変換は一般には群という概念によってあたえられる．群にはいろいろなものがある．

ゲージ対称性の原理に基づくゲージ場の理論を用いてなされることが期待されている[19]．

7.6 おわりに — 参考書

電磁気学の優れた教科書として，ファインマン他『ファインマン物理学 III 電磁気学』，『ファインマン物理学 IV 電磁波と物性』(いずれも岩波書店) を強く推薦しておこう．これらの本では非常に生き生きと電磁気の理論が語られている．大きな知的興奮と喜びをもたらしてくれる稀有な書物である．7.5 節で簡単にしかふれられなかった事柄についてもっと詳しく知りたい読者には，たとえば，エイチスン『ゲージ場入門』(講談社) が参考になるであろう．これは物理理論としてのゲージ場の理論への単刀直入な入門書である．ゲージ場の理論は，数学的には微分幾何学やトポロジーと密接に関連している．この方面の邦書として小林昭七『接続の微分幾何学とゲージ理論』(裳華房)，茂木 勇・伊藤光弘『微分幾何学とゲージ理論』(共立出版) がある．ゲージ対称性についてもっと初等的な解説を拙著『対称性の数理』(日本評論社) の 7 章にしておいた．

[19] ただし，すでに注意したように，ゲージ場も物質場も共に量子化されなければならない．電子場に代表される荷電粒子の場と電磁場の相互作用に関するゲージ場の理論の量子化は量子電磁力学と呼ばれ，物理の理論としては，最高度の成功を収めた．また，電磁気力と弱い力の統一もゲージ場の理論によってなされ，これまでの実験はこの理論を支持している．

第8章

場の理論と虚数

8.1 はじめに — 場の描像と例

物理学における場(ば)の概念は，物理的空間や時空において連続的に分布する対象と結びついている．すなわち，同種の対象 — たとえば，スカラー (実数または複素数), ベクトル，テンソル等 — が物理的空間または時空のある領域の各点に付随するとき,「この領域には当該の対象の場が存在する」と言い表す．これは，描像的に語るならば，領域全体にわたって同種の対象がある仕方で分布しているということである．たとえば，ある領域 D の各点にスカラーによって表される量が分布しているならば，D 上にはその量の**スカラー場**が存在するという．同様に，D の各点にベクトルが分布しているならば，D 上には**ベクトル場**が存在するという．

例 8.1 地表面の各地点に対してその地点の標高が定まる．この対応は地表面上の一つの実数分布，すなわち，スカラー場をあたえる．

例 8.2 熱せられている物体内の各点には，各時刻ごとに，温度が一つ定まる．したがって，この場合，物体内には温度の場が存在する．温度はスカラーであるから，これはスカラー場である．

例 8.3 実数全体を $\mathbb{R}$ で表す．質量 m の質点が 3 次元空間 $\mathbb{R}^3$ の原点 $\mathbf{0}$ に存在するとしよう．このとき，$\mathbb{R}^3$ から原点を除いた領域 $\mathbb{R}^3\setminus\{\mathbf{0}\}$ の任意の点 $\boldsymbol{x}$ に置かれた単位質量をもつ質点には $\boldsymbol{F}(\boldsymbol{x}) := -G\dfrac{m}{|\boldsymbol{x}|^2}\hat{\boldsymbol{x}}$ $\left(\hat{\boldsymbol{x}} := \dfrac{\boldsymbol{x}}{|\boldsymbol{x}|}\right)$ によって表され

る力 — 万有引力 — が働く (G は万有引力定数). したがって, 対応 : $\boldsymbol{x} \mapsto \boldsymbol{F}(\boldsymbol{x})$ は力のベクトル場を定める. このベクトル場を質量 m によって生成される**万有引力の場**という. 点 $\boldsymbol{x}$ に質量 m' の質点が置かれれば, これには $m'\boldsymbol{F}(\boldsymbol{x})$ の力が働く. この力は引力であり, その大きさは $G\dfrac{m'm}{|\boldsymbol{x}|^2}$ である.

$U(\boldsymbol{x}) := -G\dfrac{m}{|\boldsymbol{x}|}$ とおくと, $\boldsymbol{F} = -(\partial_1 U, \partial_2 U, \partial_3 U)$ と書ける. ただし, $\partial_j U(\boldsymbol{x}) := \partial U(\boldsymbol{x})/\partial x_j$, $j = 1, 2, 3$, $\boldsymbol{x} = (x_1, x_2, x_3) \in \mathbb{R}^3$. 各 $\boldsymbol{x} \neq \boldsymbol{0}$ に対して, $U(\boldsymbol{x})$ は実数であるから, 対応 $\boldsymbol{x} \mapsto U(\boldsymbol{x})$ は $\mathbb{R}^3 \setminus \{\boldsymbol{0}\}$ 上のスカラー場をあたえる. スカラー場 U をベクトル場 $\boldsymbol{F}$ に対する**ニュートンポテンシャル**という.

例 8.4 真空において, $\mathbb{R}^3$ の原点に置かれた電荷 Q のまわりには電気的クーロン力による力の場 $\dfrac{Q}{4\pi\varepsilon_0|\boldsymbol{x}|^2}\hat{\boldsymbol{x}}$ ができる (ε_0 は真空の誘電率). この場を電荷 Q によって生成される**クーロン電場**という [1]. これはベクトル場である. 点 $\boldsymbol{x}$ に電荷 q の質点が置かれれば, これには $\dfrac{qQ}{4\pi\varepsilon_0|\boldsymbol{x}|^2}\hat{\boldsymbol{x}}$ の電気力が働く.

例 8.5 磁石のまわりには, 別の磁石に力を及ぼす力の場ができる. これは**磁場** — その中に置かれた磁石は磁気的な力を受ける — と呼ばれる力のベクトル場の例である.

例 8.6 流体が存在する領域の各点には, 各時刻において, その点での流体の速度を表すベクトル — 速度ベクトル — が付随している. したがって, この領域には**速度ベクトルの場**が存在する.

8.2 虚数量の場

上述の例は, いずれも, 場が実(じつ) (real) の場合, すなわち, 領域の各点における場の量が実数または実数を成分とするベクトルで表される場合であった. しかし,

[1] 一般に, 時空または物理的空間のある領域の任意の点に電荷をもつ質点を置くとき, これに電気的な力が働くならば, この領域には**電場**があるという. クーロン電場は電場の基本的な例である.

より普遍的な観点から考察するならば，場の量を実に限る必然性あるいは根拠はない．物理現象の理念＝イデアを司る数学的理念界の有機的統一性 — 平たく言えば，すべての存在が調和的連関のうちにあるということ — と全一性を考慮するならば，物理のコンテクストでは，次の点が本質的である．すなわち，直接的ではないが何らかの仕方で通常の意味での観測量 — 実数を用いて表される測定可能量(素朴な意味での物理量) — と結びつくような対象は，それがいかなる種類あるいは形態の対象であろうとも，物理現象の現出において，より高次の意味における役割を担っているということである．そのような対象は，素朴な意味での物理量と直結する概念存在に比して，非現象的・非顕在的な存在次元 (形而上的次元) において，より高次の“位階”に属し，「分節」という形式をとりながら，通常の意味での現象に関与する [2]．

今述べた観点からは，したがって，虚数 — 実数でない複素数 — もまた物理現象の現成(げんじょう)にとって高次の役割を果たす存在でありうる．簡単な例を見よう．

例 8.7 複素数論の初歩で学ぶように，2 次元ユークリッド空間 $\mathbb{R}^2$ における直交座標系での点表示 (x,y) に対して，複素数 $z=x+iy$ を対応させれば (i は虚数単位)，この対応を通して，$\mathbb{R}^2$ の点をひとつの形式で簡潔に記述できる．この初等的事実は，たとえば，力学のコンテクストでは 2 次元平面 $\mathbb{R}^2$ 上の運動を複素平面上の曲線論として展開できることを示唆する．具体的に言えば，2 次元平面における質点の運動 $\boldsymbol{r}(t)=(x(t),y(t))\in\mathbb{R}^2$ ($t\in\mathbb{R}$ は時刻を表すパラメータ) に対するニュートンの運動方程式は，質点の質量を m とすれば

---

[2] この観点は，筆者の哲学に基づくものであり，その要点の概略については，文献 [25] の序章や本文のしかるべき箇所に述べてある (さらに詳しい内容については [44] を参照)．今は以下の例 8.7〜8.9 が理解の一助となることを願う．なお，ここでの「分節」という概念は，全一的対象が“分化”して相互に有機的な関連をもつ構成部分を形成することの意である． この段落で言及された，存在 (常に在るもの) と現象 (成るもの) の関わりの構図は， 通常の意識 — 感覚的・物質的知覚に囚われた意識あるいは悟性的意識 — にとっては極めて抽象的・非物理的に映る数学的概念体系をその理念的基礎とする量子力学や量子場の理論において，よりいっそう顕在化する ([30] を参照)．

$$m\frac{d^2x(t)}{dt^2} = F_1(x(t), y(t)), \tag{8.1}$$

$$m\frac{d^2y(t)}{dt^2} = F_2(x(t), y(t)) \tag{8.2}$$

である (ベクトル値写像 $(F_1, F_2) : \mathbf{R}^2 \to \mathbb{R}^2$ は質点に作用する力の場を表す)．そこで

$$z(t) := x(t) + iy(t),$$

$$F(t) := F_1(x(t), y(t)) + iF_2(x(t), y(t))$$

とおけば，ニュートンの運動方程式はひとつの方程式

$$m\frac{d^2z(t)}{dt^2} = F(t) \tag{8.3}$$

にまとめられる．逆に，(8.3) の実部をとれば (8.1) が，虚部をとれば (8.2) が得られる．よって，(8.1)〜(8.2) と (8.3) は同等である [3]．この例では，$z(t)$ の実部と虚部にそれぞれ，通常の意味での物理的解釈がつく．また，$z(t)$ の絶対値 $|z(t)| = \sqrt{x(t)^2 + y(t)^2}$ や偏角 $\arg z(t)$ も物理的解釈をもつ．こうして，単一の複素量 $z(t)$ から，通常の意味での物理量がいわば分節的に現れてくるのである．この意味で $z(t)$ はいくつかの物理量を "内蔵" している．$y(t) \neq 0$ のとき，対応 $t \mapsto z(t)$ は $\mathbb{R}$ 上の虚数量の場を定める．

例 8.8 3 次元空間 $\mathbb{R}^3$ の一定の方向に進む波は，**波動場**と呼ばれる場のクラスの一つを形成する．そのような波のうちで最も簡単なものは，3 角関数 $\sin\theta, \cos\theta$ $(\theta \in \mathbb{R})$ を用いて表されるものである．たとえば，A, k, ω を正の定数，$\delta \in \mathbb{R}$ を定数として，$u(t, \boldsymbol{x}) = A\cos(kx_1 - \omega t + \delta)$ (余弦波)，$v(t, \boldsymbol{x}) = A\sin(kx_1 - \omega t + \delta)$ (正弦波) で表される波動は x_1 軸の正の向きに進む波を表す ($t \in \mathbb{R}$ は時刻を表すパラメータ)．この場合，A を振幅，k を波数，ω を角振動数，δ を初期位相または位相角と言う．今

$$\psi(t, \boldsymbol{x}) := u(t, \boldsymbol{x}) + iv(t, \boldsymbol{x})$$

[3] この方法の有効な例は，たとえば，文献 [25] の 7 章演習問題 3 や [29] の 9.1 節に見られる．

とおけば，オイラーの公式 $e^{i\theta} = \cos\theta + i\sin\theta$ $(\theta \in \mathbb{R})$ により

$$\psi(t, \boldsymbol{x}) = \widetilde{A} e^{ikx_1 - i\omega t}$$

と書ける．ただし，$\widetilde{A} := Ae^{i\delta}$．したがって，正弦波 v と余弦波 u は，虚数量の関数 ψ という形態で“融合”する．この事態を逆に見れば，ひとつの虚数量の波動 ψ から，実的な波動である余弦波と正弦波が分節的に現れるということである．この意味で，例 8.7 の $z(t)$ と類似の仕方で，ψ は通常の意味での物理量を内蔵している．対応 : $(t, \boldsymbol{x}) \mapsto \psi(t, \boldsymbol{x})$ は時空 $\mathbb{R} \times \mathbb{R}^3$ 上の虚数量の場を定める．なお，$\widetilde{A}$ のように，その絶対値が波の振幅をあたえるような複素数は複素振幅と呼ばれる．

例 8.9 D を複素平面 $\mathbb{C} := \{z = x + iy | x, y \in \mathbb{R}\}$ の領域 (連結開集合) とし，$F : D \to \mathbb{C}$ を D 上の解析関数 (正則関数)[4] とする．各 $z \in D$ に対して，$F(z)$ は複素数であるから，F は D 上の複素量のスカラー場である．$F(z)$ の実部と虚部をそれぞれ，$\Phi(x, y), \Psi(x, y)$ とすれば，$F(z) = \Phi(x, y) + i\Psi(x, y)$ と表される．F の正則性により，$F'(z) \neq 0$ なる任意の点 $z \in D$ においては，F は等角写像[5] であるから，$\Phi =$ 一定の曲線と $\Psi =$ 一定の曲線は直交する．スカラー場 F は，$\Psi \neq 0$ となる部分集合上では，虚数量のスカラー場であり，次の例に見られるような仕方で物理現象を内蔵している (あるいは分節的に現出する)．

(a) 静電気力学のコンテクストでは，$\Phi =$ 一定の曲線は等電位線を表し，$\Psi =$ 一定の曲線は電気力線を表す[6]．

(b) 流体力学のコンテクストでは，Φ の勾配は流れの速度ベクトル場を表し，$\Psi =$ 一定の曲線は流線を表す[7]．

(a) と (b) の例のように，F の実部および虚部が通常の意味でのポテンシャル (実数値のポテンシャル) を表す場合，F を総称的に**複素ポテンシャル**と呼ぶ．

---

[4] たとえば，[29] の第 3 章を参照．

[5] たとえば，[29] の 5.12 節を参照．

[6] 詳しくは，たとえば，[29] の 9.3 節を参照．

[7] 詳しくは，たとえば，[29] の 9.2 節を参照．

以上の考察から，場を形成する対象をスカラーとベクトルに限定した場合，これらの場に関して次の一般概念へと導かれる．

実数で表される量の場を**実スカラー場**，複素数で表される量の場を**複素スカラー場**という．他方，ベクトルで表される物理量の場でその成分が実数で表されるものを**実ベクトル場**，その成分が複素数で表されるものを**複素ベクトル場**と言う[8]．

標高の場 (例 8.1)，物体内の温度の場 (例 8.2)，ニュートンポテンシャルは実スカラー場の例であり，例 8.7〜例 8.9 は虚数量のスカラー場の例である．他方，例 8.3〜例 8.6 は実ベクトル場の例である．

8.3 場の普遍的定義

場の概念を数学的にきちんと，しかも普遍的な形で定義すれば次のようになる．

定義 8.10 M を空でない集合とする．

(i) 写像 $f: M \to \mathbb{R}$, すなわち，各点 $P \in M$ に対して，実数 $f(P)$ をただ一つ定める対応を M 上の**実スカラー場**と言う．

(ii) 写像 $\phi: M \to \mathbb{C}$ (複素数全体)，すなわち，各点 $P \in M$ に対して，複素数 $\phi(P)$ をただ一つ定める対応を M 上の**複素スカラー場**と言う．

(iii) $\mathscr{V}$ を $\mathbb{R}$ または $\mathbb{C}$ 上のベクトル空間とする[9]．写像 $A: M \to \mathscr{V}$, すなわち，各点 $P \in M$ に対して，$\mathscr{V}$ のベクトル $A(P)$ をただ一つ定める対応を M 上の $\mathscr{V}$-**値ベクトル場**と言う．

注意 8.11 $\mathbb{R}$ および $\mathbb{C}$ はそれぞれ，1 次元実ベクトル空間，1 次元複素ベクトル空間であるから，スカラー場は，実は，上の (iii) にいう意味でのベクトル場の特別な場合である．

---

[8] この他にテンソル量の場がある．これについても実のものと複素のものがある．テンソル場については，たとえば，文献 [25] の 6 章や [31] の 8 章を参照．

[9] ベクトル空間の一般概念については，付録 B を参照．

実数は複素数の特殊形態 — 虚部が 0 の複素数 — であるから，M 上の実スカラー場は，M 上の複素スカラー場の部分クラスである．そこで，便宜上，実スカラー場でない複素スカラー場を**虚スカラー場**と呼ぶことにする[10]．

8.4 虚スカラー場の構造

M を空でない集合，$\phi : M \to \mathbb{C}$ を M 上の複素スカラー場とする．M の任意の点 P に対して，この点での場の値 $\phi(P)$ は複素数であるから，$\phi(P) \neq 0$ なる点 P では，$\phi(P)$ を極形式

$$\phi(P) = |\phi(P)| e^{i\theta(P)} \tag{8.4}$$

に表すことができる．ただし，$\theta(P) := \arg\phi(P)$ ($\phi(P)$ の偏角)．そこで

$$D_\phi := \{P \in M | \phi(P) \neq 0\}$$

とおけば，写像 $|\phi| : D_\phi \to \mathbb{R}; P \mapsto |\phi(P)|$ および $\theta : D_\phi \to [0, 2\pi); P \mapsto \theta(P)$ はそれぞれ，D_ϕ 上のスカラー場をあたえる．したがって，場 ϕ は二つのスカラー場 $|\phi|$ と θ を分節する．

スカラー場 θ を場 ϕ の**位相**と言う．この概念を用いると「ϕ が虚スカラー場であるための必要十分条件は，$\theta(P_0) \notin \{0, \pi\}$ となる点 $P_0 \in D_\phi$ が存在することである」と言い表すことができる．

複素数 $\phi(P)$ の実部と虚部をそれぞれ，$\phi_1(P), \phi_2(P)$ とすれば

$$\phi(P) = \phi_1(P) + i\phi_2(P) \tag{8.5}$$

と表される．したがって，対応 $\phi_j : P \mapsto \phi_j(P)$ $(j = 1, 2)$ を考えると，これは M 上の実スカラー場をあたえる．ゆえに，複素スカラー場 ϕ から二つの実スカラー場 ϕ_1, ϕ_2 が派生する．

逆に，任意の二つの実スカラー場 $\phi_1, \phi_2 : M \to \mathbb{R}$ に対して，写像 $\phi : M \to \mathbb{C}$ を (8.5) によって定義すれば，これは複素スカラー場になる．

さらに次の点にも注意しよう．(8.5) が成り立つとき

[10] この命名は標準的ではなく，ここで筆者が試みに導入するものである (実数でない複素数を虚数と呼ぶことに呼応させる)．

$$\phi_1(P) = \frac{\phi(P) + \phi(P)^*}{2},$$
$$\phi_2(P) = \frac{\phi(P) - \phi(P)^*}{2i}.$$

ただし，複素数 $z = x + iy$ に対して，z^* は z の共役複素数を表す：$z^* := x - iy$.

こうして，M 上の複素スカラー場と実スカラー場の対（つい）が 1 対 1 に対応することがわかる．これは，ちょうど $\mathbb{C}$ の点と $\mathbb{R}^2$ の点が 1 対 1 に対応することの類似になっている．

複素スカラー場 ϕ が虚スカラー場であることは，写像として $\phi_2 \neq 0$ (右辺は零写像) と同値である．したがって，虚スカラー場は，二つの実スカラー場をその実部，虚部として内蔵している．この構造は，物理のコンテクストでは，次のことを示唆する：虚スカラー場によって表される対象は二つの独立な自由度あるいは特性 — これはもちろん，考える虚スカラー場ごとに異なりうる — を有する．この構造の初等的な例は，例 8.7〜例 8.9 においてすでに見た．次の節で別の例をとりあげよう．

8.5 古典場の理論における虚スカラー場

8.5.1 古典的物質場

周知のように，物質の微視的な究極的構成要素である素粒子 (電子，陽子，中性子，ニュートリノ，中間子，光子（こうし）等々) は**波動–粒子の 2 重性**をもつ．これは，言うまでもなく，古典物理学的描像と鋭く対立する性質である．素粒子の本性が本質的に効いてくる現象は，現代では，**量子力学**あるいはその自然な拡大としての**場の量子論**によって記述される [11]．だが，素粒子の波動的側面だけが顕著に現れるような現象においては，ちょうど光子の振る舞いが古典電磁気学 — マクスウェル理論 — において電磁場 (古典電磁場) を用いて波動的に記述されるように，素粒子を古典電磁場と同様の “位階” に属する波動場として記述することが可能な場合がある．素粒子の粒子的描像をいったん白紙にもどし，素粒子を古典的

---

[11] より詳しくは，文献 [17] の 6 章，[19, 20, 79] 等を参照．

な波動として捉える観点を物質の波動論と言う[12]．この場合，物質の波動を表す波動場を総称的に**古典的物質場**と言う．この観点に立つとき，物質的自然は，重力場，電磁場，古典的物質場から生成される波動的世界として捉えられることになる．この波動的世界を記述するのが**古典場の理論**である[13]．もちろん，この項の冒頭に述べた事実によって，古典場の理論には限界があり，素粒子の特性を全面的に記述するには，それは修正される必要がある．この修正は，発見法的には，場の量子化なる処方によってなされ，場の量子論として結実する[14]．しかし，以下では，簡単のため，古典的物質場の理論の枠内で虚スカラー場がいかなる位置あるいは役割を占めるかについて論述する．

8.5.2 複素クライン–ゴルドン場

粒子的描像において質量が $m>0$ の素粒子が他の物質や場と相互作用をしていない場合を考える．このような素粒子を自由粒子と言う．この場合，光の波動論との対応から言えば，この素粒子の古典的物質場は次の型の平面波で表されると仮定するのは自然である：

$$\phi_{\boldsymbol{k}}^{+}(t,\boldsymbol{x})=b_{+}(\boldsymbol{k})\frac{e^{-it\omega+i\boldsymbol{k}\cdot\boldsymbol{x}}}{\sqrt{(2\pi)^3}},\quad \phi_{\boldsymbol{k}}^{-}(t,\boldsymbol{x})=b_{-}(\boldsymbol{k})^{*}\frac{e^{it\omega-i\boldsymbol{k}\cdot\boldsymbol{x}}}{\sqrt{(2\pi)^3}}.$$

ただし，$(t,\boldsymbol{x})\in\mathbb{R}\times\mathbb{R}^3=\mathbb{R}^4$ は時空点を表し，$\omega>0$ は平面波の角振動数，$\boldsymbol{k}\in\mathbb{R}^3$ は波数ベクトル，$\boldsymbol{k}\cdot\boldsymbol{x}:=\sum_{j=1}^{3}k_jx_j$, $b_{\pm}(\boldsymbol{k})\in\mathbb{C}$ は複素振幅を表す[15]．他方，平面波における波動的描像と粒子的描像との対応は，プランク–アインシュタイ

---

[12]歴史的には最初ド・ブロイによって提唱された (1923 年)．“古典的”という修飾語は，場の量子論を構成する上での基本的対象で古典場よりももっと根源的な存在である**量子場**と区別するためにつけられている．

[13]ただし，現象論的な場 — 音，流体，弾性体等に関わる波動場 — も古典場の範疇に含める場合もある．より正確に述べるならば，重力場，電磁場，古典的物質場は第一義的な場であり，現象論的な場は，いわば第二義的な場なのである．

[14]場の量子化の発見法的議論については，文献 [19] の序章を参照．場の量子化の処方によらず，量子力学の枠内で量子場の理念へと至る道も存在する (文献 [24] の 2 章を参照)．

[15]$\phi_{\boldsymbol{k}}^{-}(t,\boldsymbol{x})$ の複素振幅を $b_{-}(\boldsymbol{k})^{*}$ (共役の形) にしたのは便宜的なものである．たとえば，このようにすると，条件「$(\phi_{\boldsymbol{k}}^{+})^{*}=\phi_{\boldsymbol{k}}^{-}$」は「$b_{+}=b_{-}$」という条件と同値である．

ン–ド・ブロイの関係式

$$E=\hbar\omega,\quad \boldsymbol{p}=\hbar\boldsymbol{k} \tag{8.6}$$

であたえられる．ただし，$E>0, \boldsymbol{p}\in\mathbb{R}^3$ はそれぞれ，素粒子の粒子的描像でのエネルギーと 3 次元運動量であり，$\hbar$ はプランクの定数 h を 2π で割ったものである：$\hbar=\dfrac{h}{2\pi}$.

質点 m の運動を特殊相対論的に扱うことにする．c を真空中の光速として，$(ct,\boldsymbol{x})$ は 4 次元ミンコフスキーベクトル空間のローレンツ座標系 (慣性座標系) を表すとしよう (5.3 節を参照)[16]．このとき，$E=\sqrt{\boldsymbol{p}^2c^2+m^2c^4}$ である．したがって，(8.6) から

$$\omega=\omega(\boldsymbol{k}):=c\sqrt{\boldsymbol{k}^2+\mu^2}. \tag{8.7}$$

ただし，$\mu:=mc/\hbar$. 式 (8.7) を用いると，$\phi_{\boldsymbol{k}}^{\pm}(t,\boldsymbol{x})$ は，複素スカラー場 $\Phi:\mathbb{R}^4\to\mathbb{C}$ に関する次の偏微分方程式の解であることがわかる：

$$\left(\frac{1}{c^2}\frac{\partial^2}{\partial t^2}-\Delta+\mu^2\right)\Phi(t,\boldsymbol{x})=0. \tag{8.8}$$

ただし，$\Delta=\sum_{j=1}^{3}\partial^2/\partial x_j^2$ は 3 次元のラプラス作用素 (ラプラシアン) である．これを**線形クライン–ゴルドン方程式**または**自由なクライン–ゴルドン方程式**といい，その解を**自由な複素クライン–ゴルドン場**と呼ぶ[17]．

一般に，任意の二つの自由な複素クライン–ゴルドン場 Φ_1,Φ_2 に対して，それらの線形結合 — **重ね合わせ**,— $\alpha\Phi_1+\beta\Phi_2$ $(\alpha,\beta\in\mathbb{C})$ および複素共役関数 Φ_j^* $(j=1,2)$ も (8.8) の解，すなわち，自由な複素クライン–ゴルドン場であることは容易にわかる．この事実に注意し，(8.8) の特殊解 $\phi_{\boldsymbol{k}}^{\pm}(t,\boldsymbol{x})$ の添え字 $\boldsymbol{k}$ について，いわば "連続無限の重ね合わせ" を行うことにより，(8.8) の一般解 — 複素ク

---

16) 特殊相対論全般については，たとえば，文献 [25] の 8 章を参照.

17) 非線形写像 $F:\mathbb{C}^2:=\{(z_1,z_2)|z_1,z_2\in\mathbb{C}\}\to\mathbb{C}$ を用いて, (8.8) の右辺を $F(\Phi(t,\boldsymbol{x})^*,\Phi(t,\boldsymbol{x}))$ で置き換えたものを**非線形クライン–ゴルドン方程式**と言う．これは複素スカラー場 $\Phi:\mathbb{R}^4\to\mathbb{C}$ の自己相互作用を記述する．線形クライン–ゴルドン方程式と非線形クライン–ゴルドン方程式を合わせて，総称的に**クライン–ゴルドン方程式**と呼ぶ.

ライン–ゴルドン場の一般形— として

$$\Phi(t,\boldsymbol{x}) = \int_{\mathbb{R}^3} d\boldsymbol{k} \widehat{\Phi}(t,\boldsymbol{k}) \frac{e^{i\boldsymbol{k}\cdot\boldsymbol{x}}}{\sqrt{(2\pi)^3}} \tag{8.9}$$

を得る．ただし

$$\widehat{\Phi}(t,\boldsymbol{k}) := b_+(\boldsymbol{k})e^{-it\omega(\boldsymbol{k})} + b_-(-\boldsymbol{k})^* e^{it\omega(\boldsymbol{k})}$$

である[18]．式 (8.9) は，$\Phi(t,\boldsymbol{x})$ が $\widehat{\Phi}(t,\boldsymbol{k})$ の逆フーリエ変換[19] であることを示している．これは，物理的には，時刻 t での自由な複素クライン–ゴルドン場 $\Phi(t,\cdot):\mathbb{R}^3 \to \mathbb{C}$ の，平面波の族 $\{e^{i\boldsymbol{k}\cdot\boldsymbol{x}}/\sqrt{(2\pi)^3}\}_{\boldsymbol{k}\in\mathbb{R}^3}$ による展開を表す．この場合の展開係数 $\widehat{\Phi}(t,\boldsymbol{k})$ は，モード $\boldsymbol{k}$ の平面波成分と呼ばれ，波数ベクトル $\boldsymbol{k}$ の平面波が $\Phi(t,\boldsymbol{x})$ の中に含まれる "度合" を表す．

フーリエ変換の理論を援用することにより，**Φ が虚スカラー場であるための必要十分条件は $b_+ \neq b_-$ であることがわかる**[20]．そこで，Φ が虚スカラー場のとき，前節の終わりで言及した，Φ によって表される対象が有する二つの自由度は関数 $b_\pm$ によって記述されると予想するのは自然である．では，それはいかなるものであるか．これを次に見よう．

8.5.3 場のエネルギー密度

容易に確かめられるように，自由な複素クライン–ゴルドン場 Φ におけるモード $\boldsymbol{k}$ の平面波成分 $\widehat{\Phi}(t,\boldsymbol{k})$ は，t の関数として，複素数値関数 $Z:\mathbb{R}\to\mathbb{C}$ に関する微分方程式

---

[18] 関数 $b_\pm$ は，もちろん，適当な積分条件を満たす必要があるが，ここではそれをいちいち書き下さない．以下では，すべての式変形が数学的に意味をもつ十分条件はつねに満たされていると仮定する (それを定式化するのは容易)．

[19] $\int_{\mathbb{R}^3} |f(\boldsymbol{x})| d\boldsymbol{x} < \infty$ を満たす関数 f に対して，$\hat{f}(\boldsymbol{k}) := (2\pi)^{-3/2} \int_{\mathbb{R}^3} f(\boldsymbol{x}) e^{-i\boldsymbol{k}\cdot\boldsymbol{x}} d\boldsymbol{x}$, $\boldsymbol{k}\in\mathbb{R}^3$ によって定義される関数 $\hat{f}$ を f の 3 次元フーリエ変換という．この場合，もし，$\int_{\mathbb{R}^3} |\hat{f}(\boldsymbol{k})|^p d\boldsymbol{k} < \infty$, $p=1,2$ ならば，$f(\boldsymbol{x}) = (2\pi)^{-3/2} \int_{\mathbb{R}^3} \hat{f}(\boldsymbol{k}) e^{i\boldsymbol{k}\cdot\boldsymbol{x}} d\boldsymbol{k}$ が成立する．右辺を $\hat{f}$ の逆フーリエ変換という．フーリエ変換の一般論については，文献 [17] の 5 章を参照．

[20] $b_+ \neq b_-$ は関数 $(b_\pm:\mathbb{R}^3\to\mathbb{C})$ についての非等式である．

$$\frac{1}{c^2}\frac{d^2}{dt^2}Z(t) = -(\boldsymbol{k}^2+\mu^2)Z(t) \tag{8.10}$$

を満たす．

ところで，一般に，(8.10) を満たす関数 $Z(t)$ の実部と虚部をそれぞれ，$X(t)$, $Y(t)$ とすれば，これらも (8.10) を満たすので（∵ (8.10) の実部と虚部を比べればよい），$(X(t), Y(t)) \in \mathbb{R}^2$ は 2 次元調和振動子の，時刻 t での位置ベクトルを表すという解釈が可能である [21]．したがって，古典力学とのアナロジーを考えると

$$H(\boldsymbol{k}) := \frac{1}{c^2}\frac{\partial\widehat{\Phi}(t,\boldsymbol{k})^*}{\partial t}\frac{\partial\widehat{\Phi}(t,\boldsymbol{k})}{\partial t} + (\boldsymbol{k}^2+\mu^2)\widehat{\Phi}(t,\boldsymbol{k})^*\widehat{\Phi}(t,\boldsymbol{k})$$

は，波数ベクトル空間 $\mathbb{R}^3$ における，モード $\boldsymbol{k}$ の平面波成分の波動のエネルギー密度を表すと解釈されうる [22]．実際，直接の計算により，$H(\boldsymbol{k})$ は時刻 t に依存しない保存量であり

$$H(\boldsymbol{k}) = E(\boldsymbol{k})\left(a_+(\boldsymbol{k})^*a_+(\boldsymbol{k}) + a_-(-\boldsymbol{k})^*a_-(-\boldsymbol{k})\right)$$

と書けることがわかる．ただし

$$E(\boldsymbol{k}) := \hbar\omega(\boldsymbol{k}), \quad a_\pm(\boldsymbol{k}) := \frac{1}{c}\sqrt{\frac{2\omega(\boldsymbol{k})}{\hbar}}\,b_\pm(\boldsymbol{k})$$

とおいた．すでに言及したように，$E(\boldsymbol{k})$ は粒子的描像における 1 粒子のエネルギーを表すから，$a_\pm(\boldsymbol{k})$ の次元が $[\text{長さ}]^{3/2}$ となるように場 Φ の次元をとれば，$H(\boldsymbol{k})$ は波数ベクトル空間におけるエネルギー密度であると解釈されうる．この場合，その波数ベクトル空間全体にわたる積分

$$\begin{aligned} H &:= \int_{\mathbb{R}^3} H(\boldsymbol{k})d\boldsymbol{k} \\ &= \int_{\mathbb{R}^3} d\boldsymbol{k}E(\boldsymbol{k})\left(a_+(\boldsymbol{k})^*a_+(\boldsymbol{k}) + a_-(\boldsymbol{k})^*a_-(\boldsymbol{k})\right) \end{aligned} \tag{8.11}$$

は，物理的には，場 Φ の全エネルギーを表す．H を自由な複素クライン–ゴルド

---

[21] 2 次元調和振動子については，たとえば，文献 [25] の 4 章，4.3.6 項を参照．

[22] 調和振動子とのアナロジーで言えば，すぐ上の式の右辺第 1 項は振動子の運動エネルギー部分，右辺第 2 項はポテンシャルエネルギー部分に対応する．

ン場 Φ のハミルトニアンという．

フーリエ変換のユニタリティ (プランシェレルの定理)[23] を応用することにより，H は，もともとの場 Φ を用いるならば

$$H = \int_{\mathbb{R}^3} d\boldsymbol{x} \left\{ \frac{1}{c^2} \left| \frac{\partial \Phi(t, \boldsymbol{x})}{\partial t} \right|^2 + |\nabla \Phi(t, \boldsymbol{x})|^2 + \mu^2 |\Phi(t, \boldsymbol{x})|^2 \right\} \tag{8.12}$$

と表されることが示される[24]．

再び，粒子的描像にうつって，(8.11) の右辺を眺めると

$$N_+(\boldsymbol{k}) := a_+(\boldsymbol{k})^* a_+(\boldsymbol{k}), \quad N_-(\boldsymbol{k}) := a_-(\boldsymbol{k})^* a_-(\boldsymbol{k})$$

はそれぞれ，波数ベクトル空間における粒子数密度を表すという解釈が可能であることがわかる[25]．場 Φ が虚スカラー場の場合には，すでに述べたように，$a_+ \neq a_-$ であるから，$N_\pm$ は，それぞれ，異なる種類の素粒子に関する粒子数密度であると解釈される．つまり，虚スカラー場 Φ は，粒子的描像では，2 種類の素粒子を記述することになる．これらの素粒子を完全に同定するには，場の量子論まで立ち入らなければならない．だが，結論から言ってしまえば，これらは電荷をもち，スピンが 0 のボソンの粒子と反粒子を表すことが知られる[26]．こう

---

[23]「$\int_{\mathbb{R}^3} |f(\boldsymbol{x})|^2 d\boldsymbol{x} < \infty, \int_{\mathbb{R}^3} |g(\boldsymbol{x})|^2 d\boldsymbol{x} < \infty$ を満たす関数 f, g に対して，$\int_{\mathbb{R}^3} \hat{f}(\boldsymbol{k})^* \hat{g}(\boldsymbol{k}) d\boldsymbol{k} = \int_{\mathbb{R}^3} f(\boldsymbol{x})^* g(\boldsymbol{x}) d\boldsymbol{x}$ が成立する」という定理．詳しくは，たとえば，[17] の定理 5.2 と定理 5.3 を参照．

[24]古典場の理論のラグランジュ形式 (たとえば，文献 [19] の序章，0.2 節) を用いれば，この形はただちに導かれるが，ここでは，この形式に依拠しないで，発見法的に直接導いたわけである．

[25]一般に，波数ベクトル空間における粒子数密度を $N(\boldsymbol{k})$ とすれば，点 $\boldsymbol{k}$ のまわりの微小領域 $\delta\boldsymbol{k}$ における粒子数は $\approx N(\boldsymbol{k})\delta\boldsymbol{k}$ であるから，そのエネルギーは $\approx E(\boldsymbol{k})N(\boldsymbol{k})\delta\boldsymbol{k}$．したがって，波数ベクトル空間全体でのエネルギーは $\approx \sum_{\boldsymbol{k}} E(\boldsymbol{k})N(\boldsymbol{k})\delta\boldsymbol{k}$．そこで，微小分割の極限をとれば，この量は積分 $\int_{\mathbb{R}^3} E(\boldsymbol{k})N(\boldsymbol{k})d\boldsymbol{k}$ に収束する．$N = N_\pm$ の場合をたしあわせれば，H が得られる．

[26]素粒子は，ボソン (整数スピンの素粒子) とフェルミオン (半整数 $1/2, 3/2, \cdots$ のスピンをもつ素粒子) の族に分類される．電荷をもつ素粒子の反粒子というのは，質量，スピン，電荷の大きさは元の素粒子と同じであるが，電荷の符号が反対である素粒子のことをいう．古典場 Φ に対応する量子場の構成については，文献 [20] の 9 章，9.9 節を参照．

して，自由な虚クライン–ゴルドン場は電荷をもつ素粒子の粒子–反粒子対の古典的物質場を記述することがわかる．いまのコンテクストでは，前項の終わりに言及した二つの自由度は，粒子，反粒子の自由度である．

例 8.12 π^+ 中間子はスピンが 0 のボソンであり，その反粒子は π^- 中間子である．π^+ 中間子と π^- 中間子はそれぞれ，単一の素粒子 — いわば，$\pi^\pm$ 中間子の“融合体” — の分節形態と見ることが可能である．この場合，この融合体の古典的物質場は，他の場と相互作用をしないとき，自由なクライン–ゴルドン方程式にしたがう虚スカラー場によって表される．

8.6 おわりに

本章で論じた，虚数量の場の例からは，次の理念的構造が示唆される．すなわち，虚数量の場は，それが素朴な意味における物理的なものを分節するとすれば，一対で何らかの全的な物理的特性を有する対象を表現する形式をあたえるということである．もし，この構造が普遍的なものであるならば，今度は，逆に，そのような対象 — 既知のもの，あるいは新しく発見されるものも含む — に関わる理論を虚数量の場を用いて統一的に構築できる可能性がある．これは心に留め，適宜，試してみる価値のある視点である．

現代の物理理論で虚数が本質的に使われているのは量子力学である．無限自由度の量子力学である場の量子論においても，したがって，当然，虚数は本質的な役割を果たす．実際，量子力学の基本公理によれば，量子系の状態は複素ヒルベルト空間の零でないベクトルによって表される．場の量子論においては，量子場を特徴づける基本的な非可換代数には虚数単位 i が陽に現れる [27]．

---

[27] たとえば，スピン 0 の中性ボース場 (ボソンの量子場) — これは状態のヒルベルト空間に働く作用素値超関数で表される — を $\phi(t,\boldsymbol{x})$，その共役運動量を $\pi(t,\boldsymbol{x})$ とすれば，これらは**正準交換関係**

$$[\phi(t,\boldsymbol{x}),\pi(t,\boldsymbol{y})]=i\hbar\delta(\boldsymbol{x}-\boldsymbol{y}), \tag{8.13}$$

$$[\phi(t,\boldsymbol{x}),\phi(t,\boldsymbol{y})]=0, \quad [\pi(t,\boldsymbol{x}),\pi(t,\boldsymbol{y})]=0, \tag{8.14}$$

— $[A,B]:=AB-BA$ — にしたがう．ただし，$\delta(\boldsymbol{x}-\boldsymbol{y})$ は 3 次元のデルタ超関数．なお，ここに言及した側面のより詳しい内容については文献 [17] や [79] を参照．

古典物理学は存在と現象の表層的部分 — 感覚的・物質的に直接知覚される部分 — に関わる．他方，量子的現象は非感覚的，不可触，不可視のより深い層に源を有する．このことを考慮すると，存在と現象の範疇と本質的数体系の照応関係として次の構図が浮かび上がってくる．

存在次元	現象の範疇		本質的数体系
表層	古典的	⟷	実数
↑	↑		↑
⋮	量子的	⟷	虚数
⋮	↑		↑
⋮	“超量子的”	⟷	超複素数？
↓			非可換代数？
深 層	↑		↑
⋮	⋮		⋮

ここで，現象領域の範疇として，筆者が試みに名付けた “超量子的” なる領域は，量子的領域よりもさらに “深い” 領域を指す．また，超複素数というのは，複素数の一般化をあたえる普遍的な数的対象である [28]．もちろん，上の図式は，存在と現象に対して本質的に関わる数体系だけに注目した一面的なものであって，この側面における象徴的な意味しかもたない．実際には，ここに掲げた諸対象と諸領域はもっと “立体的” かつ複雑に — しかし調和と美のもとに — 連関しているはずである．最後に，超複素数や非可換代数を用いて実際に探究を進めている研究者たちがいることを付言して本章を閉じることにしよう [29]．

---

28) 複素数のすぐ次の一般化である 4 元数を含む．たとえば，文献 [110] を参照．

29) たとえば，文献 [1, 69, 74, 90]．

第9章

ヒルベルトの第6問題：物理学の諸公理の数学的扱い

物理学は，物理学者には難しすぎる．　　D. ヒルベルト [1)]

19世紀後半から20世紀前半にかけて活躍した，偉大な数学者の一人ヒルベルト(1862–1943，ドイツ)は，19世紀の最後の年1900年にパリで開催された国際数学者会議における講演で，新しい世紀の数学が取り組み，解決すべき重要な問題を23個挙げた．いわゆる「ヒルベルト23の問題」である．本章は，ヒルベルトが6番目の問題として提示した「物理学の諸公理の数学的扱い」に対して，20世紀においてどのような展開が見られたかを概観するものである．

9.1　第6問題の意味

ヒルベルトの第6問題の基本的理念はヒルベルト自身の次の言葉に要約される[95, p. 14]：

> 幾何学の基礎に関する研究は次の問題を示唆する．すなわち，数学が重要な部分をなす，物理学の諸分野を幾何学と同一の方法によって公理論的に取り扱うことである．そのような科学の第一のランクに属するものとして確率論と力学がある．

ここで言及されている確率論は，当時の数理物理学の重要な分野の一つであった**気体分子運動論**(これは事実上，無限粒子系の力学)との関連におけるそれであ

1) [159]，p. 240から引用．

る．このような意味での確率論の公理論的研究の重要性を説くことにより，ヒルベルトは，20 世紀の後半に著しい展開をみせた**力学系の理論**，**エルゴード理論**，**統計力学**の数学的基礎となる理念を示唆したことになる．

物理学の理論は，通常，数学的厳密性にはあまりこだわらないで，現象の観測事実にもとづく直感的・発見法的推論によってつくられていく．これは，物理学の方法としてはごく自然なことである．このような場合，当然のことながら，単に厳密さだけでなく，理論の整合性や論理的一貫性あるいは統一性は，多かれ少なかれ，欠落することになる．だが，数学者のように，宇宙の根底に横たわる真理を，有機的な統一性や調和性にも注意を払いつつ，最も厳密な方法で探求するものにとっては，そうした“理論”は不十分で不完全なものとみなされなければならない．ヒルベルトの問題提起は，より広い意味では，いま特徴づけたような傾向性をもつ物理学の諸理論を，可能な限りの厳密さと統一性をもって数学的に研究するための新しい方法—新しい数理物理学の方法—の提唱とみることができよう．この小論では，このような観点から，20 世紀の物理学に対する第 6 問題の展開を考察することにする [2)]．

9.2 確率論

確率論は，さいころやカードなどの賭博に関連した問題に起源をもち，17 世紀にパスカル (1623–1662, フランス)，フェルマ (1601–1665, フランス) らによって始められた．この初期の確率論は，いわゆる組み合わせ確率論であり，場合の数を数えることによって確率や期待値を計算するものであった．これらの萌芽的な確率論は，その後，ヤーコプ・ベルヌーイ (1654–1705，スイス)(大数の法則の定式化)，ド・モアブル (1667–1754, フランス)(2 項分布の極限としての正規分布の発見)，ラプラスらによって発展させられ，その成果はラプラスの大著『確率の解析理論』(1813) にまとめられた．確率論の発展は，1827 年に発見され

[2)] ヒルベルトが，彼自身の公理論的アプローチを用いて研究した主題として，ボルツマン方程式，輻射の統計的理論，一般相対性理論，量子力学の基礎がある (最後の二つについては，あとで簡単にふれる)．その概要については，ワイトマン (1922–2013, アメリカ) による優れた解説 [187, pp. 150–159] を見よ．

たブラウン**運動**に関わる研究—アインシュタイン (1905), スモルーコフスキー (1906), ランジュヴァン (ランジュヴァン方程式, 1908), N. ウィーナー, P. レヴィなど—によっても促された. この方向からの刺激は, 1930 年代以降の確率論の重要な主題の一つとなった**確率過程**の理論の創造をもたらした.

現代の確率論の基礎となる公理系をあたえたのはコルモゴロフ (1903–1987, ソ連) である (1933). 彼は, 全空間の測度が 1 であるような測度空間として確率空間の概念を導入し, 一般論を展開した [118]. このコルモゴロフの仕事によって, 確率論は, 数理物理学や数学の諸分野と重なる部分を保持しつつ, 数学の独立した一大分野を形成するようになった. 20 世紀の後半における確率論は, 統計力学や**場の量子論**の数学的研究から新たなインパクトを受けた. この部分は, 無限次元空間上の解析学, すなわち, **無限次元解析**の重要な一分野として新しい発展をみせている (マリアヴァン解析, 飛田のホワイトノイズ解析, ディリクレ形式の理論など) [3].

9.3 古典力学

ニュートンに始まる古典力学は, オイラー, ラグランジュ, ハミルトンらによって発展させられた**解析力学**という形式の完成をもって, 最も普遍的な形で公理論的に定式化されたとみることができよう. 解析力学にはラグランジュ形式とハミルトン形式がある. 後者は, 数学的には. **シンプレクティック多様体**上の幾何学であり, **微分形式**の理論と深く関わる [4].

この力学の範疇に入らないのが, 蒸気機関の建設と並行して発展した**熱力学**である. 熱力学の理論体系は一応公理論的にできてはいたが, ヒルベルト流の数学的に厳密な公理論的観点からは, 批判の余地があった. 20 世紀前半に活躍したギリシア人数学者カラテオドリ (1873–1950, ギリシア) は, W. トムソン (1824–1907,

[3] 20 世紀の中ごろまでの確率論の発展史のもっと詳しい事柄については, たとえば, [73] の第 XII 章 確率論とそこに引用されている文献を参照されたい.

[4] 詳しい内容については, この分野における最も卓越した研究者の一人によって書かれた大著 [6] を参照. 解析力学と関連する, 19 世紀の数理物理学 (および数学) の歴史を概観するには, ドイツの偉大な数学者 F. クライン (1849–1925, ドイツ) の優れた書物 [116] が参考になる.

イギリス) やクラウジウス (1822–1888, ドイツ) らの先駆的な研究を受けて，熱力学の新しい公理系を提出し，今日，彼の名で知られる原理を確立した [67]．ちなみに，カラテオドリはヒルベルトとも親交をもち，ヒルベルトの変分法のアイデアを発展させた数学者の一人である [5)]．熱力学も微分形式を用いて記述される．わかりやすい解説が [147] の第 5 章にみられる [6)]．

9.4 相対性理論

ヒルベルトがパリ講演をおこなった 1900 年以降の物理学の二大支柱を形成するのは，アインシュタイン (1879–1955, ドイツ) の**相対性理論** (1905, 1915) と**量子力学** (1925–26) である．

相対性理論には，特殊と一般があり，後者は前者の拡張になっている．相対性理論では，ニュートン力学における時間の絶対性は放棄され，時間も空間との関連において相対的な意味しかもたなくなる．つまり，時間と空間とを合わせた 4 次元時空そのものが本質的な意味をもってくるのである．この 4 次元時空は，特殊相対性理論では，4 次元ミンコフスキー空間 M^4 で記述される．この空間は，不定計量の内積

$$\langle x, y\rangle = x^0y^0 - \sum_{j=1}^{3} x^jy^j, \quad x=(x^0,x^1,x^2,x^3),\ y=(y^0,y^1,y^2,y^3)\in\mathbb{R}^4$$

から定まる計量的構造を備えた 4 次元ベクトル空間 $\mathbb{R}^4$ である．この場合，物理的には，x^0 は時間変数を，x^1, x^2, x^3 は空間変数を表す．ミンコフスキー空間の不定計量内積を不変にする線形写像は**ローレンツ変換**と呼ばれる [7)]．特殊相対性理論は，(i) 光 (電磁波) の速さはすべての慣性系において一定である (**光速度**

[5)] カラテオドリは，20 世紀前半の解析学の発展に対して重要な貢献をした数学者の一人である．変分法の理論への寄与のほかに，たとえば，関数論におけるリーマンの写像定理の精密化 (カラテオドリの定理) や測度論の現代的公理化の仕事がある．長期間にわたり，ドイツの世界的に第一級の数学専門誌 *Mathematische Annalen* (数学年報) の編集者を務めた．ミュンヘン大学教授 (1924-38)．

[6)] [147] は，力学と微分幾何学への入門書としても優れている．

[7)] 詳しく述べれば，M^4 上の線形写像 Λ が $\langle \Lambda x, \Lambda y\rangle = \langle x, y\rangle$, $x, y \in M^4$ を満たすならば，Λ をローレンツ変換を呼ぶ．

不変の原理)；(ii) 物理法則は，ローレンツ変換に対して共変的である (**特殊相対性原理**)，という二つの基本原理に基づいて構築される．公理論的な観点から見るならば，特殊相対性理論は，ローレンツ変換の全体がつくる群 — **ローレンツ群** — と 4 次元の並進群に対して不変なミンコフスキー空間上の幾何学としてとらえることができる．

一般相対性理論は，慣性系だけでなく，もっと一般の運動系の力学的法則を定式化する形で，特殊相対性理論を拡張したものであり，数学的には，**ローレンツ多様体** — ミンコフスキー空間と局所的に同相になるような多様体 — の上の幾何学とみることができる [8)]．

ヒルベルトは，一般相対性理論に対して公理論的なアプローチをおこない，アインシュタインとほぼ同時期 (1915 年 11 月) に，アインシュタインとは独立に，変分原理による単純な計算によって，重力場の方程式を導いている．さらに，重力と電磁場を統一する理論をつくろうとした．ヒルベルトのこの斬新な試みは，成功しなかったが，現代物理学の最も重要な根本問題の一つである**力の統一理論**の構築の試みの先駆けをなすものとして歴史的な意義をもつ [9)]．

9.5 量子力学

われわれが感覚的に知覚する巨視的な物質の基本的な構成要素である原子あるいは素粒子といったミクロの世界の対象に対しては，ニュートン力学とマクスウェルの電磁気学を基本原理とする古典物理学は破綻する．そうしたミクロの世界の対象は**波動–粒子の二重性**を有し，古典物理学ではとらえられない在り方をしているのである．この困難を克服する中から，量子力学は生まれてきた．量子力学の “正しさ”は，近年発達した，ミクロの領域における優れた実験技術によって，ますます堅固に実証されてきている [10)]．

[8)] 相対性理論の物理的内容については，たとえば，[164] を参照．数学科の学生向けの入門書として，[126] がある．

[9)] 物理現象を支配する根源的な力 (fundamental forces)，すなわち，**重力**，**電磁気力**，**強い力**，**弱い力**という 4 種類の力の統一的な記述をめざすのが**現代の**力の統一理論の目標である．たとえば，少し古いが，[143] を参照．

[10)] たとえば，[144] を参照．

量子力学は，歴史的には，ボルン–ハイゼンベルク–ヨルダンによる**行列力学** (1925, 26) とシュレーディンガーによる**波動力学** (1926) という異なる二つの理論形式をとって登場した．数学的にあえて対比させれば，前者は代数的な形式であり，後者は，今日，シュレーディンガーの名で呼ばれる偏微分方程式に基づく解析的な理論であった．だが，やがて，この違いは，表面的なものにすぎないこと，すなわち，両理論は “同等” であることがディラック (1902–1984, イギリス)，ヨルダン (1902–1980, ドイツ) による**変換理論**によって示されることになる (1926)．だが，この変換理論は形式的なものであって，数学的に厳密な公理論的観点からは満足のゆくものではなかった．ヒルベルトは，ノルトハイム (1899–1985, ドイツ)，フォン・ノイマン (1903–1957, ハンガリー) と協力して，量子力学の数学的基礎を検討した．彼の試みは部分的にしか成功しなかったが，その精神は，フォン・ノイマンによって受け継がれることになった．ハンガリーのブダペスト出身のこの若き天才は，**抽象ヒルベルト空間**を導入し，その上で働く**線形作用素** (線形演算子) の理論，特に，非有界な**自己共役作用素**のスペクトル理論を展開しつつ，量子力学の数学的基礎づけを行っていった (1927–1931)．その成果は，記念碑的な書物『量子力学の数学的基礎』(1932) として結実する [141]．フォン・ノイマンによる，量子力学の数学的に厳密な定式化とこれに関連する彼の数学的業績は，現代数理物理学史上に燦然と輝く一つの大きなエポックを画するものある．

フォン・ノイマンの公理系によれば，任意の量子系に対して，一つのヒルベルト空間 $\mathscr{H}$ が対応し，系の状態は，$\mathscr{H}$ の単位ベクトルによって記述され，物理量は，$\mathscr{H}$ 上の自己共役作用素によって表される (ただし，絶対値が 1 の定数倍だけ異なる状態は同一視される)．量子系では，系の同じ状態で同一の物理量を観測するとき，その観測値は，古典力学系のように一意的に定まるとは限らず，一般には確率的に分布する．フォン・ノイマンの公理系では，この確率分布は，物理量を表す自己共役作用素のスペクトル測度を用いて記述される．自己共役作用素の**スペクトル定理**は，量子力学の公理論的定式化にとって本質的な役割を演じるのである[11].

古典力学系の物理量に対応する，量子系の物理量を定義する処方として，**正準量子化**と呼ばれるものがある．この処方によれば，自由度 n の力学系の一般化座標 $q_1, \cdots, q_n$ と一般化運動量 $p_1, \cdots, p_n$ に対応する量子系の座標作用素 $\hat{q}_1, \cdots, \hat{q}_n$ と運動量作用素 $\hat{p}_1, \cdots, \hat{p}_n$ は，**正準交換関係** (canonical commutation relation(s), CCR と略す) と呼ばれる次の代数関係式を満たすべきことが要請される：

$$[\hat{q}_j, \hat{p}_k] = i\hbar\delta_{jk} \tag{9.1}$$

$$[\hat{p}_j, \hat{p}_k] = 0, \quad [\hat{q}_j, \hat{q}_k], \quad j, k = 1, \cdots, n. \tag{9.2}$$

ここで，$[A, B] := AB - BA$ (交換子)，$\hbar = h/2\pi$ (h はプランクの定数)，δ_{jk} はクロネッカーのデルタである．上に述べた，量子力学の基本的公理の要請により，$\hat{q}_j, \hat{p}_j$ は，状態のヒルベルト空間上の自己共役作用素として実現されなければならない．このように，CCR を満たす代数的な対象をヒルベルト空間上の自己共役作用素として実現することを **CCR の表現**という[12]．CCR の表現は，同

---

[11] 線形代数学でよく知られているように，有限次元のエルミート行列 H は，その互いに異なる固有値 $\lambda_j, j = 1, \cdots, s$ と固有値 λ_j に属する固有空間への射影作用素 P_j を用いて，$H = \sum_{j=1}^{s} \lambda_j P_j$ と表される．これが，有限次元の場合のスペクトル定理である．この場合のスペクトル測度は，$P(B) = \sum_{\lambda_j \in B} P_j$ (B は $\mathbb{R}$ のボレル集合) によってあたえられる．これを無限次元の場合へと拡張したのが，自己共役作用素に対するスペクトル定理であり，この定理は，ヒルベルト空間論における最も深い定理の一つである．ヒルベルト空間論と量子力学の数学的理論については，拙著 [17] を参照されたい．

[12] これは，厳密に言えば，CCR の自己共役表現と呼ばれるものである．$\hat{q}_j, \hat{p}_j$ を対称作用素として実現する場合も CCR の表現と呼ばれる．CCR は，古典力学系との関連では，次に述べる意味でのある種の対応原理として理解されうる．古典力学系の変数 $q_1, \cdots, q_n, p_1, \cdots, p_n$ について，**ポアソン括弧**と呼ばれる演算形式

$$[F, G]_{\mathrm{PB}} = \sum_{j=1}^{n} \left(\frac{\partial F}{\partial q_j} \frac{\partial G}{\partial p_j} - \frac{\partial G}{\partial q_j} \frac{\partial F}{\partial p_j} \right)$$

(F, G は $q_j, p_j, j = 1, \cdots, n$ の微分可能な関数 — 物理的には古典系の物理量を表す) が定義される．容易にわかるように，$[q_j, p_k]_{\mathrm{PB}} = \delta_{jk}, [q_j, q_k]_{\mathrm{PB}} = 0 = [p_j, p_k]_{\mathrm{PB}}, j, k = 1, \cdots, n$ が成立する．これらの関係式から，$[\,\cdot\,,\,\cdot\,]_{\mathrm{PB}} \to [\,\cdot\,,\,\cdot\,]/i\hbar$，$q_j \to \hat{q}_j$，$p_j \to \hat{p}_j, j = 1, \cdots, n$ という形式的な置き換えによって得られる関係式が上の CCR (9.1), (9.2) である．CCR の表現の厳密な定義と理論については，たとえば，[154] を参照．

値なものとそうでないものとに分類される．二つのCCRの表現が同値であるというのは，大ざっぱに言うと，それらが互いにユニタリ変換でうつりあう場合をいう．同値な表現は物理的に同一の結果をあたえる．他方，同値でない表現は，異なる物理を記述する．フォン・ノイマンは，量子力学の内的・理念的本質はCCRにあることを見抜き，CCRの表現として種々の量子力学系を把握する観点に到達した．この観点からは，CCRのどの表現も物理的に"平等"の権利をもち，CCRを表現するヒルベルト空間の違いは，量子系に対する部分的・一面的な物理的描像の違いとして解釈される[13)]．こうして，量子力学に対する普遍的・統一的な見方が得られる．量子力学に対するハイゼンベルク流の形式とシュレーディンガーのそれとの違いは，要するにCCRを表現するヒルベルト空間の相違にすぎず，それらは互いに同値な表現を用いた理論であることが示される．量子力学に関するフォン・ノイマンの仕事の偉大な点の一つは，抽象ヒルベルト空間の理論を展開することにより，量子力学を"座標から自由な"普遍的な形で定式化したことにある[14)]．

フォン・ノイマンは量子力学の数学的基礎を公理論的な形で確立したが，CCRの具体的な表現において，種々の物理量を表す作用素 — たとえば，系の全エネルギーを表す**ハミルトニアン** — が実際に (本質的に) 自己共役か否かを証明する問題には，彼自身は立ち入ることをしなかった．この問題が数理物理学の重要な問題として研究されるようになるのは，ずっと後になってからであり，それは加藤敏夫 (1917–1999) の先駆的な仕事 [111, 112] に始まる ([113] も参照)．この仕事は数理物理学の研究の歴史において，一つの重要な転回点をつくるものであった[15)]．

量子力学の公理論的定式化は，上述したフォン・ノイマンのそれ以外にも試み

---

13) この意味で，フォン・ノイマンの公理論的定式化は，素粒子のような微視的対象に対しては物理的描像が一義的に定まらない，したがって，どの描像も部分的な妥当性しかもち得ないという経験事実をもうまく説明する．

14) これは，現代の幾何学が，多様体の概念に基づいて，座標から自由な形式で展開されることにたとえることができる．

15) 加藤敏夫教授は，この分野での世界的な大家であり，量子力学の関数解析的研究 (特に，摂動論に対する数学的に厳密な研究) から生み出された大著 [114] は名著の誉れが高い．量子物理学に現れる作用素の自己共役性の問題は， [156] に詳しく論じられている．

られてきた．フォン・ノイマン自身，ヨルダン，ウィグナー (1902–1995, ハンガリー) と一緒に，量子力学の形式を代数的な形で一般化しようとした [108]．ヨルダン [107] は，有界な自己共役作用素によって表される物理量の集合の代数的構造を研究し，今日，**ヨルダン代数**の名で呼ばれる代数の概念に到達した．彼はこの代数 (あるいはそのある種の変形) を用いて量子力学を再構成しようとした．この試みはあまり成功しなかったようであるが，代数学の一分野を形成した意義は大きい [64]．

ヨルダンと同様に，物理量の代数を考えることにより，I. E. シーガル (1918–1998, アメリカ) は，ヨルダン代数とは別の理論を発展させた [167]．彼の方法は，今日，**$\mathbf{C}^*$ 代数**による量子力学や場の量子論へのアプローチの基礎となった [53]．

量子力学の基礎に関する他の試みについて興味のある読者には，本 [155] の Chapter VIII, §VIII.11 への Notes (pp. 309–312) が参考になるであろう [16)]．

9.6 場の量子論

有限自由度の CCR に基づく量子力学においては，生成消滅しうる素粒子の現象を説明することはできない．そのような現象の理論的解明のために，1930 年前後にかけて，ハイゼンベルク– パウリによって**場の量子論**が構想された．これは，有限自由度の量子力学の一般化であり，代数構造的には，無限自由度の CCR — (9.1), (9.2) において $n = \infty$ の場合 — に基礎をおくものである．また，理念的には，特殊相対性理論と量子力学の統合をめざすものであった．

素粒子どうしの相互作用を考慮しない場合の場の量子論の形式，すなわち，**自由場の量子論**は特殊相対性理論と量子力学的諸概念の見事な融合をあたえる．ところが，ひとたび，素粒子どうしの相互作用を考慮にいれて，物理量を計算すると意味のある有限の値が得られず無限大になってしまう，という奇妙な事態に遭遇する．この「発散の困難」は，1940 年代に朝永振一郎 (1906–1979)，シュヴィンガー (1918–1994，アメリカ)，ファインマンらによる**くりこみ理論**によって，一応回避され，**物理理論としての**場の量子論は復活する．だが，これで発散の困難にまつわる問題が数学的に解決されたわけではなかった．

---

16) ここに基本的な文献があげられている．

場の量子論に関わる数学的諸問題を整理し，進むべき方向を探るために，1950年代から，公理論的方法による場の量子論の研究が開始された．特殊相対性理論と量子論の基本的原理から要請される諸特性を場の量子論の公理系として設定し，それから導かれる数学的・物理的帰結が数学的に厳密な方法で研究された．こうした場の量子論の公理論的アプローチは一定の成果をうみ，その方法の有効性が示された．しかし，当初は，場の量子論の公理系を満たすモデルは，自由場の量子論しか知られておらず，素粒子の相互作用を記述し，かつ場の量子論の公理系を満たすモデル— 非自明なモデル —が存在するかどうかは重要な問題の一つであった．1960年代半ば頃から始まる**構成的場の量子論**の展開の中で，時空2, 3次元の場合における非自明なモデルの存在が構成的に証明された．だが，現実の4次元時空におけるモデルを構成するにあたって，構成的場の量子論はある壁にぶつかってしまった．すなわち，4次元時空においては，2次元，3次元時空の場合のモデル構成の際に使われた方法は通用せず，尋常な方法では，非自明なモデルは構成され得ないことが示唆されたのである．4次元時空において非自明なモデルの存在を示す問題はなおも未解決である．特殊相対性理論と量子力学を統合する，という所期の理念はまだ実現していない．だが，場の量子論の公理論的および構成的研究が数学と数理物理の進展に豊かな刺激と稔りをもたらした事実は特記されねばならない[17]．注目すべき研究の方向の一つとして，**非可換幾何学**に基づいて4次元の場の量子論を構成する試みがなされている [89].

9.7 数理物理学の新展開

1980年頃から，数理物理学は，代数幾何学やトポロジーをも含む数学のさまざまな分野を巻き込む形で，大きな広がりをもって豊かな展開をみせている．**量子群，非可換微分幾何学，位相的場の理論** (topological field theory) といった新しい領域も創られ，活発に研究されている．この意味で，再び，数学と物理学が生き生きとした一つの全体として発展しつつある．こうした動向については，文献 [78, 80] などを参照されたい．

---

[17] 場の量子論の数理のさらに詳しい内容については， [79, 53, 19, 20] を参照.

第 III 部

量子力学の数理的側面

第10章
量子力学と関数解析

10.1　序

物質の微視的構成要素である原子や素粒子は，古典力学的な意味での粒子ではなく，観測手段に応じて姿を変えて現れる存在であり，総称的に量子的粒子と呼ばれる．量子的粒子の波動–粒子の二重性は，量子的粒子のいわば不定的本性の現れの一つにすぎない．古典力学では記述できない量子的粒子の本性が本質的に効いてくるような現象 = 量子現象をいくつかの基本原理から導く理論体系の一つが量子力学である．今日では，量子力学の体系は物理学的にも数学的にもかなり整備されており，万人に開かれたものとなっている．だが，量子力学誕生当初 (1925 年～1926 年) の状況はまるで違っていた．それがどのようなものであったかを認識しておくことは，物理学史的・自然哲学史的な意味においてだけでなく，本章の主題との関連においても重要であるので，まず，量子力学の歴史的発展 [5, 175, 81] を簡単に振り返ることからはじめたい．

量子力学の部分的形態が歴史上最初に登場した仕方は，それ以前に構築された物理学の範疇 (ニュートン力学，熱力学，電磁気学など) の場合と違って，ある意味で特異である．すなわち，量子力学は，歴史的には，外見上異なる二つの数学的形式をとって現れたのである．一つは，無限行列を用いる代数的形式であり，ハイゼンベルクおよびボルン–ハイゼンベルク–ヨルダンによって提示された (それぞれ，1925 年 7 月，11 月)．この量子論は，基本素材が無限行列であるために，「行列力学」と呼ばれた．その中心にあるのは，**ハイゼンベルクの交換関係**

$$Q_{\mathrm{H}}P_{\mathrm{H}} - P_{\mathrm{H}}Q_{\mathrm{H}} = i\hbar$$

を満たす無限行列 $Q_{\mathrm{H}}, P_{\mathrm{H}}$ である (i は虚数単位，$\hbar$ はプランクの定数 h を 2π で割ったもの)．もう一つは，偏微分方程式を用いる解析的形式であり，シュレーディンガーによって展開された (1926 年 1 月)．この形式における基礎方程式は，3 次元空間 $\mathbb{R}^3 = \{\boldsymbol{x} = (x_1, x_2, x_3) | x_j \in \mathbb{R}, j = 1, 2, 3\}$ 上の関数 $\psi(\boldsymbol{x})$ を未知関数とする (定常的) **シュレーディンガー方程式**

$$-\frac{\hbar^2}{2m}\sum_{j=1}^{3}\frac{\partial^2\psi(\boldsymbol{x})}{\partial x_j^2} + V(\boldsymbol{x})\psi(\boldsymbol{x}) = E\psi(\boldsymbol{x}) \tag{10.1}$$

である．ここで，$m > 0$ は定数，V は系に作用するポテンシャル，E は系が取り得るエネルギーを表す．シュレーディンガーの理論は，常識的な物質概念を捨て，物質を波動として捉え直すド・ブロイの思想の流れを汲むものであり，「波動力学」と呼ばれた．この文脈では，ψ は物質波を表す [1)]．見ての通り，これら二つの理論形式は，外見上はまったく異なる．だが，物理的には同一の結果を導くのである．この一致は，当初，大きな謎であった．この謎の解明は，シュレーディンガーによる「等価性」の議論を経て，ディラックとヨルダンによる「変換理論」— 「行列力学」から「波動力学」および「波動力学」から「行列力学」への移行の仕方を記述する形式的な理論 — に至って，物理学的には一応の決着をみる．だが，「変換理論」は形式的・発見法的であり，数学的に見れば問題点が多く，二つの理論の「同等性」を保証するには十分ではなかった．こうした状況の中で，量子力学の数学的に厳密な基礎づけの研究にいち早く乗り出したのが，20 世紀最大の数学者の一人，フォン・ノイマンである．それは 1926 年から 1927 年にかけてのことであった [2)]．

量子力学の基礎づけに関する最初の論文 [139] では，「行列力学」と「波動力

---

1) 物質波の理論は，概念範疇としては，量子論ではなく，古典場の理論の一種とみなされるべきものであり，この文脈では，方程式 (10.1) は**ド・ブロイ場の方程式**と呼ばれる [181]．シュレーディンガーの形式における量子論の 1 体問題においては，方程式の形が物質波の理論と同じ形をしているため，歴史的には，概念的混乱を招いた (残念ながら，現在でもこの混乱を引きずっている教科書が見られる)． 方程式 (10.1) を N 体問題へと拡張した場合 ($N \geqq 2$), 未知関数 ψ は $(\mathbb{R}^3)^N$ 上の関数になるので，もはや，それを $\mathbb{R}^3$ 上の物理的波動として解釈することはできない．これらの点を実に明解に論じている名著として文献 [181] をあげておく．

2) フォン・ノイマンは, 1926 年, ドイツのゲッティンゲン大学で, ハイゼンベルク (1901–1976, ドイツ) から直接，できたばかりの量子力学の講義を聴いている [127].

学」を統一する数学的形式の基礎が提示され，この形式を用いて，量子力学の統計的命題に対して，数学的に厳密かつ一般的な形があたえられた[3)]．フォン・ノイマンは「行列力学」と「波動力学」それぞれの根底に存在する「空間」の構造を吟味し，これらがある普遍的空間概念へと統一されることを示す．この普遍的空間とは**抽象ヒルベルト空間** (付録 C の C.1 節を参照) にほかならない．こうして，フォン・ノイマンの手により，歴史上初めて，関数解析学における最も重要な空間の一つである抽象ヒルベルト空間の理念が人類へともたらされる．

以下，簡単のため，係数体が複素数体 $\mathbb{C}$ である抽象ヒルベルト空間，すなわち，複素ヒルベルト空間を単にヒルベルト空間ということにする．ヒルベルト空間においても，他の空間と同様，この空間の元に作用する写像たちが存在する．ヒルベルト空間論において第一義的に探究される写像のクラスは線形作用素 (付録 C の C.2 節を参照) である．

フォン・ノイマンは，論文 [139] を出発点として，1931 年までのわずか 5 年間の間に，5 篇の論文によって，ヒルベルト空間論の根幹を一人で構築し，論文 [140] において，「行列力学」と「波動力学」の同等性をその一例として含む，非常に一般的な同等性定理 — **フォン・ノイマンの一意性定理** — を証明した．これらの研究成果の一部は，フォン・ノイマンの記念碑的著作『量子力学の数学的基礎』 [141] にまとめられた．これによって，量子力学の数学的基礎づけに関する最初の偉大な礎石が据えられたのである[4)]．

ちなみに，上述の「変換理論」において，ディラックのデルタ関数 $\delta(x)$ — 1 次元の場合，$x \neq 0$ $(x \in \mathbb{R})$ ならば $\delta(x) = 0$ かつ $\int_{-\infty}^{\infty} \delta(x)dx = 1$ を満たす「関数」 — が登場し，フォン・ノイマンはそのような関数は存在しないと一蹴したが，これは，後に，シュワルツ (1915–2002，フランス) の超関数論 [165, 166] に

[3)] 量子現象の生起は確率的であり，したがって，量子現象についての命題は，統計的・確率的命題の形をとる．たとえば，「原子系が或る状態にあるとき，原子を構成する各電子の位置が指定された領域に見いだされる確率は〜である」という形の命題．

[4)] 関数解析学の歴史の上では，同じ年に出版された，ストーン (1903–89，アメリカ) の名著 [173] も抽象ヒルベルト空間論の普及に大きな貢献をしたと推測される．関数解析学の根幹の一つをなすバナッハ空間論の創始者による線形作用素論の本 [57] も同年に出版されているのは理念の歴史的発現の在り方の観点から興味深い．

より，(関数としては存在しないが) 超関数としては存在することが示される．これも量子力学と関数解析学の密接な関係を示す一例として興味深い．

10.2 量子力学の本質 — 正準交換の表現

フォン・ノイマンは，量子力学の基本的構造を，特定の表示には依らない，抽象的・普遍的な形で公理論的に定式化した．それによれば，次の二つの公理が基本的である：

公理 1 各量子系 S に対して，ヒルベルト空間 $\mathscr{H}_{\mathrm{S}}$ が付随し，系の状態は $\mathscr{H}_{\mathrm{S}}$ の零でないベクトル — 状態ベクトルという — によって表される．ただし，ベクトル $\Psi \in \mathscr{H}_{\mathrm{S}}$ と $\Phi \in \mathscr{H}_{\mathrm{S}}$ によって表される状態が同一であるのは，ある定数 $\gamma \neq 0$ があって $\Psi = \gamma\Phi$ となるとき，かつこのときに限る (**状態の相等原理**).

公理 2 量子系 S の物理量は，$\mathscr{H}_{\mathrm{S}}$ の自己共役作用素 (付録 C の C.6 節を参照) によって表される．

自己共役作用素に対しては，線形代数学におけるエルミート行列に関するスペクトル分解定理 (対角化可能定理) の一般化である**スペクトル定理**が成立する (付録 C の定理 C.23 を参照)．この性質を利用することにより，物理量の作用素値関数や観測に関する確率的命題を厳密に定式化することができる．これが公理 2 の含意の一部である．

公理 1 にいう状態のヒルベルト空間はいかなる原理から定まるのであろうか．この問いに対して，フォン・ノイマンの観点からは次の回答がなされる．すなわち，状態のヒルベルト空間は，**正準交換関係** (canonical commutation relations；CCR と略す) と呼ばれる代数関係式の表現空間である，というものである [5)]．フォン・ノイマンは，量子力学の本質を探求する中で，まさにこの原理に逢着したのである．「行列力学」にしても「波動力学」にしても — 表現のヒルベルト空

[5)] CCR の表現の定義は次節で述べる．なお，スピンのような内部自由度だけを有する量子系の状態空間は，別の代数関係式の表現空間として実現されるが，本章では，この側面についての叙述は割愛する．

間は異なるが—CCR の表現に基づいているという点では共通性を有する．相異なるヒルベルト空間は無数に存在するから，この原理を敷衍すれば，一つの量子系に対して無数の表現が存在し得ることになる．この場合，表現空間の違いは，対象となる量子系に対する物理的描像の枠組み (観測の枠組み) の違いとして解釈される．そして，これは，量子的粒子が観測に応じてさまざまに姿を変えて現れるという現象的多重性と見事に照応するのである．

量子力学の本質を CCR の表現という形で捉えた場合，まず問題になるのは，無数に存在する CCR の表現を物理的に同値なものとそうでないものとに分類することである．先取りして言えば，「行列力学」と「波動力学」が同一の物理的結果をあたえるのは，「行列力学」を実現する CCR の表現と「波動力学」を実現する CCR の表現が実は同値だからなのである．「行列力学」における CCR の表現空間は，エネルギー量子を測るという観測の枠組みに対応し，「波動力学」のそれは，量子的粒子の位置を測るという観測の枠組みに対応する．

10.3 CCR の表現

10.3.1 定義と注意

d を自然数とする．ヒルベルト空間 $\mathscr{H}$ と $\mathscr{H}$ の稠密な部分空間 $\mathscr{D}$ および $\mathscr{H}$ 上の閉対称作用素 Q_j, P_j $(j=1,\cdots,d)$ からなる三つ組み $(\mathscr{H}, \mathscr{D}, \{Q_j, P_j | j=1,\cdots,d\})$ は，次の (i), (ii) を満たすとき，**自由度 d の CCR の表現**と呼ばれる：

(i) $\mathscr{D} \subset D(Q_j) \cap D(P_j)$ $(j=1,\cdots,d)$ かつ $Q_j\mathscr{D} \subset \mathscr{D}, P_j\mathscr{D} \subset \mathscr{D}$．ただし，線形作用素 T に対して，$D(T)$ は T の定義域を表し (付録 C の C.2 節を参照)，$D(T)$ の部分集合 $\mathscr{F}$ に対して，$T\mathscr{F} := \{T\Psi | \Psi \in \mathscr{F}\}$ である．

(ii) $\mathscr{D}$ 上で**自由度 d の CCR**

$$[Q_j, P_k] = i\hbar\delta_{jk}, \quad [Q_j, Q_k] = 0, \quad [P_j, P_k] = 0 \quad (j, k = 1, \cdots, d)$$

を満たす[6]．ここで，$[X, Y] := XY - YX$ (交換子)，δ_{jk} はクロネッカーデルタである：$j=k$ ならば $\delta_{jk}=1$, $j \neq k$ ならば $\delta_{jk}=0$．

---

6) $\mathscr{H}$ 上の線形作用素 A, B で $\mathscr{D} \subset D(A) \cap D(B)$ を満たすものについて，すべての $\Psi \in \mathscr{D}$ に対して $A\Psi = B\Psi$ が成り立つとき，「$\mathscr{D}$ 上で $A = B$ が成立する」という．

この場合，$\mathscr{H}$ を **CCR の表現空間**という．

すべての $j=1,\cdots,d$ に対して，Q_j, P_j が自己共役であるとき，$(\mathscr{H}, \mathscr{D}, \{Q_j, P_j | j=1,\cdots,d\})$ を自由度 d の CCR の**自己共役表現**という．

CCR の表現 $(\mathscr{H}, \mathscr{D}, \{Q_j, P_j | j = 1, \cdots, d\})$ において，作用素の集合 $\{Q_j, P_j | j = 1, \cdots, n\}$ が既約であるとき (作用素の集合の既約性については，付録 C の C.7 節を参照)，CCR の表現 $(\mathscr{H}, \mathscr{D}, \{Q_j, P_j | j=1,\cdots,d\})$ は**既約**であるという．

CCR の表現において注目すべき点の一つは，表現のヒルベルト空間 $\mathscr{H}$ は必然的に無限次元であり，各 j ごとに Q_j と P_j のうち少なくとも一つは非有界作用素であるという事実である [7]．これは Q_j と P_j の非可換性 $[Q_j, P_j]=i\hbar\neq 0$ ($\mathscr{D}$ 上) から導かれる．

量子力学系の諸々の例を調べると，公理 2 にいう物理量は CCR の自己共役表現から構成されていることがわかる．すなわち，自己共役作用素 Q_j, P_j — これらが基本的な物理量を表す — をいわば「素材」として，古典力学のハミルトン形式における物理量に対応する量子力学的物理量がつくられるのである．古典力学のハミルトン形式では，一般の物理量は一般化座標 $q=(q_1,\cdots,q_d)\in\mathbb{R}^d$ と一般化運動量 $p=(p_1,\cdots,p_d)\in\mathbb{R}^d$ の実数値関数 $f(q,p)$ で表されるので，これに対応する量子力学的物理量の候補は，形式的・発見法的には，「$f(Q,P)$」($Q=(Q_1,\cdots,Q_d)$, $P=(P_1,\cdots,P_d)$) である．だが，すでに注意したように，Q_j と P_j は可換でないので，任意の f に対して，「$f(Q,P)$」を数学的にどのように意味づけるかが問題になる．しかし，ここでは，この問題にはこれ以上立ち入らないことにする [8]．

CCR の表現の例として，「行列力学」と「波動力学」がどのような CCR の表現を用いているかを見よう．

10.3.2 「行列力学」を実現する CCR の表現

簡単のため，自由度が 1 の場合，すなわち，$d=1$ の場合を考える．非負整数全体を $\mathbb{Z}_+ := \{0,1,2,\cdots\}$ で表し，$\mathbb{Z}_+$ 上の複素数列で絶対 2 乗総和可能なものの

---

[7] 証明については，たとえば，文献 [17] の命題 6.7 を参照．

[8] 量子力学の公理論的定式化の詳細については，文献 [17] の 6 章，[25] の 10 章や [47] の 3 章を参照．

全体から形成される複素ヒルベルト空間を $\ell^2(\mathbb{Z}_+)$ とする (付録 C の例 C.4 を参照). 各 n に対して, $e_n \in \ell^2(\mathbb{Z}_+)$ を $(e_n)_k := \delta_{nk}$, $k \geqq 0$ によって定義すれば, 任意の $z \in \ell^2(\mathbb{Z}_+)$ は $z = \sum_{n=0}^{\infty} z_n e_n$ と展開される. したがって, $\{e_n\}_{n=0}^{\infty}$ は $\ell^2(\mathbb{Z}_+)$ の完全正規直交系である. 線形代数学で学ぶように, N 次元エルミート空間 $\mathbb{C}^N$ の線形作用素は $\mathbb{C}^N$ に関して N 次の行列表示をもつ. 同様に, $\ell^2(\mathbb{Z}_+)$ 上の線形作用素は, 基底 $\{e_n\}_{n=0}^{\infty}$ に関して無限行列表示をもつ. だが, 現代的な観点からすれば, 無限行列表示を使用するのは, 見通しが悪く, まったく筋がよくない. 「行列力学」はこの無限行列表示を用いるものであり, その技術的煩雑さのために, シュレーディンガーの理論と比較して困難な点があったのである.

$\ell^2(\mathbb{Z}_+)$ 上の線形作用素 A を次のように定義する：

$$D(A) := \left\{ z \in \ell^2(\mathbb{Z}_+) \middle| \sum_{n=1}^{\infty} |\sqrt{n}\, z_n|^2 < \infty \right\}, \tag{10.2}$$

$$(Az)_n := \sqrt{n+1}\, z_{n+1}, \quad z \in D(A), \quad n \geqq 0. \tag{10.3}$$

このとき, A は稠密に定義された閉作用素であり, その共役作用素 A^* は次のようにあたえられる：

$$D(A^*) = \left\{ z \in \ell^2(\mathbb{Z}_+) \middle| \sum_{n=1}^{\infty} |\sqrt{n} z_{n-1}|^2 < \infty \right\},$$

$$(A^* z)_0 = 0,$$

$$(A^* z)_n = \sqrt{n}\, z_{n-1}, \quad z \in D(A), \quad n \geqq 1.$$

番号が十分大きい項はすべて 0 であるような複素数列の集合

$$\ell_0(\mathbb{Z}_+) := \{ z = \{z_n\}_{n=0}^{\infty} | \text{ある番号 } n_0 \text{ があって } n \geqq n_0 \text{ ならば } z_n = 0 \}$$

は $\ell^2(\mathbb{Z}_+)$ の稠密な部分空間である. 容易にわかるように, $\ell_0(\mathbb{Z}_+) \subset D(A) \cap D(A^*)$ であり, $A\ell_0(\mathbb{Z}_+) \subset \ell_0(\mathbb{Z}_+)$, $A^*\ell_0(\mathbb{Z}_+)$ が成り立つ. さらに, $\ell_0(\mathbb{Z}_+)$ 上で交換関係

$$[A, A^*] = 1 \tag{10.4}$$

が成立する．作用素 A, A^* から，対称作用素

$$q_0 := \sqrt{\frac{\hbar}{2m\omega}}(A+A^*), \quad p_0 := i\sqrt{\frac{\hbar m\omega}{2}}(A^*-A) \tag{10.5}$$

が定義される．ただし，$m>0, \omega>0$ は定数である．このとき，(10.4) によって，$\ell_0(\mathbb{Z}_+)$ 上で

$$[q_0, p_0] = i\hbar \tag{10.6}$$

が成り立つことがわかる．よく知られているように，一般に，対称作用素の閉包は閉対称作用素である (付録 C, 命題 C.18)．q_0, p_0 の閉包をそれぞれ，$q_{\mathrm{H}}, p_{\mathrm{H}}$ で表そう．このとき，$q_{\mathrm{H}}, p_{\mathrm{H}}$ は自己共役であることが証明される (文献 [17] の 7 章，練習問題 8 を参照)．こうして，$(\ell^2(\mathbb{Z}_+), \ell_0(\mathbb{Z}_+), \{q_{\mathrm{H}}, p_{\mathrm{H}}\})$ は自由度 1 の CCR の自己共役表現であることがわかる．この表現を**ボルン–ハイゼンベルク–ヨルダン (BHJ) 表現**と呼ぶ．数学的に厳密な観点からは，この表現こそ「行列力学」の真の姿なのである．BHJ 表現は既約であることも証明される．

量子力学的物理量の例として，古典力学の調和振動子のハミルトニアン (全エネルギー)

$$H_{\mathrm{cl}}(q,p) := \frac{p^2}{2m} + \frac{m\omega^2}{2}q^2$$

($m>0$ は振動子の質量，ω は角振動数) に対応する物理量 — 1 次元量子調和振動子のハミルトニアン — を取り上げよう．これは，BHJ 表現では

$$H_{\mathrm{BHJ}} := H_{\mathrm{cl}}(q_{\mathrm{H}}, p_{\mathrm{H}}) = \frac{1}{2m}p_{\mathrm{H}}^2 + \frac{m\omega^2}{2}q_{\mathrm{H}}^2$$

によってあたえられる．これを A と A^* を用いて表すと

$$H_{\mathrm{BHJ}} = \hbar\omega\left(A^*A + \frac{1}{2}\right)$$

となることが証明される．他方，直接計算により

$$H_{\mathrm{BHJ}}e_n = E_n e_n, \quad E_n := \hbar\omega\left(n+\frac{1}{2}\right), \quad n \geqq 0$$

がわかる．したがって，H_{BHJ} は固有値 E_n をもち，e_n はこれに属する固有ベクトルの一つであることがわかる．集合 $\{e_n\}_{n=0}^{\infty}$ は完全正規直交系であるので，

H_{BHJ} のスペクトルは $\{E_n|n\in\mathbb{Z}_+\}$ であることが結論される (文献 [17] の定理 7.3 を参照). こうして, 量子調和振動子に関しては, BHJ 表現を使うと, ハミルトニアンの固有値問題を比較的容易に解くことができる.

直接計算により, 任意の $n\in\mathbb{N}$ に対して

$$Ae_n=\sqrt{n}e_{n-1},\quad A^*e_n=\sqrt{n+1}e_{n+1}$$

が示される. したがって, A はエネルギー E_n の状態をエネルギー E_{n-1} の状態にうつし, A^* はエネルギー E_n の状態をエネルギー E_{n+1} の状態にうつす. この性質との関連において, 作用素 A, A^* はそれぞれ, **消滅作用素**, **生成作用素**と呼ばれる.

10.3.3 「波動力学」を実現する CCR の表現

実数体 $\mathbb{R}$ 上のボレル可測関数 $\psi:\mathbb{R}\to\mathbb{C}\cup\{\pm\infty\};\mathbb{R}\ni x\mapsto\psi(x)$ でルベーグ測度に関して 2 乗可積分なもの, すなわち, $\int_{\mathbb{R}}|\psi(x)|^2dx<\infty$ を満たすものの全体を $L^2(\mathbb{R})$ で表す. ただし, 二つの元 $\psi,\phi\in L^2(\mathbb{R})$ の相等 $\psi=\phi$ を「$\psi(x)=\phi(x)$ a.e. $x\in\mathbb{R}$」によって定義する (「a.e. x」は「ルベーグ測度に関してほとんどいたるところ (almost everywhere) の x」という意味). この意味での相等の概念のおかげで, $L^2(\mathbb{R})$ において, 内積 $\langle\psi,\phi\rangle$ が $\langle\psi,\phi\rangle:=\int_{\mathbb{R}}\psi(x)^*\phi(x)dx$ によって定義され, $L^2(\mathbb{R})$ はこの内積に関して無限次元複素ヒルベルト空間になる (文献 [17] の例 1.16 を参照). $L^2(\mathbb{R})$ において変数 x をかける線形作用素を $\hat{q}$ で表す :

$$D(\hat{q}):=\left\{\psi\in L^2(\mathbb{R})\,\middle|\,\int_{\mathbb{R}}|x\psi(x)|^2dx<\infty\right\},$$

$$(\hat{q}\psi)(x):=x\psi(x),\quad \text{a.e. } x\in\mathbb{R},\ \psi\in D(\hat{q}).$$

$\hat{q}$ は**位置作用素**と呼ばれ, 自己共役であることが証明される. $\mathbb{R}$ 上の C^∞ 級関数で台が有界なものの全体を $C_0^\infty(\mathbb{R})$ とすれば, $C_0^\infty(\mathbb{R})\subset D(\hat{q})$ であり, $\hat{q}C_0^\infty(\mathbb{R})\subset C_0^\infty(\mathbb{R})$ が成り立つ. 位置作用素と対をなすのが

$$\hat{p}:=-i\hbar D_x$$

によって定義される**運動量作用素**である．ただし，D_x は ($L^2(\mathbb{R})$ で作用する) x に関する一般化された微分作用素を表す [9]．作用素 $\hat{p}$ は自己共役であることが示される (文献 [17] の例 4.7 を参照)．位置作用素 $\hat{q}$ と同様に，$C_0^\infty(\mathbb{R}) \subset D(\hat{p})$ かつ $\hat{p}C_0^\infty(\mathbb{R}) \subset C_0^\infty(\mathbb{R})$ が成り立つ．さらに，$C_0^\infty(\mathbb{R})$ 上で

$$[\hat{q}, \hat{p}] = i\hbar$$

が成立することも簡単な直接計算によりわかる．以上から，$(L^2(\mathbb{R}), C_0^\infty(\mathbb{R}), \{\hat{q}, \hat{p}\})$ は自由度 1 の CCR の自己共役表現であることがわかる．フォン・ノイマンによるヒルベルト空間形式の量子力学の観点からは，1 次元空間 $\mathbb{R}$ 上の「波動力学」は，この CCR の表現から構成される理論なのである．CCR の表現 $(L^2(\mathbb{R}), C_0^\infty(\mathbb{R}), \{\hat{q}, \hat{p}\})$ を自由度 1 の **CCR のシュレーディンガー表現**と呼ぶ．物理の文献では，q 表示または座標表示と呼ばれることが多い．シュレーディンガー表現は既約であることも証明される．

前項で考察した 1 次元量子調和振動子のハミルトニアンは，シュレーディンガー表現では

$$H_{\mathrm{S}} := H_{\mathrm{cl}}(\hat{q}, \hat{p}) = \frac{1}{2m}\hat{p}^2 + \frac{m\omega^2}{2}\hat{q}^2 = -\frac{\hbar^2}{2m}D_x^2 + \frac{m\omega^2}{2}\hat{q}^2$$

という形をとる．これは**シュレーディンガー作用素**と呼ばれる偏微分作用素の基本的な例の一つである．したがって，H_{S} の固有値問題 $H_{\mathrm{S}}\psi = E\psi$ ($\psi \in D(H_{\mathrm{S}})$, E は定数) を解くことは，シュレーディンガー方程式

$$\left(-\frac{\hbar^2}{2m}D_x^2 + \frac{m\omega^2}{2}x^2\right)\psi(x) = E\psi(x)$$

を $D(H_{\mathrm{S}})$ の中で解く問題と等価になる．こうして，CCR のシュレーディンガー

[9] $\mathbb{R}$ 上の微分可能な関数 f の導関数を f' とすれば

$$D(D_x) := \{\psi \in L^2(\mathbb{R}) | \text{ 関数列 } f_n \in C_0^\infty(\mathbb{R}) \text{ があって } L^2 \text{ 収束の意味で } \lim_{n\to\infty} f_n = \psi \text{ かつ } u_\psi := \lim_{n\to\infty} f'_n \text{ が存在 } \}, D_x\psi := u_\psi, \quad \psi \in D(D_x).$$

表現から，自然な仕方でシュレーディンガー方程式へと至ることができる[10]．

H_{S} の固有値問題は，BHJ 表現でのハミルトニアン H_{BHJ} のそれとまったく同じ結果をあたえることが示される．この背後には，実は，次の事実が存在する：$L^2(\mathbb{R})$ から $\ell^2(\mathbb{Z}_+)$ へのユニタリ変換 W で

$$W\hat{q}W^{-1}=q_{\mathrm{H}},\quad W\hat{p}W^{-1}=p_{\mathrm{H}} \tag{10.7}$$

を満たすものが存在する．これから，特に

$$WH_{\mathrm{S}}W^{-1}=H_{\mathrm{BHJ}}$$

が成立する．ユニタリ変換は線形作用素のスペクトル特性を変えないので (付録 C の命題 C.14)，H_{S} と H_{BHJ} のスペクトル特性はまったく同じになるのである．関係式 (10.7) の存在こそ，「行列力学」と「波動力学」が物理的には同一の結果をあたえることに対する真の理由なのである．

一般に，ヒルベルト空間 $\mathscr{H}$ 上の線形作用素 T に対するユニタリ変換 $T_U := UTU^{-1}$(U は $\mathscr{H}$ からヒルベルト空間 $\mathscr{K}$ へのユニタリ変換) の作用素論的特性は T の作用素論的特性とまったく同じである (付録 C の命題 C.14)．ゆえに，関係式 (10.7) はシュレーディンガー表現と BHJ 表現の同値性として把握される．そこで，これを一般の CCR の表現に拡張することにより，CCR の表現間の同値性の概念が得られる．

10.3.4 CCR の表現の同値性と非同値性

二つの CCR の表現 $(\mathscr{H},\mathscr{D},\{Q_j,P_j|j=1,\cdots,d\})$，$(\mathscr{H}',\mathscr{D}',\{Q_j',P_j'|j=1,\cdots,d\})$ に対して，ユニタリ変換 $U:\mathscr{H}\to\mathscr{H}'$ が存在し

$$UQ_jU^{-1}=Q_j',\quad UP_jU^{-1}=P_j',\quad j=1,\cdots,d$$

が成り立つとき，これら二つの表現は**同値**であるという．

---

[10] ポテンシャルが $m\omega^2x^2/2$ とは限らない一般の関数 $V(x)$ の場合もシュレーディンガー方程式へと至る構造はまったく同様である．ただし，この場合，作用素 $V(\hat{q})$ がきちんと意味のある作用素として定義でき，それが実は関数 V による掛け算作用素になることを示す必要がある．この点の詳細については，文献 [17] の定理 6.6 を参照．

例 10.1 CCR の表現 $(\mathscr{H}, \mathscr{D}, \{Q_j, P_j | j=1,\cdots,d\})$ があたえられたとき，任意のヒルベルト空間 $\mathscr{K}$ と任意のユニタリ変換 $X : \mathscr{H} \to \mathscr{K}$ に対して，$Q_j^X := XQ_jX^{-1}$，$P_j^X = XP_jX^{-1}$ とおけば，$(\mathscr{K}, X\mathscr{D}, \{Q_j^X, P_j^X | j=1,\cdots,d\})$ は $(\mathscr{H}, \mathscr{D}, \{Q_j, P_j | j=1,\cdots,d\})$ と同値な表現である．したがって，任意の CCR の表現に対して，これと同値な CCR の表現は無数に存在する．

例 10.2 $L^2(\mathbb{R})$ から $L^2(\mathbb{R})$ へのフーリエ変換を $\mathscr{F}$ (付録 C の例 C.13 の $\mathscr{F}_1$ と同じ変換) とすれば，$\mathscr{F}$ はユニタリ変換である (文献 [17] の 5 章を参照)．したがって，$\hat{q}' := \mathscr{F}\hat{q}\mathscr{F}^{-1}$, $\hat{p}' := \mathscr{F}\hat{p}\mathscr{F}^{-1}$ とすれば $(L^2(\mathbb{R}), \mathscr{F}C_0^\infty(\mathbb{R}), \{\hat{q}', \hat{p}'\})$ はシュレーディンガー表現と同値な CCR の表現である．この場合，$\hat{q}' = iD_k$ (D_k は変数 k に関する一般化された微分作用素)，$\hat{p}' = \hbar k$ (関数 $\hbar k$ による掛け算作用素) となることが示される．物理的には，$\hbar k$ は波数が k の平面波に対応する自由な量子的粒子の運動量を表すので，CCR の表現 $(L^2(\mathbb{R}), \mathscr{F}C_0^\infty(\mathbb{R}), \{\hat{q}', \hat{p}'\})$ は，物理の文献では運動量表示または p 表示と呼ばれることが多い．多くの物理の教科書で採用されているシュレーディンガー流の量子力学における計算を座標表示で行っても運動量表示で行ってもよい真の根拠は，いま言及した CCR の表現の同値性にあるのである．では，何が違うのかと言えば，すでに注意しておいたように，系に対して行う観測の枠組み (物理的描像の枠組み) が違うのである．運動量表示をあたえる CCR の表現は，運動量を観測するという枠組みに対応する．

図 10.1 有限自由度の CCR の表現の無限階層性 (象徴図)

各自然数 d に対して，自由度 d の CCR の表現の集合 CCR(d) が定まり，この集合の元は互いに同値なものと非同値なものに分類される [11)]．同値な表現の集まりは，一つの同値類を形成する．物理的には，各同値類が一つの量子系の記述の本質的枠組みをあたえると考えられる．この観点から象徴的に述べるならば，量子系とは CCR の表現の同値類のことにほかならない．一つの同値類に対応する量子系は，この同値類に属する CCR の表現に応じて異なる外見をもつが，どの表現においても同一の物理的結果が得られる．他方，これまでの経験から言えば，CCR の (非自明な) 非同値表現は，特徴的な物理現象の現成と深く関わっていることが推測される．たとえば，磁場を生み出すベクトルポテンシャルの量子論的リアリティを示す**アハラノフ–ボーム効果**と呼ばれる特徴的な現象には，特異なベクトルポテンシャルから定まる CCR の表現でシュレーディンガー表現と非同値なものが付随していることが示される ([16, 22] や [30] の 3.6 節を参照)．

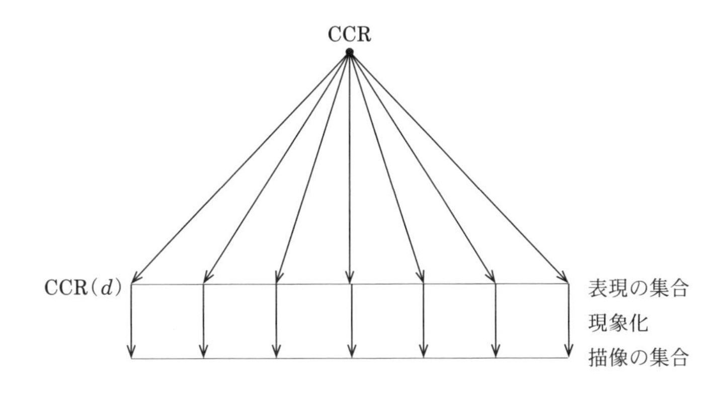

図 10.2　量子力学の基本的構図 (象徴図)

---

11) 自明な非同値性を除外するためには，「既約な CCR の表現」に限定する必要があるが，この点についての詳細は，紙幅の都合上，割愛する．なお，物理の教科書の中には，同一の自由度の CCR の表現はすべて同値であるという書き方をしているものが見られるが，これは誤りである．有限自由度の CCR の表現の同値類の一意性が一般的に成り立つのは，可分なヒルベルト空間における，ヴァイル型と呼ばれる CCR の表現に対してのみであり，本章の 10.1 節で言及したフォン・ノイマンの一意性定理はこの型の表現に関するものである．筆者は，むしろ，表現の一意性定理が限定的にしか成り立たないことに宇宙の深遠なる叡智の一端を観る．

10.4　量子数理物理学と関数解析学の発展

フォン・ノイマンは量子力学の数学的基礎づけを抽象ヒルベルト空間論を構築することにより成し遂げた．だが，具象的な量子系の数学的に厳密な研究は手つかずのままであった．公理 2 にしたがえば，量子系の物理量は，状態のヒルベルト空間で働く自己共役作用素でなければならない．では，具象的な量子系において，物理量と目される線形作用素は本当に自己共役になっているのであろうか？　これは，厳密な数学に基づいて，量子現象の数理と物理を探究する量子数理物理学 [179] にとって極めて重要な問題の一つであり，**自己共役性の問題**と呼ばれる．この問題の研究が開始されたのは，1940 年代からであり，後に関数解析学・線形作用素論の世界的大家になられた故加藤敏夫教授をもってその嚆矢(こうし)とする [111, 112, 113, 114]．量子数理物理学における他の重要な主題として，諸々の物理量 — 特にハミルトニアン — の**スペクトル解析**や量子的粒子の散乱現象を記述する**散乱理論**がある．これらの主題の研究も関数解析学の地平を大いに切り開いてきた [155, 156, 157, 158].

有限自由度の量子力学の無限自由度版として，量子場の理論 [19, 20, 45, 53, 59, 79, 136] がある．この範疇の理論には，関数解析学のみならず，ほとんどすべての数学が陰に陽に関わっている．1950 年代から始まる量子場の数学的理論は主に関数解析学的手法を中心に展開され，それは今日まで続いている．

以上のように，フォン・ノイマンの画期的な仕事以来，関数解析学と量子数理物理学の関係は不可分のものとなり，それとともに，量子現象の根底にある数学的構造に関して非常に深い認識がもたらされた．

10.5　補遺

自由度 d の CCR の表現に関わる一般的構造に関して若干の補足をしておきたい．以下，$(\mathscr{H}, \mathscr{D}, \{Q_j, P_j\}_{j=1}^d)$ を自由度 d の CCR の表現とする．

10.5.1　CCR の別の形式

10.3.2 項において，(10.2), (10.3) によって定義される作用素 A を用いると，1 次元量子調和振動子のハミルトニアンの固有値問題が簡単に解けることを見た．

そこで，自由素 d の CCR の任意の表現 $(\mathscr{H}, \mathscr{D}, \{Q_j, P_j\}_{j=1}^d)$ において A に相当する作用素を考えるのは自然である．そのために，(10.5) に注目し，この式から，A を q_0 と p_0 を用いて表すことを考える．通常の連立一次方程式を解く場合と同様にして

$$A = \frac{1}{\sqrt{2\hbar}}\left(\sqrt{m\omega}\, q_0 + \frac{i}{\sqrt{m\omega}} p_0\right) \quad (\ \ell_0(\mathbb{Z}_+)\ 上)$$

を得る．そこで，μ を任意の正の定数として

$$A_j := \frac{1}{\sqrt{2\hbar}}\left(\mu Q_j + \frac{i}{\mu} P_j\right), \quad j = 1, \cdots, d$$

を導入する．このとき，$\mathscr{D} \subset D(A_j) \cap D(A_j^*)$ であり，A_j の共役作用素 A_j^* は

$$A_j^* = \frac{1}{\sqrt{2\hbar}}\left(\mu Q_j - \frac{i}{\mu} P_j\right) \quad (\mathscr{D}\ 上)$$

という形をとる．したがって，$A_j\mathscr{D} \subset \mathscr{D}$, $A_j^*\mathscr{D} \subset \mathscr{D}$ であり，Q_j, P_j に対する CCR は，A_j, A_j^* に対する交換関係 ($\mathscr{D}$ 上での交換関係)

$$[A_j, A_k^*] = \delta_{jk}, \tag{10.8}$$

$$[A_j, A_k] = 0, \quad [A_j^*, A_k^*] = 0, \quad j, k = 1, \cdots, d \tag{10.9}$$

を導く．これらの交換関係もしばしば CCR と呼ばれる．BHJ 表現の場合と同様に，もし，$A_j\Omega = 0, j = 1, \cdots, d$ を満たす零でないベクトル $\Omega \in \mathscr{D}$ が存在するならば，定数 $\omega_j > 0\ (j = 1, \cdots, d)$ に対して定義される作用素

$$H := \sum_{j=1}^d \omega_j A_j^* A_j$$

の固有値問題を部分的に簡単に解くことができる．詳しくは [17] の 7.2 節 ($d = 1$ の場合) および [41] の注意 7.42 を参照されたい．

10.5.2 CCR の統一的形式

各 $\boldsymbol{z} = (z_1, \cdots, z_d) \in \mathbb{C}^d$ に対して，$\mathscr{H}$ 上の対称作用素

$$\varphi(\boldsymbol{z}) := \sum_{j=1}^d ((\mathrm{Re}\, z_j) Q_j + (\mathrm{Im}\, z_j) P_j)$$

が定義される．明らかに，$\mathscr{D} \subset D(\varphi(\boldsymbol{z}))$ であり，$\varphi(\boldsymbol{z})\mathscr{D} \subset \mathscr{D}$ が成り立つ．$(\boldsymbol{e}_1, \cdots, \boldsymbol{e}_d)$ を $\mathbb{C}^d$ の標準基底とすれば (すなわち，各 $j=1, \cdots, d$ に対して $(\boldsymbol{e}_j)_k = \delta_{jk}, k=1, \cdots, d$)

$$\varphi(\boldsymbol{e}_j) = Q_j, \quad \varphi(i\boldsymbol{e}_j) = P_j$$

であるので，Q_j, P_j は写像 $\varphi: \boldsymbol{z} \mapsto \varphi(z)$ ($\mathbb{C}^d$ 上の作用素値関数) の特殊値になっている．さらに，直接計算により，Q_j, P_j に対する ($\mathscr{D}$ 上での) CCR は，$\mathscr{D}$ 上での交換関係

$$[\varphi(\boldsymbol{z}), \varphi(\boldsymbol{w})] = i\hbar \, \mathrm{Im} \, \langle \boldsymbol{z}, \boldsymbol{w} \rangle_{\mathbb{C}^d}, \quad \boldsymbol{z}, \boldsymbol{w} \in \mathbb{C}^d \tag{10.10}$$

と同値であることがわかる．こうして，Q_j, P_j に対する CCR は単一の作用素値関数 φ の特徴的な交換関係 (10.10) に翻訳される．これは，CCR の表現に対する一つの統一的形式をあたえる．この形式は重要な含意をもつ．

(1) (10.10) の右辺に現れた実数 $\mathrm{Im} \, \langle \boldsymbol{z}, \boldsymbol{w} \rangle_{\mathbb{C}^d}$ は，次の写像 $s: \mathbb{C}^d \times \mathbb{C}^d \to \mathbb{R}$ を定める：

$$s(\boldsymbol{z}, \boldsymbol{w}) := \mathrm{Im} \, \langle \boldsymbol{z}, \boldsymbol{w} \rangle_{\mathbb{C}^d}, \quad \boldsymbol{z}, \boldsymbol{w} \in \mathbb{C}^d.$$

この写像は以下の性質をもつ：

(s.1) (実双線形性) $s(a\boldsymbol{z} + b\boldsymbol{z}', \boldsymbol{w}) = a\, s(\boldsymbol{z}, \boldsymbol{w}) + b\, s(\boldsymbol{z}', \boldsymbol{w})$, $s(\boldsymbol{w}, a\boldsymbol{z} + b\boldsymbol{z}') = a\, s(\boldsymbol{w}, \boldsymbol{z}) + b\, s(\boldsymbol{w}, \boldsymbol{z}')$, $a, b \in \mathbb{R}$, $\boldsymbol{z}, \boldsymbol{z}', \boldsymbol{w} \in \mathbb{C}^d$;

(s.2) (反対称性) $s(\boldsymbol{z}, \boldsymbol{w}) = -s(\boldsymbol{w}, \boldsymbol{z})$, $\boldsymbol{z}, \boldsymbol{w} \in \mathbb{C}^d$；

(s.3) (非退化性) 任意の $\boldsymbol{w} \in \mathbb{C}^d$ に対して，$s(\boldsymbol{z}, \boldsymbol{w}) = 0$ ならば $\boldsymbol{z} = \boldsymbol{0}$.

ところで，一般に，写像 $\sigma: \mathbb{C}^d \times \mathbb{C}^d \to \mathbb{R}$, $(\boldsymbol{z}, \boldsymbol{w}) \mapsto \sigma(\boldsymbol{z}, \boldsymbol{w}) \in \mathbb{R}$ が，s を σ で置き換えた (s.1)〜(s.3) を満たすとき，σ は $\mathbb{C}^d$ 上の**シンプレクティック形式**と呼ばれる (この場合，$\mathbb{C}^d$ の係数体を $\mathbb{R}$ に制限し，$\mathbb{C}^d$ を実ベクトル空間とみなしている)．つまり，s は実ベクトル空間としての $\mathbb{C}^d$ 上のシンプレクティック形式の一例なのである．この点に注目すると，CCR の概念を次の交換関係へと一般化できる：

$$[X(\boldsymbol{z}), X(\boldsymbol{w})] = i\hbar\, \sigma(\boldsymbol{z}, \boldsymbol{w}) I, \quad \boldsymbol{z}, \boldsymbol{w} \in \mathbb{C}^d. \tag{10.11}$$

ここで，$X(\boldsymbol{z})$ は代数の元 (I は単位元) であり，対応 : $\boldsymbol{z} \mapsto X(\boldsymbol{z})$ は実線形であるとする： $X(a\boldsymbol{z}+b\boldsymbol{w}) = aX(\boldsymbol{z}) + bX(\boldsymbol{w})$, $a, b \in \mathbb{R}, \boldsymbol{z}, \boldsymbol{w} \in \mathbb{C}^d$. 交換関係 (10.11) を**シンプレクティック形式 σ に付随する CCR** と呼び，CCR_σ と記す．そして，$X(\boldsymbol{z})$ をヒルベルト空間上の対称作用素として実現することを CCR_σ **の表現**と呼ぶ．このようにして，もともとの CCR の表現の概念を一般化できる (この型の表現の解析については，[43] を参照されたい).

(2) d 次元エルミート空間 $\mathbb{C}^d$ を一般のヒルベルト空間 $\mathscr{K}$ に置き換えることにより，作用素値関数 φ の概念は $\mathscr{K}$ 上の作用素値関数 Φ: $\mathscr{K} \ni u \mapsto \Phi(u)$ へと拡大される．ただし，$\Phi(u)$ はヒルベルト空間 $\mathscr{F}$ 上の対称作用素であり，$\mathscr{F}$ のある稠密な部分空間 $\mathscr{D}_0$ があって，$\mathscr{D}_0$ 上で

$$\Phi(au+bv) = a\Phi(u) + b\Phi(v), \quad a, b \in \mathbb{R},\, u, v \in \mathscr{K}$$

かつ交換関係

$$[\Phi(u), \Phi(v)] = i\hbar \,\mathrm{Im}\, \langle u, v \rangle_{\mathscr{K}}, \quad u, v \in \mathscr{K} \tag{10.12}$$

が成り立つとする．$\mathscr{K}$ が無限次元の場合の Φ は，実は，ボソンを記述する量子場 — ボース場 — の抽象形態をあたえる ([19, 20] を参照)．こうして，有限自由度の場合の CCR の統一的形式を無限自由度をも含む場合へと拡大することにより，ボース場の概念へと至るとともに，自由度に無関係な統一的形式が得られるのである．なお，(1) の場合と同様に，交換関係 (10.12) は，右辺の $\mathrm{Im}\, \langle u, v \rangle_{\mathscr{K}}$ を実ベクトル空間としての $\mathscr{K}$ 上のシンプレクティック形式 (上述のシンプレクティック形式の定義で $\mathbb{C}^d$ を $\mathscr{K}$ に変えて定義される，$\mathscr{K}$ 上の実双線形形式) に置き換えることにより，さらに一般化される．

第11章
量子力学の数学的構造

11.1 序

19世紀後半から20世紀のはじめにかけて，物理学的探究が，物質の微視的階層，すなわち，原子や分子の領域へと歩を進めたとき，そこでは，ニュートン力学とマクスウェルの電磁気学を支柱とする古典物理学 — “日常的”ないしその“近傍”のレヴェルにおける巨視的物理的現象を司る理法 — はもはや全面的・第一義的には働いていないこと，それどころか古典物理学的常識にとっては極めて不可思議あるいは奇妙に見える現象が存在しうることが知られるに至った．この新しい事態を象徴する言葉の一つが**量子**である．

量子の概念は，歴史的には，ドイツの理論物理学者マックス・プランク (1858–1947, ドイツ) によって導入された (1900年)．当時，熱輻射のエネルギー分布を説明することが物理学の重要な問題の一つであったが，古典物理学は，この問題に関して部分的な解答しかあたえることができなかった．プランクは，「微視的な系のエネルギーは連続的ではなく，飛び飛び (離散的) に値をとる」という仮説 — **量子仮説** — をたて，この着想のもとに，熱輻射のエネルギー分布を見事に記述する式を導出することに成功した[1]．古典物理学においては，エネルギーは連続量であることを想起するならば，量子仮説がいかに大胆な仮説 — それまでの物理学的常識と鋭く対立する仮説 — であるかが想像されよう．量子仮説によれば，熱輻射場 (電磁場) と熱平衡にある物質を振動子の集まりと見たとき，振動数 ν の振動子のエネルギーは，h をある定数として，$h\nu$ の整数倍 $(0, h\nu, 2h\nu, 3h\nu, \cdots)$

[1] この式は，今日，**プランクの輻射公式**と呼ばれる．

に限られる．ここに登場する物理定数 h は，今日，**プランクの定数**と呼ばれる．エネルギー $h\nu$ を担う存在をエネルギーの“かたまり”と解釈し，これを**エネルギー量子**と呼ぶ．この場合，量子なる概念は，離散的というイメージを伴っている．

プランクの量子仮説は，実は，光 (電磁波) の量子的性格 — 振動数が ν の光は $h\nu$ のエネルギー量子の集合体であるという性質 — を陰にはらんでいた．この意味での光の量子を**光量子** — これは粒子的性質をもつ — といい，光を光量子の集合体とみる観点を**光量子仮説**と呼ぶ．これはアインシュタインによって提唱され (1905 年)，光電効果 — 金属に短波長の光を当てると電子が飛び出してくる現象 — など古典物理学では解明できない現象をうまく説明した．ところで古典物理学では光は波動として記述された．こうして，光は波動的現象形態と粒子的現象形態をもちうる，という**波動–粒子の 2 重性**の描像が確立される．

プランクの量子仮説を補強する他の観測事実として，原子のエネルギー準位は連続的ではなく離散的であることが挙げられる[2)]．これも古典物理学では説明できない現象である．実際，古典物理学的描像では，原子はごく短時間 ($\sim 10^{-11}$ 秒) のうちに“つぶれてしまう”こと，したがって，物質は安定に存在しえないことが結論されるのである[3)]．

古典物理学的に波動である光が粒子的に現象することが可能であるならば，古典物理学的には物質粒子的である対象 (たとえば，電子) が波動的に現象することがあってもおかしくないのではないか．フランスの理論物理学者ルイ・ド・ブロイはこの着想を展開し，**物質波**の概念を導入した (1923 年)．これは後に実験的に確認される[4)]．こうして，光だけでなく物質も波動–粒子の 2 重性をもつことが示唆された．

微視的領域において破綻をきたした古典物理学にかわって，量子的現象の一定の範囲を矛盾なく記述する理論として登場したのが**量子力学**であった．

[2)] たとえば，水素原子 — 陽子 1 個の原子核と電子 1 個からなる — の主エネルギー準位は，$-e$ を電子の電荷，m を電子の質量，$\hbar = h/(2\pi)$ とすれば，$E_n = -\dfrac{me^4}{2\hbar^2}\dfrac{1}{n^2}$，$n = 1, 2, 3, \cdots$，という数列であたえられる ($4\pi\varepsilon_0 = 1$ となる単位系)．

[3)] たとえば，朝永振一郎『量子力学 I』(みすず書房) の p.84〜p.88 を参照．

[4)] デヴィソン，ガーマー (1927), トムソン (1927), 菊池正士 (1928).

量子力学は，歴史的には，二つの異なる形式をとって現れた．一つは，無限次数の行列を用いる，ハイゼンベルクによる代数的形式 (1925 年) であり — それゆえ，**行列力学**と呼ばれた —，もう一つは，偏微分方程式を用いる，シュレーディンガーによる解析的形式である．後者は上述のド・ブロイの物質波の理論の延長上にあるものであって，**波動力学**と呼ばれた．これら二つの形式は，外見上は異なるが，物理的には同一の結果を導く．この一致は，当初，謎であった．だが，まさに，この謎の中に量子力学の本質が隠されていたのである．このことを天才的洞察によって見抜いたのが 20 世紀最大の数学者の一人，フォン・ノイマンであった．フォン・ノイマンは抽象ヒルベルト空間の理論と線形作用素のスペクトル理論を展開し，座標から自由な絶対的・普遍的形式のもとに量子力学の数学的基礎の最初の礎石を据えた[5]．

量子力学の理念的・数学的本質を一言で語るとすれば，それは，《量子的粒子 (原子，原子核，素粒子等) の外的な自由度の源泉に関わる CCR 代数[6] と呼ばれる非可換代数 + (スピンのような) 内的自由度の源泉に関わる非可換代数》— 量子的代数 — のヒルベルト空間表現である，ということができよう．より正確に言えば，各量子系 (量子的粒子からなる系) S に対して，ヒルベルト空間 $\mathscr{H}_{\mathsf{S}}$ があって，$\mathscr{H}_{\mathsf{S}}$ 上の複数の線形作用素から生成される一つの代数 $\mathscr{A}_{\mathsf{S}}$ によって量子的代数が表現され，系 S の状態は $\mathscr{H}_{\mathsf{S}}$ の零でないベクトルによって，また，S の物理量は $\mathscr{A}_{\mathsf{S}}$ の元からつくられる自己共役作用素によって表されるということである．ただし，定数因子だけ異なる零でないベクトルは同じ状態を表す (量子的状態の相等原理)．これが量子力学の原理的な数学的構造である．もし，系が何らかの対称性 — 一つあるいはいくつかの “操作” によって不変な性質 — をもつならば，この原理的構造に加えて，対称性を記述する代数的構造の表現が加わることになる．物理系がもちうる通常の対称性 (並進対称性，回転対称性，伸張対称性，鏡映対称性，ローレンツ対称性，ゲージ対称性等) は群の概念を用いて記述される [11]．他方，量子系の対称性は，対称性を記述する群の，状態のヒル

[5] J. von Neumann, *Die mathematische Grundlagen der Quantenmechanik*, Springer, 1932 [邦訳：J. v. ノイマン『量子力学の数学的基礎』(井上 健ほか訳，みすず書房)] は記念碑的著作.

[6] CCR は canonical commutation relations (正準交換関係) の略称.

ベルト空間上でのユニタリ表現または反ユニタリ表現によって表される (ウィグナーの定理 [47]) [7].

本章の目的は，量子的代数の表現としての量子力学の初等的部分を叙述し，この観点が種々多様な量子的現象に対する厳密な原理的・有機的・統一的認識の基礎を提供しうること，また，この観点からの探究が新しい数学的構造や未知の量子的現象を見いだすための方法としても有用でありうることを — 筆者のささやかな研究の中からいくつかの話題を選んで — 示唆することである.

11.2 CCR 代数とその表現

序で言及した量子的代数の一つである CCR 代数というのは，d を自然数として，**自由度 d の正準交換関係** (CCR)

$$[X_j, Y_k] = i\hbar\delta_{jk}I, \quad [X_j, X_k] = 0, \quad [Y_j, Y_k] = 0 \quad (j, k = 1, \cdots, d) \qquad (11.1)$$

を満たす対象 $X_1, \cdots, X_d, Y_1, \cdots, Y_d, I$ (I は単位元) から生成される抽象的代数のことである．ここで，$[A, B] := AB - BA$ は A と B の交換子，i は虚数単位，$\hbar > 0$ はパラメーター [8]，δ_{jk} はクロネッカーのデルタである．この抽象的代数を $\mathscr{A}_{\mathrm{CCR}}(d)$ と表す [9].

CCR 代数 $\mathscr{A}_{\mathrm{CCR}}(d)$ をヒルベルト空間 $\mathscr{H}$ 上の閉対称作用素の組 $(Q_1, \cdots, Q_d,$

---

7) 以上の原理的構造は，単に有限自由度の量子力学のみならず，無限自由度の量子力学である**場の量子論**にもあてはまる [19, 20]．ただし，時空 4 次元の非自明な相対論的場の量子論に対する妥当性については，なおも定かではない．なぜなら，この理論の存在はまだ証明されていないからである (文献 [79] の 11 章や [103] を参照).

8) 物理的には，$\hbar = h/(2\pi)$ (h はプランクの定数).

9) **ハイゼンベルク代数**ともいう．CCR は**ハイゼンベルクの交換関係**または**ボルン–ハイゼンベルク–ヨルダン**の交換関係とも呼ばれる．X_j と Y_j は可換ではないことに注意 ($[X_j, Y_j] = i\hbar I \neq 0$)．この非可換性は，量子現象の現出にとって本質的な特性の一つである．CCR 代数は無限自由度の場合も考えられる．可算無限自由度の場合は，上の定義で $d = \infty$ (可算無限) とすればよい．一般の無限自由度の場合については，文献 [47] の 4.4 節を参照．本章では有限自由度の場合だけを考える．なお，(11.1) を一つのリー代数を定める関係式と見る観点も存在する．この場合，$[\cdot, \cdot]$ はリー括弧積であり，$(X_1, \cdots, X_d, Y_1, \cdots, Y_d, I)$ は当のリー代数の基底の一つであると考える．このリー代数は**ハイゼンベルク–リー代数**と呼ばれる.

$P_1, \cdots, P_d$) と恒等作用素 $I_{\mathscr{H}}$ から生成される代数によって実現すること — 対応は $X_j \to Q_j$; $Y_j \to P_j$; $I \to I_{\mathscr{H}}$ — を $\mathscr{A}_{\rm CCR}(d)$ の 表現 (representation) と呼び，$\mathscr{H}$ をその表現空間という．実は，これは 10.3 節で導入した，自由度 d の CCR の表現 $(\mathscr{H}, \mathscr{D}, \{Q_j, P_j | j=1, \cdots, d\})$ に他ならない．

例 11.1 ハイゼンベルクおよびボルン–ハイゼンベルク–ヨルダンによる量子力学 — "行列力学"(1925, 26) — は，絶対 2 乗総和可能な d 重複素数列全体のつくるヒルベルト空間上における，CCR の既約な自己共役表現の一つを用いたものである (文献 [47] の例 3.4；$d=1$ の場合については，本書の第 10 章の 10.3.2 項を参照).

例 11.2 d 次元ユークリッド空間 $\mathbb{R}^d := \{\boldsymbol{x} = (x_1, \cdots, x_d) | x_j \in \mathbb{R}, j=1, \cdots, d\}$ 上のルベーグ積分の意味で 2 乗可積分な複素数値関数全体からつくられるヒルベルト空間

$$L^2(\mathbb{R}^d) := \left\{ \psi : \mathbb{R}^d \to \mathbb{C} \cup \{\pm\infty\}, \text{ボレル可測} \;\middle|\; \int_{\mathbb{R}^d} |\psi(\boldsymbol{x})|^2 d\boldsymbol{x} < \infty \right\}$$

において，第 j 座標関数 x_j によるかけ算作用素を $Q_j^{\rm S} := x_j$ とし，$P_j^{\rm S} := -i\hbar D_{x_j}$ (D_{x_j} は x_j に関する一般化された偏微分作用素)，$C_0^\infty(\mathbb{R}^d)$ を $\mathbb{R}^d$ 上の無限回微分可能な関数で有界な台をもつものの全体とすれば，

$$\pi_{\rm S} := (L^2(\mathbb{R}^d), C_0^\infty(\mathbb{R}^d), \{Q_j^{\rm S}, P_j^{\rm S}\}_{j=1}^d)$$

は自由度 d の CCR の既約な自己共役表現である．この表現は**シュレーディンガー表現**と呼ばれる．シュレーディンガーが量子論として提出したいわゆる波動力学 (1926) は，この CCR の表現による量子力学にほかならない ($d=1$ の場合については，本書の第 10 章の 10.3.3 項を参照).

11.3 CCR の表現の基本的な性質

11.3.1 表現の非有界性

CCR の表現に関して次の事実は基本的である．

定理 11.3 CCR の任意の表現 $(\mathscr{H}, \mathscr{D}, \{Q_j, P_j\}_{j=1}^d)$ において，各 $j=1,\cdots,d$ に対して，Q_j, P_j の少なくとも一方は非有界である．

この定理は，CCR の表現を実現するヒルベルト空間は必ず無限次元であって，しかも CCR の表現は非有界な閉対称作用素と関わることを示す．

一般的に言って，非有界作用素の解析においては，定義域，閉性，作用素の拡大あるいは対称作用素と (本質的) 自己共役作用素の峻別等に絡む "繊細な" 問題が存在する．このため，解析にあたっては細心の注意と格別に数学的に厳密な思考が要求される．だが，まさに非有界作用素の領界のそうした緻密でありながら大いなる広がりと深い叡智を感じさせる存在様式こそ多様で豊かな量子的現象の源泉でありうるのである (以下の論述がこの事を少しでも明かしてくれることを願う)．この意味においても，量子力学を真に理解するためには，数学的に厳密なアプローチがどうしても必要である．このアプローチを通して初めて，量子力学を根本で支える数学的理念と現象との厳密な美しい照応がより高次の光のもとに明晰に認識され，宇宙・自然の根底へとより深く接近することが可能となる．

11.3.2 不確定性関係

ヒルベルト空間 $\mathscr{H}$ 上の線形作用素 A と単位ベクトル (ノルムが 1 のベクトル)$\Psi \in D(A)$ に対して

$$(\Delta A)_\Psi := \|(A - \langle \Psi, A\Psi \rangle)\Psi\|$$

とおく ($\langle\ ,\ \rangle$, $\|\ \|$ はそれぞれ，$\mathscr{H}$ の内積とノルムを表す)．量子力学の文脈では，$(\Delta A)_\Psi$ を**状態 Ψ における A の不確定性**と呼ぶ [10)]．

定理 11.4 $\mathscr{H}$ 上の対称作用素 A, B に対して，部分空間 $\mathscr{D} \subset D(AB) \cap D(BA)$ $(\mathscr{D} \neq \{0\})$ と作用素 C で $\mathscr{D} \subset D(C)$ を満たすものが存在して，交換関係 $[A,B]\Psi = iC\Psi, \Psi \in \mathscr{D}$ が成立するならば，任意の単位ベクトル $\Psi \in \mathscr{D}$ に対して

$$(\Delta A)_\Psi (\Delta B)_\Psi \geqq \frac{1}{2} |\langle \Psi, C\Psi \rangle| \tag{11.2}$$

が成り立つ．

---

10) 通常，不確定性の概念は，A が対称作用素の場合に定義されるが，ここでは，これを任意の線形作用素へと拡張した．

不等式 (11.2) を**一般化されたハイゼンベルクの不確定性関係**と呼ぶ [11]．これは，明らかに，$|\langle\Psi, C\Psi\rangle| > 0$ となる $\Psi \in \mathscr{D}$ が存在するときのみ実質的な意味をもつ．一方，この場合，仮定された交換関係により，$[A,B]\Psi \neq 0$．したがって，A と B は非可換である．この事実は，量子力学の文脈では，同一の状態における，複数の非可換な物理量の同時測定 (観測) に関して，それらの不確定さの積が 0 でない場合がありうるという意味で，或る原理的限界が存在しうることを示す．

定理 11.4 の応用として，CCR の任意の表現 $(\mathscr{H}, \mathscr{D}, \{Q_j, P_j\}_{j=1}^d)$ における各対 (Q_j, P_j) $(j = 1, \cdots, d)$ に対して，**ハイゼンベルクの不確定性関係**

$$(\Delta Q_j)_\Psi (\Delta P_j)_\Psi \geqq \frac{\hbar}{2}, \quad \Psi \in \mathscr{D} \ (\|\Psi\| = 1)$$

が導かれる ($A = Q_j$, $B = P_j$, $C = \hbar I_{\mathscr{H}}$ として応用)．すなわち，CCR の表現としての量子力学は自動的に不確定性関係を含む．

11.3.3　表現の同値性と非同値性

各自然数 d に対して，自由度 d の CCR の表現は無数に存在すること，そして，自由度 d の CCR の表現の全体からなる集合は自然な同値関係によって，同値類に分類することができることについては，10.3.4 項で言及した．ここでは，次の事柄をもう一度確認しておこう．すなわち，同じ同値類に属する表現どうしは，たとえ外見は異なっても，物理的に同一の結果をあたえ，異なる同値類 (自明でない非同値な表現) には本質的に異なる物理的状況が対応する．

例 11.5 量子力学は，歴史的には，ハイゼンベルクおよびボルン–ハイゼンベルク–ヨルダンによる "行列力学" (1925, 26) とシュレーディンガーの波動力学 (1926) という二つの外見の異なる形式をとって登場した．だが，これらの理論はそれぞれ，異なるヒルベルト空間における CCR の表現であるにすぎず，実は互いに同値である [12]．

---

[11] **ロバートソンの不確定性関係**と呼ぶ場合もある．

[12] 文献 [17] の 7 章練習問題 8 あるいは文献 [47] の定理 3.68 (p.389) を参照．以下の定理 11.7 の応用からも導かれる．

11.3.4 ヴァイル型表現とフォン・ノイマンの一意性定理

CCR の表現の同値類を決定する問題は，数学的にも量子力学的にも重要である．ここでは，基本的な結果だけを紹介する．

ヒルベルト空間 $\mathscr{H}$ 上の自己共役作用素の組 $(Q_1, \cdots, Q_d, P_1, \cdots, P_d)$ が**ヴァイルの関係式**

$$\text{(W.1)} \quad e^{itQ_j}e^{isP_k} = e^{-i\hbar ts\delta_{jk}}e^{isP_k}e^{itQ_j},$$

$$\text{(W.2)} \quad e^{itQ_j}e^{isQ_k} = e^{isQ_k}e^{itQ_j},$$

$$\text{(W.3)} \quad e^{itP_j}e^{isP_k} = e^{isP_k}e^{itP_j}, \quad s, t \in \mathbb{R}, \ j, k = 1, \cdots, d$$

を満たすとき，$(\mathscr{H}, (Q_1, \cdots, Q_d, P_1, \cdots, P_d))$ を**自由度 d の CCR のヴァイル表現**と呼ぶ.

ヴァイル表現 $(\mathscr{H}, (Q_1, \cdots, Q_d, P_1, \cdots, P_d))$ に対して，稠密な部分空間 $\mathscr{D}$ が存在して，$(\mathscr{H}, \mathscr{D}, \{Q_j, P_j\}_{j=1}^d)$ は CCR の自己共役表現であることが示される．この意味で，ヴァイル表現は CCR の自己共役表現である.

例 11.6 シュレーディンガー表現 π_S (例 11.2) および "行列力学"をあたえる CCR の表現はヴァイル表現である.

CCR のヴァイル表現に関しては次の一意性定理が成り立つ.

定理 11.7 (フォン・ノイマンの一意性定理) [140, 154] $\mathscr{H}$ を可分なヒルベルト空間 [13]，$(\mathscr{H}, (Q_1, \cdots, Q_d, P_1, \cdots, P_d))$ を自由度 d の CCR のヴァイル表現とする．このとき，$N \in \mathbb{N} \cup \{\infty\}$ と $\mathscr{H}$ から $\oplus_{n=1}^N L^2(\mathbb{R}^d)$ ($L^2(\mathbb{R}^d)$ の N 個の直和ヒルベルト空間 [14]) へのユニタリ変換 $U : \mathscr{H} \to \oplus_{n=1}^N L^2(\mathbb{R}^d)$ が存在して，作用

[13] 付録 C の C.1 節を参照.

[14] ヒルベルト空間 $\mathscr{H}_1, \cdots, \mathscr{H}_N (N \in \mathbb{N})$ に対して，これらの直和ベクトル空間 $\oplus_{n=1}^N \mathscr{H}_n := \{\Psi = (\Psi_1, \cdots, \Psi_N) | \Psi_j \in \mathscr{H}_j, j = 1, \cdots, N\}$ に内積 $\langle \Psi, \Phi \rangle := \sum_{j=1}^N \langle \Psi_j, \Phi_j \rangle$ を入れてできるヒルベルト空間を $\mathscr{H}_1, \cdots, \mathscr{H}_N$ の**直和ヒルベルト空間**という．N が可算無限の場合は，$\mathscr{H}_n, n \geqq 1$ の無限直和ベクトル空間 $\oplus_{n=1}^\infty \mathscr{H}_n := \{\Psi = (\Psi_n)_{n=1}^\infty | \Psi_n \in \mathscr{H}_n, \ n \geq 1, \ \sum_{n=1}^\infty \|\Psi_n\|^2 < \infty\}$ に内積 $\langle \Psi, \Phi \rangle := \sum_{j=1}^\infty \langle \Psi_j, \Phi_j \rangle$ を入れてできるヒルベルト空間を $\mathscr{H}_n, n \geqq 1$ の**無限直和ヒルベルト空間**という．詳しくは [17] の 1.3.3 項を参照.

素の等式 $UQ_jU^{-1}=\oplus_{n=1}^N Q_j^{\mathrm{S}}$ (Q_j^{S} の N 直和[15]), $UP_jU^{-1}=\oplus_{n=1}^N P_j^{\mathrm{S}}$ (P_j^{S} の N 直和) が成り立つ．すなわち，$(Q_j,\cdots,Q_d,P_1,\cdots,P_d)$ はシュレーディンガー表現 π_{S} の直和に同値である．特に，$\{Q_j,P_j\}_{j=1}^d$ が既約ならば，$(Q_j,\cdots,Q_d,$ $P_1,\cdots,P_d)$ は π_{S} に同値である．

しかし，**ヴァイルではない CCR の表現については，この定理の結論は成立しない**．実際，シュレーディンガー表現の直和に同値でない CCR の自己共役表現 (非ヴァイル表現) が存在する[16]．

11.3.5 弱ヴァイル表現

CCR の表現で，ヴァイル表現よりも弱く，本来の CCR の表現よりも強い型の表現が存在しうる．ヒルベルト空間 $\mathscr{H}$ 上の自己共役作用素 $Q_1,\cdots,Q_d$ と閉対称作用素 $P_1,\cdots,P_d$ および稠密な部分空間 $\mathscr{D}\subset\mathscr{H}$ が次の (i), (ii) を満たすとき，$(\mathscr{H},\mathscr{D},(Q_1,\cdots,Q_d,P_1,\cdots,P_d))$ を**自由度 d の CCR の弱ヴァイル表現**と呼ぶ：

(i) 任意の $t\in\mathbb{R}$ と $j,k=1,\cdots,d$ に対して $e^{itQ_k}D(P_j)\subset D(P_j)$ かつ

$$P_je^{itQ_k}\Psi=e^{itQ_k}(P_j+\hbar t\delta_{jk})\Psi,\quad \Psi\in D(P_j).$$

(ii) すべての $t,s\in\mathbb{R}$ と $j,k=1,\cdots,d$ に対し $e^{itQ_k}e^{isQ_j}=e^{isQ_j}e^{itQ_k}$.

(iii) $\mathscr{D}\subset\bigcap_{j=1}^d D(P_j)$ かつ $P_j\mathscr{D}\subset\mathscr{D}$, $[P_j,P_k]\Psi=0$, $\Psi\in\mathscr{D}$ $(j,k=1,\cdots,d)$.

---

[15] A_j $(j=1,\cdots,N)$ がヒルベルト空間 $\mathscr{H}_j$ 上の線形作用素であるとき，$D(\oplus_{j=1}^N A_j):=\{\Psi=(\Psi_1,\cdots,\Psi_N)|\Psi_j\in D(A_j),\ j=1,\cdots,N\}$, $(\oplus_{j=1}^N A_j)(\Psi):=(A_1\Psi_1,\cdots,A_N\Psi_N)$, $\Psi\in D(\oplus_{j=1}^N A_j)$ によって定義される ($\oplus_{j=1}^N\mathscr{H}_j$ 上の) 線形作用素 $\oplus_{j=1}^N A_j$ を $A_1,\cdots,A_N$ の直和という．特に，$\mathscr{H}_1=\cdots=\mathscr{H}_N$ で $A=A_1=\cdots=A_N$ のとき，$\oplus_{j=1}^N A_j=\oplus_{j=1}^N A$ と記し，これを A の N 直和という．$N=\infty$ の場合には，$\oplus_{n=1}^\infty A_n$ は次によって定義される ($\oplus_{n=1}^\infty\mathscr{H}_n$ 上の) 線形作用素である：$D(\oplus_{n=1}^\infty A_n):=\{\Psi=(\Psi_n)_{n=1}^\infty|\Psi_n\in D(A_n),\ n\geq1,\sum_{n=1}^\infty\|A_n\Psi_n\|^2<\infty\}$, $(\oplus_{n=1}^\infty A_n)(\Psi):=(A_n\Psi_n)_{n=1}^\infty$, $\Psi\in D(\oplus_{n=1}^\infty A_n)$.

[16] 物理の教科書や文献の中には，有限自由度の CCR の表現はすべてシュレーディンガー表現に同値であると書いてあるものがあるが，これは誤りである．CCR の表現の分類に関する徹底した解析がシュミュットゲン [160, 161] によってなされている．本章の以下の叙述でもシュレーディンガー表現の直和に同値でない CCR の自己共役表現をとりあげる．

ヴァイル表現は弱ヴァイル表現であり，弱ヴァイル表現はCCRの表現であることが示される．しかし，これらの**関係の逆は一般には成立しない**．次の定理も興味深い．

定理 11.8 [131, 160] $\mathscr{H}$ をヒルベルト空間とし，$\mathscr{H}$ 上の閉対称作用素 P と自己共役作用素 Q の対 (P,Q) が**弱ヴァイル関係式**

$$Pe^{itQ}\Psi = e^{itQ}(P+\hbar t)\Psi, \quad \Psi \in D(P)$$

を満たすとする．このとき，次の (i)～(iii) が成り立つ：

(i) 任意の $\Psi \in D(P), \|\Psi\|=1$, と $t \in \mathbb{R} \setminus \{0\}$ に対して

$$|\langle \Psi, e^{itQ}\Psi\rangle|^2 \leq \frac{4(\Delta P)^2_\Psi}{\hbar^2|t|^2} \tag{11.3}$$

(ii) Q のスペクトルは絶対連続である．

(iii) Q, P は固有値をもたない．

CCRの弱ヴァイル表現 $(\mathscr{H}, \mathscr{D}, (Q_1, \cdots, Q_d, P_1, \cdots, P_d))$ において，各対 (P_j, Q_j) は弱ヴァイル関係式を満たすことが示されるので，$P=P_j$, $Q=Q_j$ として，定理 11.8 の結論が成り立つ．

11.3.6 非可換幾何学への接続

古典力学 (ハミルトン形式) が，幾何学的には，シンプレクティック多様体の幾何学としてとらえられることに想いを馳せるならば，対応原理的に見て，CCRの表現の同値類というのは，一つの "非可換多様体" を定義するものと予想される．すなわち，CCRの表現 $(\mathscr{H}, \mathscr{D}, (Q_1, \cdots, Q_d, P_1, \cdots, P_d))$ における作用素 $Q_1, \cdots, Q_d, P_1, \cdots, P_d$ は "非可換多様体" の "非可換座標" を定めると類推するのである．この着想を徹底的に押し進めてゆくと，コンヌ (1947–, フランス) が提唱し，現在もめざましい展開をみせている**非可換幾何学**という偉大な理念へと導かれる [69]．こうして，量子力学の数学的形相は，より高次の深遠で壮大な理念的領域に包含される．

11.4 ゲージ量子力学における CCR の非同値表現

有限自由度の CCR の自己共役表現でシュレーディンガー表現に非同値であって，物理的にも興味深いものが**ゲージ量子力学**—量子的粒子と外的ゲージ場が相互作用を行う系の力学— において現れる．

11.4.1 特異な磁場をもつ 2 次元量子系

2 次元平面 $\mathbb{R}^2 = \{\boldsymbol{r} = (x,y)|x,y \in \mathbb{R}\}$ から格子点全体

$$\mathbb{Z}^2 := \{\boldsymbol{n} = (n_1,n_2)|n_1,n_2 \in \mathbb{Z}\}$$

($\mathbb{Z}$ は整数全体を表す) を除いた空間

$$\mathbb{M} := \mathbb{R}^2 \setminus \mathbb{Z}^2$$

の中に電荷 $\lambda \in \mathbb{R} \setminus \{0\}$ の量子的粒子が 1 個存在する系を考える．いま，磁場が $\mathbb{Z}^2$ の各点を平面 $\mathbb{R}^2$ と垂直な方向に貫いているとし，$\mathbb{M}$ 上には磁場はない状況を考える．磁場のベクトルポテンシャル $\boldsymbol{A} = (A_1, A_2)$ —ゲージ場— の各成分 A_1, A_2 は $\mathbb{R}^2$ 上の超関数で $\mathbb{M}$ 上では連続微分可能であるとする．このとき，磁場 B は，$\mathbb{R}^2$ 上の超関数

$$B = D_x A_2(\boldsymbol{r}) - D_y A_1(\boldsymbol{r})$$

(D_x, D_y はそれぞれ，x, y に関する超関数的偏微分) であたえられる．したがって，磁場が $\mathbb{M}$ 上で 0 であるという仮定は

$$\frac{\partial A_2(\boldsymbol{r})}{\partial x} - \frac{\partial A_1(\boldsymbol{r})}{\partial y} = 0, \quad \boldsymbol{r} \in \mathbb{M} \tag{11.4}$$

を意味する．他方，$\mathbb{R}^2$ 上の超関数として，$B \neq 0$ の場合，B は点 $\boldsymbol{r} = \boldsymbol{n}$ でデルタ超関数的な特異性をもつ (次の例を参照).

例 11.9 各 $\boldsymbol{n} = (n_1,n_2) \in \mathbb{Z}^2$ に対して，$\omega_{\boldsymbol{n}} := n_1 + in_2 \in \mathbb{C}$ とおき，$z = \omega_{\boldsymbol{n}}$ に極をもつ**ヴァイエルシュトラスのゼータ関数**

$$\zeta_{\mathrm{W}}(z) := \frac{1}{z} + \sum_{\boldsymbol{n} \in \mathbb{Z}^2 \setminus \{\boldsymbol{0}\}} \left(\frac{1}{z - \omega_{\boldsymbol{n}}} + \frac{1}{\omega_{\boldsymbol{n}}} + \frac{z}{\omega_{\boldsymbol{n}}^2} \right)$$

$(z \in \mathbb{C} \setminus \{\omega_{\boldsymbol{n}}\}_{\boldsymbol{n}\in\mathbb{Z}^2})$ から

$$A_1(\boldsymbol{r}) = \alpha\,\mathrm{Im}\,\zeta_{\mathrm{W}}(x+iy), \quad A_2(\boldsymbol{r}) = \alpha\,\mathrm{Re}\,\zeta_{\mathrm{W}}(x+iy)$$

$(\alpha \in \mathbb{R} \setminus \{0\}$ は定数，複素数 z に対して，$\mathrm{Re}\,z, \mathrm{Im}\,z$ はそれぞれ，z の実部，虚部を表す) を定義すれば，この (A_1, A_2) は，考察下のベクトルポテンシャルの例の一つをあたえる [17]．この場合の磁場 B は，点 $\boldsymbol{n}$ に台をもつデルタ超関数 $\delta_{\boldsymbol{n}}$ [18] の無限和

$$B = 2\pi\alpha \sum_{\boldsymbol{n}\in\mathbb{Z}^2} \delta_{\boldsymbol{n}}$$

となる．

各格子点 $\boldsymbol{n} \in \mathbb{Z}^2$ を貫く**磁束**は線積分

$$\varPhi_{\boldsymbol{n}}(\boldsymbol{A}) := \int_{|\boldsymbol{r}-\boldsymbol{n}|=\delta} \boldsymbol{A}(\boldsymbol{r}) \cdot d\boldsymbol{r}$$

によって定義される．ただし，$0 < \delta < 1$．条件 (11.4) のおかげで，$\varPhi_{\boldsymbol{n}}(\boldsymbol{A})$ は δ によらない．

例 11.10 例 11.9 の $\boldsymbol{A}$ に対しては，$\varPhi_{\boldsymbol{n}}(\boldsymbol{A}) = 2\pi\alpha$ である [19]．

ヒルベルト空間 $L^2(\mathbb{R}^2)$ 上の線形作用素

$$P_1(\lambda) := -i\hbar D_x - \lambda A_1, \quad P_2(\lambda) := -i\hbar D_y - \lambda A_2$$

は対称作用素であり，その閉包 $\bar{P}_j(\lambda)$ は自己共役であることが証明される [15]．さらに

$$\pi_{\boldsymbol{A}} := (L^2(\mathbb{R}^2), C_0^\infty(\mathbb{M}), \{Q_j^{\mathrm{S}}, \bar{P}_j(\lambda)\}_{j=1}^2)$$

---

17) (11.4) を示すには，$\{z = x+iy \in \mathbb{C} | (x,y) \in \mathbb{M}\}$ における ζ_{W} の正則性とコーシー–リーマンの方程式を使う．

18) $\delta_{\boldsymbol{n}}(f) = f(\boldsymbol{n})$，$f \in C_0^\infty(\mathbb{R}^2)$．

19) $A_2(\boldsymbol{r}) + iA_1(\boldsymbol{r}) = \alpha\zeta_{\mathrm{W}}(z)$ に注意すると，$\varPhi_n(\boldsymbol{A}) = \alpha\left(\mathrm{Im}\int_{|z-\omega_{\boldsymbol{n}}|=\delta} \zeta_{\mathrm{W}}(z)dz\right) = \alpha\mathrm{Im}\,(2\pi i\mathrm{Res}(\omega_{\boldsymbol{n}}, \zeta_{\mathrm{W}})) = 2\pi\alpha$．ただし，$\mathrm{Res}(a, f)$ は有理型関数 f の $z = a$ における留数を表す．

は自由度 2 の CCR の既約な自己共役表現である [15, 122].

定理 11.11 [15, 18] CCR の表現 $\pi_{\boldsymbol{A}}$ が自由度 2 のシュレーディンガー表現に同値であるための必要十分条件は，すべての $\boldsymbol{n}\in\mathbb{Z}^2$ に対して，$\Phi_{\boldsymbol{n}}(\boldsymbol{A})$ が $2\pi\hbar/\lambda$ の整数倍になることである.

11.4.2 非同値表現とアハラノフ–ボーム効果

定理 11.11 の対偶を考えると，$\pi_{\boldsymbol{A}}$ がシュレーディンガー表現に非同値であるのは，$\Phi_{\boldsymbol{n}}(\boldsymbol{A})$ が $2\pi\hbar/\lambda$ の整数倍にならない $\boldsymbol{n}$ が存在するとき，かつこのときに限ることがわかる．一方，点 $\boldsymbol{n}$ を貫く磁束 $\Phi_{\boldsymbol{n}}(\boldsymbol{A})$ が $2\pi\hbar/\lambda$ の整数倍にならないような状況においては，ヴァイル関係式の 3 番目の式 (W.3) が成立せず，これは，物理的には，いわゆるアハラノフ–ボーム効果の生起に対応していることが示される [13, 14, 15, 16]．ゆえに，CCR の表現 $\pi_{\boldsymbol{A}}$ がシュレーディンガー表現に非同値であることとアハラノフ–ボーム効果の生起とが正確に呼応する．これは系のハミルトニアン (全エネルギーを表す自己共役作用素) の取り方とは独立な特性である．こうして，CCR の非同値表現と物理現象との美しい照応の一つが見いだされる [20].

11.4.3 量子平面と量子群の表現

11.4.1 項で定義した CCR の表現 $\pi_{\boldsymbol{A}}$ は，あるクラスのゲージ場に対して，量子平面や量子群のヒルベルト空間表現を導く [15, 18, 22]．これも興味深い構造であるが，なおも研究の余地があるように見える.

11.4.4 格子ゲージ理論との関係

上述のゲージ量子力学は，連続体 $\mathbb{R}^2$ 上のゲージ理論で，磁場が格子空間 $\mathbb{Z}^2$ 上に特異性を有するものである．他方，格子空間 $\mathbb{Z}^2$ 上のゲージ理論 — **2 次元格子ゲージ理論** — も考えられる．格子ゲージ理論のモデルは，通常，連続体上のモデルの離散的・近似的アナロジーに基づいて“手で”でつくられる．だが，これは，数理物理学的観点からは，一貫性・統一性に欠けると言わなければならな

[20] 以上の議論は，$\mathbb{Z}^2$ をもっと一般の離散的無限集合で置き換えた場合や非可換なゲージ場に対しても拡張される [13, 14, 22].

い．連続体上のゲージ理論が格子上のゲージ理論を自律的に生み出す何らかの機構が存在しないであろうか．この観点から，上述のゲージ理論の構造を注意深く解析していくと，このゲージ理論は，ゲージ場 $\boldsymbol{A}$ (対応する磁場が $\mathbb{M}$ 上で必ずしも 0 である必要はない) の或るクラスに対して，量子平面の表現と関連する作用素から生成される部分代数が $\mathbb{Z}^2$ 上の格子ゲージ理論のヒルベルト空間 $\ell^2(\mathbb{Z}^2)$ ($\mathbb{Z}^2$ 上の絶対 2 乗総和可能な複素数列の全体がつくるヒルベルト空間) へと簡約されるという意味において，$\mathbb{Z}^2$ 上の格子ゲージ理論を内蔵していることが示される [18]．このたいへん興味深い機構は，2 次元ゲージ理論における何らかの普遍的な数学的構造の存在を示唆しているように見える．この点を解明するのは今後の課題の一つである．

11.5 時間作用素

一般に，量子系の全エネルギーを表す自己共役作用素をハミルトニアンと呼ぶ．これは量子系をあたえる CCR の自己共役表現 — $(\mathscr{H}, \mathscr{D}, \{Q_j, P_j\}_{j=1}^d)$ としよう — の構成作用素 Q_j, P_j $(j=1,\cdots,d)$ からつくられる．いま，ハミルトニアンを H としよう．もし，$\mathscr{H}$ 上の対称作用素 T で H と CCR, すなわち

$$[T,H]\Psi = i\hbar\Psi, \quad \Psi \in \mathscr{D}_0 \subset D(TH) \cap D(HT)$$

($\mathscr{D}_0 \neq \{0\}$ は部分空間) を満たすものがあるならば，T を H に対する**時間作用素** (time operator) と呼び，「H は時間作用素をもつ」という [21]．ハミルトニアン H は，多くの場合，下に有界である．したがって，そのような場合には，作用素の対 (T,H) は自由度 1 のシュレーディンガー表現に同値にはなり得ない．

ハミルトニアン H が時間作用素 T をもつならば，定理 11.4 の応用により，不確定性関係

$$(\Delta H)_\Psi (\Delta T)_\Psi \geqq \frac{\hbar}{2}, \quad \Psi \in \mathscr{D}_0 \ (\|\Psi\| = 1)$$

[21] 時間作用素は，量子系の状態や物理量の時間発展を記述する方程式 (抽象シュレーディンガー方程式やハイゼンベルク方程式) に現れる通常の時間変数 t — これは量子力学的物理量ではない — とは本質的に異なる概念である．しかし，それは通常の時間 t と密接に関連していることが推察される (以下を参照)．

が導かれる．これは，**時間–エネルギーの不確定性関係**の数学的に厳密な形式の一つであると解釈されうる．

従来，量子力学の教科書や文献では，時間とエネルギーの不確定性関係は曖昧なまま扱われてきたが，時間作用素の概念により，時間とエネルギーの不確定性関係に一つの明晰で厳密な意味と形があたえられるのである．時間作用素の概念の萌芽は，アハラノフ–ボームの論文 [2] にみられるが，時間作用素の存在とその性質について作用素論的な観点から数学的に厳密な解析がなされたのは 20 世紀の終わり頃からである [131, 132][22]．

時間作用素とハミルトニアンの対 (T,H) が弱ヴァイル関係式を満たすならば，定理 11.8 が成り立つので，たとえば，時刻 0 の状態 $\Psi\in D(T)$ $(\|\Psi\|=1)$ の時刻 $t\in\mathbb{R}\setminus\{0\}$ における状態 $e^{-itH/\hbar}\Psi$ が状態 Ψ にとどまる確率 — 残存 (生き残り) 確率 (survival probability) —

$$p_\Psi(t):=|\langle\Psi,e^{-itH/\hbar}\Psi\rangle|^2$$

について

$$p_\Psi(t)\le\frac{4(\Delta T)_\Psi^2}{t^2}$$

という評価を得ることができる．この評価は，たとえば，長時間領域 $|t|\sim\infty$ における残存確率の減衰のオーダーが t^{-2} 以下であることを示す．この結果および定理 11.8 がいまの文脈で導く帰結は，時間作用素の存在が系の状態の時間発展やハミルトニアンのスペクトルの構造と密接な関係にあることを示唆するものであり，たいへん興味深い [131, 132]．こうして，自然は，その根底において，量子的現象を現出・統制する形相の一つとして弱ヴァイル表現もしかるべくきちんと組み入れて活動していることが暗示される．時間作用素の理論も含めて，弱ヴァイル型表現と量子的現象との照応についての更なる探索が望まれる．

---

[22] 歴史的には，物理学者の中には時間作用素の存在を疑問視する向きもあったようであるが，これは単に数学的に厳密な思考を怠った結果にすぎない．非有界作用素の定義域の問題に関する注意深い考察，対称作用素と自己共役作用素の峻別，CCR の表現の先にあげた三つの型の厳密な区別等をしなければ，正しい結論に達することができないのは当然であり，曖昧な (場合によっては間違った) 結果に終わるほかはない．なお，上記の意味での時間作用素を物理量 (自己共役作用素) と考える必然性はない．

11.6 スピン，正準反交換関係，超対称性

11.6.1 スピン構造

序の冒頭でふれたように，量子的粒子はスピンと呼ばれる内的自由度をもちうる．これは，比喩的・描像的には，内的空間における量子的粒子の回転の角運動量を表すものであり，現象としては，たとえば，磁場との相互作用を通して現れる．スピンは量子的角運動量の一種なのである [23]．

ところで，量子的角運動量の数学的本質は何かと言えば，それは，**角運動量代数**，すなわち，交換関係 $[J_1, J_2] = i\hbar J_3$, $[J_2, J_3] = i\hbar J_1$, $[J_3, J_1] = i\hbar J_2$ を満たす J_1, J_2, J_3 によって生成される抽象的リー代数のヒルベルト空間表現である．角運動量代数の有限次元既約表現は，非負整数 $\ell = 0, 1, 2, \cdots$ または半整数 $\ell = \frac{1}{2}, \frac{3}{2}, \cdots$ によって添え字づけられ，表現のヒルベルト空間は (同型を除いて) $(2\ell+1)$ 次元エルミート空間 $\mathbb{C}^{2\ell+1}$ である．この表現をスピン ℓ の表現と呼ぶ．この場合，$J_k (k = 1, 2, 3)$ の $\mathbb{C}^{2\ell+1}$ 上での表現 $\widehat{J}_k$ はスピン角運動量作用素の第 k 成分をあたえ，$\widehat{J}_k$ は $-\ell\hbar, (-\ell+1)\hbar, \cdots, (\ell-1)\hbar, \ell\hbar$ という $(2\ell+1)$ 個の固有値をもつ．すなわち，スピン ℓ の量子的粒子は $(2\ell+1)$ 個のスピン固有状態をとりうる [24]．

例 11.12 パウリ行列 $\sigma_1, \sigma_2, \sigma_3$((2.35) と注意 2.15 を参照) を用いて，$s_k := \hbar\sigma_k/2$ $(k = 1, 2, 3)$ とすれば，(s_1, s_2, s_3) は角運動量代数のスピン 1/2 の表現をあたえる (対応は $J_k \to s_k$, $k = 1, 2, 3$)．この表現は，スピンが 1/2 の量子的粒子 (たとえば，非相対論的に扱われる場合の電子) のスピンに関する自由度を記述する．

---

[23] 他の量子的角運動量の例としては，量子的粒子の外的空間的自由度に関わる軌道角運動量がある．

[24] ただし，これは質量が正の量子的粒子に対してのみ成立し，質量が 0 の量子的粒子についてはそのまま適用されない．なお，角運動量代数の表現は，2 次の特殊ユニタリ群 SU(2) のリー環 $\mathfrak{su}(2)$ の表現と同値である．したがって，スピン表現というのは，$\mathfrak{su}(2)$ の有限次元既約表現と見てもよい (この観点の方がスピンの比喩的描像と呼応する)．$\mathfrak{su}(2)$ の表現定理については，文献 [190] の 3 章 §4, p.125 を参照．

11.6.2 正準反交換関係

角運動量代数の 2 次元表現 (スピン 1/2 の表現) において，作用素

$$a := \frac{1}{\hbar}(s_1 - is_2)$$

を定義すれば (例 11.12)，a, a^* は自由度 1 の**正準反交換関係** (canonical anti-commutation relation; CAR)

$$\{a, a^*\} = 1, \quad a^2 = 0, \quad (a^*)^2 = 0$$

を満たすことがわかる．ただし，$\{A, B\} := AB + BA$ は A と B の反交換子である．すなわち，角運動量代数の 2 次元表現から自由度 1 の CAR の 2 次元表現がつくられる．逆に，CAR の任意の 2 次元表現 b, b^* (b は $b^2 = 0$, $\{b, b^*\} = 1$ を満たす作用素で 2 次元ヒルベルト空間に作用する) に対して

$$\hat{s}_1 := \frac{\hbar}{2}(b + b^*), \quad \hat{s}_2 := \frac{i\hbar}{2}(b - b^*), \quad \hat{s}_3 := \hbar b^* b - \frac{\hbar}{2}$$

とおけば，これらは，角運動量代数の 2 次元表現をあたえる (対応は $J_k \to \hat{s}_k$, $k = 1, 2, 3$)．こうして，角運動量代数の 2 次元表現と自由度 1 の CAR の 2 次元表現が 1 対 1 に対応する．これによって，自由度 1 の CAR を満たす対象から生成される代数 $\mathscr{A}_{\mathrm{CAR}}(1)$ — 自由度 1 の CAR 代数 — をスピン 1/2 の自由度を生み出す根源的形相としてとらえることが可能になる．この一般化として，スピン 1/2 の量子的粒子が r 個存在する系のスピン自由度は，自由度 r の CAR

$$\{c_j, c_k^*\} = \delta_{jk}, \quad \{c_j, c_k\} = 0 \quad (j, k = 1, \cdots, r)$$

の 2^r 次元表現によってあたえられる [25)].

11.6.3 超対称的量子力学

スピンが ℓ で空間的自由度が d の量子的粒子が 1 個存在するような系の状態のヒルベルト空間は，外的自由度を記述する CCR の表現を $(\mathscr{H}, \mathscr{D}, \{Q_j, P_j\}_{j=1}^d)$ とすれば，$\mathscr{H}$ と $\mathbb{C}^{2\ell+1}$ のテンソル積 $\mathscr{H} \otimes \mathbb{C}^{2\ell+1} \cong \bigoplus^{2\ell+1} \mathscr{H} := ((\Psi_1, \cdots, \Psi_{2\ell+1}) | \Psi_j \in$

25) 文献 [47] の 3 章演習問題 23 (pp.398–399)．CAR の無限自由度版はスピンが半整数の量子的粒子の量子場 (フェルミ場) の構成に使われる ([20] の 11 章を参照).

$\mathscr{H}, j=1,\cdots,2\ell+1)$ (ヒルベルト空間 $\mathscr{H}$ の $(2\ell+1)$ 個の直和) である．これからただちにわかるように，スピンをもつ量子的粒子の系 $(\ell\neq 0)$ の状態のヒルベルト空間は，スピン自由度がない場合の粒子 (スピン 0 の粒子) の状態のヒルベルト空間 $\mathscr{H}$ よりも大きくなる．したがって，スピンをもつ量子的粒子の系においては，それが有する物理量や対称性の種類と数も増えることになる．このため，スピンをもつ量子的粒子の系は，そうでない系よりも一段と多様で興味深い数学的構造をもつことが可能であり，したがって，そうした新しい構造に対応して，新しい現象が存在しうることが期待される．

ここでは，そのような構造のうちで超対称的構造と呼ばれるものについて簡単にふれておこう．超対称性というのは，物理的には，ボソンとフェルミオンを同等に扱う対称性であり，もともと場の量子論の範疇で考えられたものである．だが，超対称的場の量子論の超対称的構造だけに注目すると普遍化された意味での超対称性をもつ量子力学の理念に至ることができる．これは次のように抽象的・公理論的に定義される [7]：N を自然数として，ヒルベルト空間 $\mathscr{K}$ 上の自己共役作用素の組 $(H,\Gamma,\{Q_j\}_{j=1}^N)$ が次の (i)〜(iii) を満たすとき，$(\mathscr{K},H,\Gamma,\{Q_j\}_{j=1}^N)$ を N 次の超対称性をもつ**超対称的量子力学** (supersymmetric quantum mechanics; SSQM と略す) と呼ぶ：

(i) $H=Q_j^2,\ \ j=1,\cdots,N$ (作用素の等式).

(ii) $\Gamma^2=I$ かつすべての $\Psi\in D(Q_j)(j=1,\cdots,N)$ に対して，$\Gamma\Psi\in D(Q_j)$ であり，$Q_j\Gamma\Psi+\Gamma Q_j\Psi=0$.

(iii) 任意の $j,k,j\neq k$ とすべての $\Psi,\Phi\in D(Q_j)\cap D(Q_k)$ に対して

$$\langle Q_j\Psi,Q_k\Phi\rangle+\langle Q_k\Psi,Q_j\Phi\rangle=0.$$

H を**超対称的ハミルトニアン**，Q_j を**超対称荷** (supercharge)，Γ を**状態符号作用素**と呼ぶ．(i) は，超対称的ハミルトニアンの非負性を示す (したがって，そのスペクトルは半無限区間 $[0,\infty)$ の閉部分集合)．性質 (ii), (iii) は，粗く言うと，それぞれ，超対称荷と状態符号作用素が反可換であること，および異なる超対称荷どうしは反可換であることを表す．

例 11.13 スピン 1/2 の量子的粒子が 1 次元空間 $\mathbb{R}$ の中に 1 個存在する系を考え，空間的自由度に対する CCR の表現として，自由度 1 のシュレーディンガー表現 $(L^2(\mathbb{R}), C_0^\infty(\mathbb{R}), \{\hat{q}, \hat{p}\})(\hat{q} := x,\ \hat{p} := -i\hbar D_x,\ x \in \mathbb{R})$ をとる．したがって，上に述べたように，この場合の系の状態のヒルベルト空間は $\mathscr{K} := L^2(\mathbb{R}) \oplus L^2(\mathbb{R})$ である．$\mathbb{R}$ 上の無限回微分可能な実数値関数 W に対して，ヒルベルト空間 $\mathscr{K}$ 上の作用素 $H, \Gamma, \mathcal{Q}_1, \mathcal{Q}_2$ を

$$H := \hat{p}^2 + \hbar\sigma_3 W' + W^2,$$

$$\Gamma := \sigma_3,$$

$$\mathcal{Q}_1 := \sigma_1\hat{p} + \sigma_2 W, \quad \mathcal{Q}_2 := \sigma_2\hat{p} - \sigma_1 W$$

によって定義する (W' は W の導関数)．このとき，$(\mathscr{K}, \bar{H}, \Gamma, \{\bar{\mathcal{Q}}_1, \bar{\mathcal{Q}}_2\})$ は SSQM である [7]．このモデルを**ウィッテンモデル**という．

抽象的なレヴェルでの超対称荷は，純数学的な文脈では，**抽象的ディラック作用素**とも呼ばれる．なぜなら，上の定義における超対称荷の概念は，具象的なディラック型作用素たちが共通に有する性質の抽象化によっても得られるからである [26]．

SSQM は，超対称性をもたない，通常の量子力学とは異なる興味深い性質をもちうる．たとえば，(i) 基底状態の非自明な縮退の現象 [8, 50, 105] — これは数学的には Dirac 型作用素の指数定理と結びつく —，(ii) 摂動論が破綻する現象 (非摂動的効果が本質的であるような現象の存在) [7], (iii) ハミルトニアンの固有値問題の厳密解をあたえる構造 [9] と多成分の非線形シュレーディンガーおよびクライン–ゴルドン方程式の厳密解の構成への応用 [23]．この他にもまだまだおもしろい数学的構造が隠されていると思われる [27]．

---

[26] ウィッテンモデルの超対称荷は 1 次元のディラック型作用素の例である．

[27] SSQM というのは，代数の表現論の観点から言えば，超対称性代数あるいは 超リー代数と呼ばれる代数のヒルベルト空間表現の一つともみなしうる．SSQM の一般論の数学的に厳密なレヴューについては，文献 [177] の Chapter 5 以降を，SSQM の物理的な総合的解説については文献 [56] を参照 (後者の中に，本章では省略した，SSQM に関する物理的文献のリストがある)．

11.7 補遺 — 時間作用素の数学的理論の展開

2001年ころから，時間作用素の数学的理論はおおきな進展をみせはじめた．ここでは，詳しく解説する余裕はないので，この主題に興味のある読者は文献 [27, 34, 35, 37, 39, 40, 48, 51, 52, 86, 97, 174] 等を参照されたい (特に，論文 [86] は一つのブレークスルーをもたらした重要な論文である)．論文 [37] は時間作用素の数学的理論に関するレヴューである (この論文の最終節で時間作用素に関する，著者の暫定的哲学的解釈が述べられている)．最近，論文 [48] において，時間作用素の空間は階層性を有し，(i) 超強時間作用素 (ultra-strong time operator), (ii) 強時間作用素 (strong time operator)，(iii) 常時間作用素 (ordinary time operator)，(iv) 弱時間作用素 (weak time operator)，(v) 超弱時間作用素 (ultra-weak time operator) という五つのヒエラルヒーを含むことが示された．強時間作用素は量子系の残存確率の時間的崩壊のオーダーを統制する役割を演じていることが一般的に示されている ([27], [30] の3章)．だが，他の階層の時間作用素については，その物理的役割について不明な部分が多い．時間作用素の物理的な議論については [134, 135] を参照されたい．

第12章
量子力学から見た「空間」

12.1　序 — 状態と物理量

本章の目的は，量子力学に関わる“空間”とその構造について論述することである．これをより統一的な観点から行うために，まず，一般の物理理論の理論的構造に関する基本的な事柄を述べておきたい．

一般に，物理理論を純理論構造的に見た場合，それは，物理系の**状態**と**物理量**と呼ばれる二つの概念を基礎に据えて構成されていることがわかる．この構造自体は，どの物理理論にも共通するものである．だが，当然のことながら，異なる範疇に属する物理理論においては，そこに据えられる状態と物理量の概念は異なる．

たとえば，古典力学系の状態は，質点の位置と速度 (または運動量) の値の組で表される．古典力学系では，位置と速度は物理量の基本要素であり，他の物理量は，位置と速度の関数として表される．他方，たとえば，古典電磁気学における状態は，電磁場によって表され，物理量は電磁場の関数として表される [1]．

物理系の時間的変化は，状態の時間的変化 — 時間発展ともいう — として捉えられる．物理的な観点から第一義的に興味があるのは，状態の時間発展を知ることである．ある時刻での状態を一つ指定したとき，後の任意の時刻での状態が一意的に決まるような系は**因果的**と呼ばれる．これは状態の時間発展に関する最も基本的な型である．

因果的な系の基本的な例は，通常の古典力学で扱われるような系 (たとえば，

---

[1] 量子力学における状態と物理量については以下で詳述する．

惑星の運動) である．ただし，厳密に言えば，系が因果的に持続する時間間隔には制限がつきうる．これは，数学的には，系の状態の時間発展を記述する微分方程式の初期値問題の解の一意性の問題と呼応している．

一方，因果的でない物理系も存在する[2)]．しかし，因果的であるにせよそうでないにせよ，物理理論の範疇のそれぞれにおいて，物理系の状態の時間発展を原理的な仕方で統制する方程式の存在が想定される[3)]．このような原理的な方程式は，当該の理論的範疇の**基礎方程式**と呼ばれる[4)]．基礎方程式を解くことにより，状態の時間発展に関する情報が得られる[5)]．しかし，基礎方程式を解かなくても，それを種々の角度から考察することにより，対象とする系の一般的な性質が導かれうる[6)]．

さて，各物理系は，一般には，さまざまな状態をとりうる．したがって，各物理系に付随して，その物理系がとりうる状態をすべて集めてできる集合を考えることができる．これを当該の物理系の**状態空間**と呼ぶ．同様に，物理系の物理量にもいろいろのものがありうるので，物理量をすべて集めてできる集合を考えることができ，これを当該の物理系の**物理量の空間**と呼ぶ．こうして，各物理系に対して，二つの空間が同伴していることがわかる[7)]．

状態空間と物理量の空間は，対象となる物理現象領域の種々の特性と呼応する

[2)]たとえば，非常に細かく砕いた花粉の，水の中での運動においては，ある時刻での状態を指定しても，後の任意の時刻での状態は一意的に決まらず，確率的に分布する．

[3)]もちろん，アプリオリには，そのような方程式の存在は自明ではない．新しい現象領域に対しては，その現象領域を根底において支配する方程式を見いだすことが物理学者の仕事の第一の目標になる．

[4)]古典力学の基礎方程式はニュートンの運動方程式 — より一般的には，ラグランジュ方程式やハミルトン方程式 ([25] の 5 章) — であり，古典電磁気学の基礎方程式はマクスウェルの方程式である ([25] の 7 章)．

[5)]ただし，基礎方程式は，つねに陽に解ける — 具体的な関数等を用いて，解を表すことができる — とは限らない．そのような場合は，解の存在を証明することが第一に重要な問題になる．

[6)]たとえば，古典力学における，保存力場での運動におけるエネルギー保存則や中心力場での運動における角運動量保存則 ([25] の 4.4 節や 4.7 節を参照)．

[7)]言うまでもなく，これらの空間は，感覚的・物質的なものではなく，非感覚的・非物質的である．哲学的に言うならば，それらは理念的・形而上的なものであり，感覚的・物質的 (形而下的) 次元の “上位” ないし “背後”に存在する，より高次のリアリティに関わる．

形で，何らかの構造を持つことが推測される．その場合には，それらの構造を探究することにより，当該の物理現象領域と関わる，より高次の理念的領界が見いだされることが期待される．こうして，集合論的・全体俯瞰的な方法により，物理現象とその理法に関して，より深い認識と観照が可能になる．それは，個別的な物理現象の解析にとどまっていたのでは達成されないものである．

例 12.1 3 次元ユークリッドベクトル空間 $\mathbb{R}^3$ の領域 D (連結開集合) の中を運動する，1 個の質点の状態の空間は，D と $\mathbb{R}^3$ の直積空間

$$D \times \mathbb{R}^3 := \{(\boldsymbol{x}, \boldsymbol{v}) | \boldsymbol{x} \in D, \boldsymbol{v} \in \mathbb{R}^3\}$$

であり — $(\boldsymbol{x}, \boldsymbol{v})$ は，物理的には，位置 $\boldsymbol{x}$ で速度 $\boldsymbol{v}$ をもつ状態を表す —，物理量の空間は，$D \times \mathbb{R}^3$ 上の実数値関数の全体である [8]．各 $\boldsymbol{x} \in D$ に対して，$V_{\boldsymbol{x}} := \{(\boldsymbol{x}, \boldsymbol{v}) | \boldsymbol{v} \in \mathbb{R}^3\}$ とおくと，$D \times \mathbb{R}^3 = \bigcup_{\boldsymbol{x} \in D} V_{\boldsymbol{x}}$ と書ける．これは，一見，何でもないことのように見えるかもしれないが，実は，この表示の中に，ある普遍的な理念の具象的実現の一つを見ることができるのである．それは接バンドルと呼ばれる理念である．さらに探求の歩みを理念界の“上方に”進めるならば，接バンドルの理念を包含する，ベクトルバンドル，ファイバーバンドルといった，より高次の理念が見いだされる [9]．

12.2 量子系の状態空間

量子系の状態の空間がいかなるものであるかを発見法的に見いだす道はいくつかありうる．紙数の都合上，ここでは，そのような道の一つの概略だけを述べる．

原子，電子，核子 (陽子，中性子)，中間子 (もっと一般には素粒子) などいわゆる微視的対象は総称的に**量子的粒子**と呼ばれる．「量子的」という修飾語がつくのは，それが古典力学的な意味での粒子的対象ではないことによる．すなわち，量子的粒子というのは，観測の仕方に応じて，いわば “変幻自在に” 姿を変えて現象する存在なのである．この特性を量子的粒子の**現象的多重性**と呼ぶ．この意

[8]「$A := B$」は B によって A を定義するということを表す記法．

[9] ここで言及した術語については，[28] の 12.15 節，13.5 節を参照．しかし，いまただちに参照する必要はない．

味で，量子的粒子に対しては，観測の仕方に応じて，複数の描像が得られる．しかも，これらの描像は互いに排他的でありうる．同一の量子的粒子に対して，互いに排他的な描像が成立する，という性質をニールス・ボーア (1885–1962, デンマーク) は**相補性**と呼び，それを量子的粒子の原理的な性質の一つであると考えた[10]．

量子的粒子の現象形態のうちで典型的なのは，波動的な現象形態と粒子的現象形態であり，この性質は，通常，**波動–粒子の双対性**または**二重性**として言及される．もちろん，波動的現象形態と粒子的現象形態は互いに排他的であり，それらが同時に現れるということはない (相補性の基本的な例の一つ)．

量子系の状態 — 以下，しばしば，単に状態と呼ぶ — の概念を見いだすための一つの鍵は，量子的粒子の波動的現象形態に着目することである．いま，量子系の状態は，数学的には，何らかの代数的対象で表されるとし，それらを $\Psi, \Psi_1, \Psi_2, \cdots$ という記号で表そう．古典的な波動については，波動を表す関数の和として重ね合わせという概念が定義される．量子系の状態を波動的描像で見た場合，観測事実から，量子系の状態空間には和の演算とスカラー倍の演算が定義され，次の二つの性質が成り立つことが推測される：(i) (**状態の相等**) 状態 Ψ と $\alpha\Psi$ ($\alpha \in \mathbb{C}$ (複素数の全体), $\alpha \neq 0$) は同じ状態を表す (これは古典的な波動と本質的に異なる点であることに注意); (ii) (**重ね合わせの原理**) 任意の有限個の状態 $\Psi_1, \Psi_2, \cdots$, に対して，それらの和 $\Psi_1 + \Psi_2 + \cdots$ も状態を表し，それは和の取り方の順序によらない．これらの考察から，量子系の状態の空間はベクトル空間 (線形空間) であるという作業仮説へと導かれる[11]．だが，ベクトル空間というだけでは，計量的な構造については何も言及していないので，観測結果 — それは数値で表される — との対応付けを行うことができない．そこで，この点を明らかにするために，別の観測事実に注意を向ける．すなわち，量子系の状態どうしの間には，観測によって，非因果的とみなされる遷移が起こり，しかもそ

[10] 量子的粒子がどのように現象するかはそれを測定する装置と不可分である．現象とはそもそも何か，という問題をつきつめて行くと，現象とは「実験全体の説明を含む，特定された状況のもとで得られる観測」(ニールス・ボーア [60] の p.203) という特徴づけへと至る．これは，量子現象に限らず，すべての現象に適用されうる．

[11] 抽象ベクトル空間の定義については付録 B を参照．

の生起の仕方はある確率法則にしたがう，という観測事実である．これは，量子系の状態空間が，任意の二つの状態 Ψ, Φ に対して，Ψ が Φ に遷移する相対確率 $P(\Psi, \Phi)$ を記述できる構造を備えていなければならないことを示唆する．この場合，対称性により，$P(\Psi, \Phi) = P(\Phi, \Psi) \cdots (*)$ が成立すべきである．ところで，ベクトル空間は内積 — $\langle \cdot, \cdot \rangle$ と記す — と呼ばれる計量的構造をもちうる (付録 C を参照)．そこで，各量子系に応じて，その状態のベクトル空間にしかるべき内積を導入し，$P(\Psi, \Phi) = |\langle \Psi, \Phi \rangle|^2 \cdots (**)$ とおくと，これは $(*)$ を満たし，量子系の状態に関する基本的な観測事実 (たとえば，光の偏向状態や原子の磁気モーメントに関する観測事実) をうまく説明することができる．ただし，この場合，ベクトル空間の係数体は実数体ではだめで，複素数体ならばうまくゆくことがわかる．この点は，本質的である．こうして，量子系の状態空間の候補の一つとして，複素内積空間が浮かびあがってくる．この内積空間を $\mathscr{H}$ とする．次の点にも注意しよう：(i) $\Psi = 0$ ($\mathscr{H}$ の零ベクトル) ならば，任意の $\Phi \in \mathscr{H}$ に対して，$\langle \Psi, \Phi \rangle = 0$ であるから，$(**)$ によって，$P(\Psi, \Phi) = 0$．これは，どの状態も零ベクトルには決して遷移しないことを意味する．したがって，零ベクトルは，状態を表すベクトルであるとはみなされない．(ii) 複素内積空間は，つねに完備化が可能であり，複素ヒルベルト空間の稠密な部分空間とみなせる [12)]．以上の発見法的考察は，量子系の状態は複素ヒルベルト空間の零でないベクトルであたえられる，ということを示唆する [13)]．これを公理の形にまとめれば次のようになる：

公理 (QM.1) (状態に関する公理)

量子系の状態は，複素ヒルベルト空間 $\mathscr{H}$ の零でないベクトルによって表される．ただし，任意の状態 Ψ と任意の零でない複素数 α に対して，$\alpha\Psi$ と Ψ は同じ状態を表す (**状態の相等原理**)．$\mathscr{H}$ を**状態のヒルベルト空間**と呼ぶ．

この公理へと至る，上述の推論は，数学的単純さと数学的美の原理に照らして

12) [46] の 1.4.4 項を参照．

13) 上の議論のより詳しい叙述が [47] の 3.1 節にある．また，ここに導かれた結論は，光の偏向や原子の磁気モーメントに関する実験 (シュテルン–ゲルラッハの実験) に基づいた推論によっても到達可能である．前者については，[54] の第 2 部や [71] の 1 章を，後者については，[75] の 1 章を参照されたい．

見た場合，ほとんど必然的なものであることが見てとれよう．この意味で公理(QM.1) は自然なものであり，量子現象の本質を — 少なくともある一定のレヴェルにおいて — とらえたものとみなせる．ただし，状態のヒルベルト空間の係数体を，複素数体を含む代数 (たとえば，4 元数体) で置き換えることは，可能性の一つとして残されている[14]．ここで，公理 (QM.1) について若干の注意を述べておく．

(1) 量子系を一つ定めてもその状態のヒルベルト空間は一意的には決まらない (以下の例 12.2 と例 12.3 を参照)．これは，公理の欠点ではなく，それどころか，まさに，それによって，量子的粒子の現象的多重性や相補性を統一的にとらえることができるのである．この点については，後の 12.5 節で，さらに詳しく述べる．

(2) 状態の相等原理は，量子的粒子の不可弁別性の原理 (同種の量子的粒子どうしは区別できないということ) と結合して，多体系において重要な働きをする[15]．だが，それは，量力学的状態の解釈においても本質的である．なぜなら，この原理によれば，量子力学的状態が物理的空間の基本的モデルである，3 次元ユークリッドベクトル空間 $\mathbb{R}^3$ またはその直積空間上の関数 ψ によって表されたとしても，それは古典的な意味での波動としては解釈され得ないことが結論されるからである ($\because$ もし，$\psi \neq 0$ が古典的な波動であれば，$\alpha\psi$ ($\alpha \neq 1$) と ψ は，振幅が異なるので，異なった波動状態を表す)．

例 12.2 古典力学的な意味での配位空間 $\mathbb{R}^3$ の中に存在する，粒子的描像から見て 1 個の量子的粒子の位置を測定するという描像においては，$\mathbb{R}^3$ 上の，ルベーグ積分に関して 2 乗可積分な可測関数の全体 $L^2(\mathbb{R}^3)$ が状態のヒルベルト空間として適切であることがわかる．

例 12.3 量子的粒子の粒子的描像では，位置とならんで運動量という物理量がある．そこで，運動量の空間 $\mathbb{R}^3_{\boldsymbol{p}} := \{\boldsymbol{p} = (p_1, p_2, p_3) \in \mathbb{R}^3 | p_j \in \mathbb{R}, j = 1, 2, 3\}$ 上の，ルベーグ積分に関して 2 乗可積分な可測関数の全体 $L^2(\mathbb{R}^3_{\boldsymbol{p}})$ を状態のヒルベルト空間として選ぶことも可能である．これは，粒子的描像において，量子的粒子の運動量を観測するという設定に同伴するヒルベルト空間である．

---

[14] 4 元数体上のヒルベルト空間による量子力学の定式化は文献 [1] に見られる．

[15] [47] の第 4 章や [24] の第 1 章を参照．

以下，複素ヒルベルト空間を単にヒルベルト空間と呼ぶ.

12.3 量子系の物理量

次に量子系における物理量の空間がいかなるものであるかを発見法的に考察してみよう．これも観測事実に基づいてなされなければならない．たとえば，量子的粒子の“位置”が (実験精度の範囲で) 同一とみなされる状態において，複数回にわたって，測定を行う場合を考える．この場合，古典的な粒子とは違って，その測定値は，一般には，各回ごとに異なり，測定値の全体は，状態に応じて，ある確率分布にしたがう．これは，同一の状態でも量子的粒子が一般には確定した，位置の値をもたないことを示す．したがって，もし，位置に相当する物理量があるとすれば，それは，位置の測定値とは別物と考えねばならない．同様のことが他の物理量に対してもあてはまるであろう．前節で見たように，量子系の状態空間はヒルベルト空間である．量子系の状態がヒルベルト空間の零でないベクトルによって表されるのであれば，この空間に働く線形作用素も物理的に何らかの役割を演じるであろうと想定するのは自然である．ヒルベルト空間上の線形作用素論で学ぶように，線形作用素 A と数を結びつける自然な概念として，ベクトル Ψ に関する内積 $\langle \Psi, A\Psi \rangle$ ($\Psi \in D(A)$; $D(A)$ は A の定義域を表す) と A のスペクトル $\sigma(A) \subset \mathbb{C}$ がある[16]．そこで，物理量は状態のヒルベルト空間上の線形作用素で表されるという作業仮説をたてる．物理的な状態によって生成される部分空間が状態のヒルベルト空間で稠密であるとするのは自然な要請である．これに対応して，物理量 A は稠密に定義されているとするのも自然である．さらに次の (P.1), (P.2) を仮定してみよう：(P.1) 状態 Ψ での，確率的に分布する，A の測定値の期待値は $\langle \Psi, A\Psi \rangle / \|\Psi\|^2$ に等しい ($\|\Psi\| := \sqrt{\langle \Psi, \Psi \rangle}$ は Ψ のノルム); (P.2) $\sigma(A)$ は閉集合であり，A の測定値の全体の閉包は $\sigma(A)$ に等しい．ところで，物理量の測定値は (したがって，期待値も) 実数であたえられる[17]．

---

[16] 付録 C の C.3 節を参照.

[17] ただし，より一般的な観点から言えば，虚数の場合でも，その実部と虚部がそれぞれ，何らかの物理量の測定値を表すという意味で，それが物理量の測定値を表す場合も想定されうる．本書の 8.2 節を参照.

これと (P.1) は，A が対称作用素であることを導く[18]．対称作用素は可閉であり，その閉包は閉対称作用素である (付録 C，命題 C.18 を参照)．これをあらためて A とする．一般に，閉対称作用素のスペクトルが $\mathbb{R}$ の閉部分集合となるものは自己共役作用素であることが証明される (付録 C，命題 C.19 を参照)．したがって，A は自己共役でなければならない．こうして，物理量に関して，次の公理に到達する：

公理 (QM.2) (物理量に関する公理)

量子系の物理量は，その状態のヒルベルト空間上の自己共役作用素によって表される．

公理 (QM.2) は，状態のヒルベルト空間上の自己共役作用素がすべて物理量を表すとは主張していない．だが，この公理から，状態のヒルベルト空間上の自己共役作用素の全体が量子系のすべての物理量を含む自然な空間として浮かびあがってくる．この空間の研究は，より高次の観点からは，**非有界作用素代数**や**作用素環**の理論と結びつく．

物理量のうち，量子系の全エネルギーを表す自己共役作用素は，古典力学の術語を流用して，**ハミルトニアン**と呼ばれる．これは，古典力学の場合と同様，量子系のモデルを特徴づける物理量の一つである．

例 12.4 ヒルベルト空間 $L^2(\mathbb{R}^3)$ における線形作用素 $\hat{q}_j$ $(j=1,2,3)$ を次のように定義する：

$$D(\hat{q}_j) := \left\{ \psi \in L^2(\mathbb{R}^3) \mid \int_{\mathbb{R}^3} |x_j \psi(\boldsymbol{x})|^2 d\boldsymbol{x} < \infty \right\},$$

$$(\hat{q}_j \psi)(\boldsymbol{x}) := x_j \psi(\boldsymbol{x}), \quad \psi \in D(\hat{q}_j), \text{ a.e. } \boldsymbol{x} = (x_1, x_2, x_3) \in \mathbb{R}^3.$$

作用素 $\hat{q}_j$ を j 番目の**位置作用素**という．これは自己共役である．

例 12.5 $L^2(\mathbb{R}^3)$ 上の線形作用素 $\hat{p}_j$ を

$$\hat{p}_j := -i\hbar D_j$$

---

[18] [25] の命題 9.55 または [46] の命題 2.30.

によって定義する．ただし，i は虚数単位 ($i^2=-1$)，$\hbar:=h/(2\pi)$ (h はプランクの定数)，D_j は変数 x_j に関する一般化された偏微分作用素である．$\hat{p}_j$ を j 番目の**運動量作用素**と呼ぶ．これも自己共役である．

例 12.6 $\mathbb{R}^3$ 上のポテンシャル $V:\mathbb{R}^3\to\mathbb{R}\cup\{\pm\infty\}$ (ボレル可測) の作用のもとにある，質量が $m>0$ でスピン 0 の非相対論的量子的粒子のハミルトニアンは**シュレーディンガー型作用素**

$$H_{\mathrm{S}}=\frac{\hat{\boldsymbol{p}}^2}{2m}+\hat{V}$$

であたえられる．ただし，$\hat{\boldsymbol{p}}^2:=\sum_{j=1}^{3}\hat{p}_j^2$ であり，$\hat{V}$ は関数 V による掛け算作用素である．V のいくつかのクラスに対して，H_{S} の (本質的) 自己共役性が証明される [19]．

自己共役作用素のスペクトル定理 (付録 C の定理 C.23) を用いると，公理 (QM.2) から，量子現象の確率的特性に対する一般的かつ原理的な定式化を確立することができる．

公理 (QM.3) (確率解釈)

$\mathscr{H}$ を量子系の状態のヒルベルト空間とし，T を系の物理量とする．このとき，状態 $\Psi\in\mathscr{H}$ ($\|\Psi\|=1$) において，T を観測したときに，その観測値がボレル集合 $B\subset\mathbb{R}$ の中に入る確率は $\|E_T(B)\Psi\|^2$ である．ただし，E_T は T のスペクトル測度である．

この公理の要点の一つは，物理量 T のスペクトル $\sigma(T)$ の性質 — $\sigma(T)$ は固有値だけからなるか，あるいは連続スペクトルだけからなるか，または $\sigma(T)$ は固有値も連続スペクトルも含むか [20] — に関わらず，抽象的・普遍的な形で確率解釈が可能であることが示されている点にある．こうして，「物理量は自己共役作用素によって表される」という公理論的要請は，スペクトル定理を介して，自然な仕方で，任意の物理量に対する確率解釈を可能にするのである．さらに，公理 (QM.3) を用いると，状態 $\Psi\in D(T)$ ($\|\Psi\|=1$) における物理量 T の観測結果の

---

[19] [30] の第 2 章を参照．

[20] 自己共役作用素の剰余スペクトルは空集合である．

期待値 — $\langle T \rangle_\Psi$ と書こう — は

$$\langle T \rangle_\Psi = \langle \Psi, T\Psi \rangle$$

であたえられることが証明される[21]．こうして，物理量が関わる内積も自然な物理的解釈をもつことがまったく一般的に示されるのである．ここにもまた数学と物理のたいへん美しい照応関係が見られる．

12.4 量子系の時間発展と状態のヒルベルト空間の構造

量子系の時間発展についても発見法的な考察が可能であり，ある自然な仕方で次の公理へと至ることができる[22]．

公理 (QM.4) (状態の時間発展)

$\mathscr{H}$ を量子系の状態のヒルベルト空間とし，H を量子系のハミルトニアンとする (時間によらないとする)．このとき，量子系が，時刻 $t_0 \in \mathbb{R}$ で状態 Ψ_0 にあるならば，任意の時刻 $t \in \mathbb{R}$ での状態 $\Psi(t)$ は — その間に系に対して観測を行わない限り — $\Psi(t) = e^{-i(t-t_0)H/\hbar}\Psi_0$ によってあたえられる[23]．

この公理によれば，時刻 0 での状態 (初期状態) が $\Psi \in \mathscr{H} \setminus \{0\}$ であるときの状態の時間発展は，$\mathbb{R}$ から $\mathscr{H}$ への連続写像 $\Psi_H : \mathbb{R} \to \mathscr{H}; \Psi_H(t) := e^{-itH/\hbar}\Psi$ を定める．一般に，$\mathbb{R}$ の区間[24]から $\mathscr{H}$ への連続写像を $\mathscr{H}$ **内の曲線**という．そこで，Ψ_H を初期状態が Ψ の**状態曲線**または**量子力学的流線**と呼ぶ．$\Psi \in D(H)$ ならば $\Psi_H(t)$ は**抽象的シュレーディンガー方程式**

$$i\hbar \frac{d\Psi(t)}{dt} = H\Psi(t), \quad \Psi(0) = \Psi$$

(t に関する微分は強微分の意味でとる) の解であり，逆に，この方程式の解は

---

21) [17] の命題 6.1 を参照．

22) 紙数の都合上，その発見法的議論は省略する．詳しくは，[17] の 6.5 節や [47] の 3.5 節を参照．

23) e^{-itH} $(t \in \mathbb{R})$ は自己共役作用素 H に関する作用素解析を介して定義されるユニタリ変換である (付録 C の例 C.24 を参照)．

24) $\mathbb{R}$ を含めて 9 種類ある．

$\Psi_H(t)$ であたえられる[25].

曲線 Ψ_H の像を $C_{H,\Psi} \subset \mathscr{H}$ とする：

$$C_{H,\Psi} := \{\Psi_H(t) | t \in \mathbb{R}\} = \{e^{-itH/\hbar}\Psi | t \in \mathbb{R}\}.$$

次の定理は，ハミルトニアンが状態のヒルベルト空間に一つの秩序を現出させることを語るものであり，たいへん興味深い．

定理 12.7

(i) 各対 $(\Psi, \Phi) \in \mathscr{H} \times \mathscr{H}$ に対して，$C_{H,\Psi} = C_{H,\Phi}$ または $C_{H,\Psi} \cap C_{H,\Phi} = \varnothing$ のどちらかが成立する．

(ii) ある添え字集合 Λ があって $\mathscr{H} \setminus \{0\} = \bigcup_{\lambda \in \Lambda} C_\lambda$ と表される．ただし，各 C_λ は状態曲線で，$\lambda \neq \mu$ ならば $C_\lambda \cap C_\mu = \varnothing$ を満たす．

証明 (i) $C_{H,\Psi} \cap C_{H,\Phi} \neq \varnothing$ ならば $C_{H,\Psi} = C_{H,\Phi}$ を示せばよい．$C_{H,\Psi} \cap C_{H,\Phi} \neq \varnothing$ とし，$\eta \in C_{H,\Psi} \cap C_{H,\Phi}$ とすれば，$\eta = e^{-iaH/\hbar}\Psi = e^{-ibH/\hbar}\Phi$ となる $a, b \in \mathbb{R}$ が存在する．したがって，任意の $s, t \in \mathbb{R}$ に対して，$e^{itH/\hbar}e^{isH/\hbar} = e^{i(t+s)H/\hbar}$ が成り立つ[26] ことを使うと，$\Psi = e^{-i(b-a)H}\Phi \cdots (*)$ および $\Phi = e^{-i(a-b)H/\hbar}\Psi \cdots (**)$ が成り立つ．$(*)$ は任意の $t \in \mathbb{R}$ に対して，$e^{-itH/\hbar}\Psi = e^{-i(t+b-a)H/\hbar}\Phi \in C_{H,\Phi}$ を意味する．したがって，$C_{H,\Psi} \subset C_{H,\Phi}$．同様に，$(**)$ は $C_{H,\Phi} \subset C_{H,\Psi}$ を導く．ゆえに $C_{H,\Psi} = C_{H,\Phi}$ である．

(ii) 任意の $\Psi \in \mathscr{H} \setminus \{0\}$ に対して，$\Psi = \Psi_H(0) \in C_{H,\Psi}$ であるから，$\mathscr{H} \setminus \{0\} = \bigcup_{\Psi \in \mathscr{H} \setminus \{0\}} C_{H,\Psi}$ が成り立つ．$\Psi \in \mathscr{H} \setminus \{0\}$ に対して，$[\Psi] := \{\Phi \in \mathscr{H} \setminus \{0\} | C_{H,\Psi} = C_{H,\Phi}\}$ とおくと，(i) により，$[\Psi] \neq [\Phi]$ と $C_{H,\Psi} \cap C_{H,\Phi} = \varnothing$ が同値であることがわかる．そこで，$\Lambda := \{[\Psi] | \Psi \in \mathscr{H} \setminus \{0\}\}$ とし，$\lambda = [\Psi]$ に対して，$C_\lambda := C_{H,\Psi}$ とおけば，題意の成立が示される[27]. ■

定理 12.7 (ii) は，0 でないベクトルからなる集合 $\mathscr{H} \setminus \{0\}$ は互いに交わらない状態曲線の像で埋め尽くされることを語る．

---

[25] 証明については，[17] の定理 6.10 を参照.

[26] [17] の定理 4.5 を参照.

[27] C_λ は Ψ の取り方によらず定義されている．なぜなら，$\Phi \in [\Psi]$ とすれば，$C_{H,\Psi} = C_{H,\Phi}$ が成り立つからである.

12.5 物理量の時間発展と物理量の空間の構造

状態のヒルベルト空間が $\mathscr{H}$ で，ハミルトニアンが $\mathscr{H}$ 上の自己共役作用素 H で表される量子系を考える．公理 (QM.4) によれば，初期状態が $\Psi \in \mathscr{H} \setminus \{0\}$($\|\Psi\| = 1$ とする) であるときの時刻 t での状態 $\Psi(t)$ は $\Psi(t) = e^{-itH/\hbar}\Psi$ であたえられる．$\Psi(t)$ も単位ベクトルである：$\|\Psi(t)\| = 1$. T を当の量子系の任意の物理量とし，任意の $t \in \mathbb{R}$ に対して，$\Psi(t) \in D(T)$ とする．このとき，12.3 節で述べたように，時刻 t での状態 $\Psi(t)$ における T の期待値 $\langle T \rangle_{\Psi(t)}$ は $\langle \Psi(t), T\Psi(t) \rangle$ である．そこで，作用素

$$T(t) := e^{itH/\hbar} T e^{-itH/\hbar}$$

を導入すれば，$(e^{-itH/\hbar})^* = e^{itH/\hbar}$ によって

$$\langle T \rangle_{\Psi(t)} = \langle \Psi, T(t)\Psi \rangle = \langle T(t) \rangle_{\Psi} \tag{12.1}$$

と表される．これは，時刻 t での状態 $\Psi(t)$ における T の期待値が，時刻 0 での状態 Ψ における作用素 $T(t)$ の期待値に等しいことを示す．したがって，期待値 $\langle T \rangle_{\Psi(t)}$ は，$\Psi(t)$ のかわりに，時間変数 t に依存する作用素 $T(t)$ を計算することによっても求めることができる．作用素 $T(t)$ は物理量 T の時間発展を表す作用素と解釈される．これを **H に関する T のハイゼンベルク作用素**という．いまの議論は，量子系の時間発展に対して二つの見方が可能であることを意味する．量子系の時間発展を状態の時間発展：$t \mapsto \Psi(t)$ として捉える見方を**シュレーディンガー描像**といい，物理量の時間発展：$t \mapsto T(t)$ として捉える見方を**ハイゼンベルク描像**という．これら二つの描像は，物理量の期待値に関しては，関係式 (12.1) の意味において同等である．

ハイゼンベルク作用素 $T(t)$ は微分方程式

$$\frac{dT(t)}{dt} = -\frac{i}{\hbar}[T(t), H] \tag{12.2}$$

を満たすことが形式的に示される[28)]．この型の方程式を H から定まる**ハイゼン**

[28)] T が有界で $D(H)$ を不変にするならば (すなわち，$D(H) \subset D(T)$ かつ $TD(H) \subset D(H)$)，t に関する微分を強微分の意味でとって，(12.2) が $D(H)$ 上で成立する ([17] の定理 6.12)．T または H が非有界の場合に対しては，t に関する微分の意味を弱微分の意味で考える必要がある．詳しくは [47] の 3.7.3 項を参照されたい．

ベルクの運動方程式という．

物理量の空間の構造を探るために，古典力学のハミルトン形式[29]における運動方程式を想起しよう．$q:=(q_1,\cdots,q_d)$ を一般化座標，$p:=(p_1,\cdots,p_d)$ を一般化運動量とし，古典力学系のハミルトニアンを $H_{\mathrm{cl}}(q,p)$ とする．このとき，一般化座標と一般化運動量の時間発展 $q(t)=(q_1(t),\cdots,q_d(t))$ と $p(t)=(p_1(t),\cdots,p_d(t))$ はハミルトン方程式

$$\frac{dq_j(t)}{dt}=\frac{\partial H_{\mathrm{cl}}(q(t),p(t))}{\partial p_j(t)},\quad \frac{dp_j(t)}{dt}=-\frac{\partial H_{\mathrm{cl}}(q(t),p(t))}{\partial q_j(t)},\quad j=1,\cdots,d$$

にしたがう ($q(0):=q,p(0):=p$ とする)．このとき，一般の物理量 $F=F(q,p)$(q,p の実数値関数) の時間発展 $F(t):=F(q(t),p(t))$ に対する運動方程式は

$$\frac{dF(t)}{dt}=\{F(t),H_{\mathrm{cl}}(q(t),p(t))\}_{\mathrm{PB}} \tag{12.3}$$

であたえられる．ただし，$\{\ ,\ \}_{\mathrm{PB}}$ はポアッソン括弧と呼ばれるもので次のように定義される (F,G は物理量[30])：

$$\{F(q,p),G(q,p)\}_{\mathrm{PB}}:=\sum_{j=1}^{d}\left(\frac{\partial F(q,p)}{\partial q_j}\frac{\partial G(q,p)}{\partial p_j}-\frac{\partial F(q,p)}{\partial p_j}\frac{\partial G(q,p)}{\partial q_j}\right).$$

(12.2) と (12.3) を見比べると，次の対応関係に気付く：

$$T(t)\longleftrightarrow F(t),\quad H\longleftrightarrow H_{\mathrm{cl}}(q,p),$$
$$-\frac{i}{\hbar}[T(t),H]\longleftrightarrow \{F(t),H_{\mathrm{cl}}(q(t),p(t))\}_{\mathrm{PB}}.$$

したがって，古典力学から量子力学に移るための一つの置き換えとして

$$\{F,G\}_{\mathrm{PB}}\longrightarrow -\frac{i}{\hbar}[\hat{F},\hat{G}]$$

という対応が考えられる．ただし，$\hat{F}$ は F に対応する量子力学的物理量 (適当なヒルベルト空間上の作用素) を表す．ところで，容易にわかるように

$$\{q_j,p_k\}_{\mathrm{PB}}=\delta_{jk},\quad \{q_j,q_k\}_{\mathrm{PB}}=0,\quad \{p_j,p_k\}_{\mathrm{B}}=0,\quad j,k=1,\cdots,d$$

---

29) たとえば，[41] の第 3 章を参照．

30) 微分可能性は必要なだけ常に仮定されているものとする．

である．したがって，量子力学的に対応する関係式は

$$[\hat{q}_j, \hat{p}_k] = i\hbar\delta_{jk}, \quad [\hat{q}_j, \hat{q}_k] = 0, \quad [\hat{p}_j, \hat{p}_k] = 0, \quad j, k = 1, \cdots, d$$

となる．これらの関係式は**自由度 d の正準交換関係** (canonical commutation relations; CCR と略す) と呼ばれる．こうして，上述の古典力学系に対応する量子力学系における基本的な物理量は自由度 d の CCR を満たす作用素の組 $(\hat{q}_1, \cdots, \hat{q}_d, \hat{p}_1, \cdots, \hat{p}_d)$ であることが発見法的に措定される．

そこで，古典力学系のことは忘れて，CCR の表現 (10.3 節を参照) を量子力学的原理の一つとして公理論的に要請する．

[物理量の構成原理[31]]

外的な自由度が d の量子系の状態のヒルベルト空間 $\mathscr{H}$ は，自由度 d の CCR の既約な自己共役表現 $(\mathscr{H}, \mathscr{D}, \{Q_j, P_j | j = 1, \cdots, d\})$ の表現空間である．さらに，Q_j, P_j $(j = 1, \cdots, d)$ は量子系の基本的な物理量であり，外的自由度に関する他の物理量は，これらの自己共役作用素から構成される．

上述の「物理量の構成原理」は，外的な自由度に関するものであるが，内的な自由度 (たとえば，スピン自由度) は，しかるべき代数の，状態のヒルベルト空間における自己共役表現 (自己共役作用素を用いて，当該の代数の生成元を実現すること) であたえられる (11.6 節を参照)．

すでに 10.3 節で述べたように，各 $d \in \mathbb{N}$ に対して，自由度 d の CCR の表現全体の集合 CCR(d) が付随し，CCR(d) は同値類によって類別される．この同値類の集合は，量子力学に関わる「空間」の一つと見ることができる．

最後に，CCR の表現は，無限自由度 ($d = \infty$) の場合も考えることができ，それはボソン的量子場 (ボソンを量子とする量子場) の理論を構成するための基本的要素となることを付け加えておこう[32]．

---

[31] この原理は，文献 [41] の 7.6 節では，対称性の観点から，量子基本対称性原理と呼ばれている．哲学的な観点については [33] を参照されたい．

[32] 詳しくは，[19] の第 4 章と [20] の第 9 章，第 10 章および第 12 章を参照されたい．

第13章

量子力学とトポロジー
——アハラノフ - ボーム効果の数理

13.1　はじめに

20世紀後半から，トポロジー的な構造が本質的な役割を演じる興味深い量子力学的現象が量子物理学 (特に物性物理学) の重要な研究対象として注目され，実験的にも理論的にも盛んに研究されてきている．そのような現象のうちで基本的なものは，電子のような荷電粒子が外的な電磁場と相互作用をする系において生じる．このことに対する理由をおおまかに述べれば次のようになる：荷電粒子と電磁場が相互作用をする系は，量子力学的には，**ゲージ理論**と呼ばれる理論形式の特殊な場合によって記述される．他方，ゲージ理論は，数学的には，ファイバー束と呼ばれる多様体に関する幾何学の理論であり，トポロジーとも深い関係をもつ．こうして，電磁場が関わる量子力学的現象とトポロジーとの密接な関連が示唆される．本章では，そのような現象の一つとして，**アハラノフ–ボーム効果** (AB効果と略す) と呼ばれるものをとりあげ，量子力学とトポロジーの美しい調和的な関わりの一端を眺めてみたい．

13.2　AB効果とはどういうものか

図13.1のような実験装置において，電子線源から放射される電子線は二つのスリットによって分けられ，紙面に垂直な向きをもつ磁場の存在する領域の外側の空間を通過し，スクリーンに到達する．このとき，スクリーン上には干渉縞ができる．電子線は，空間的には磁場と相互作用をしないので，磁場を変動させて

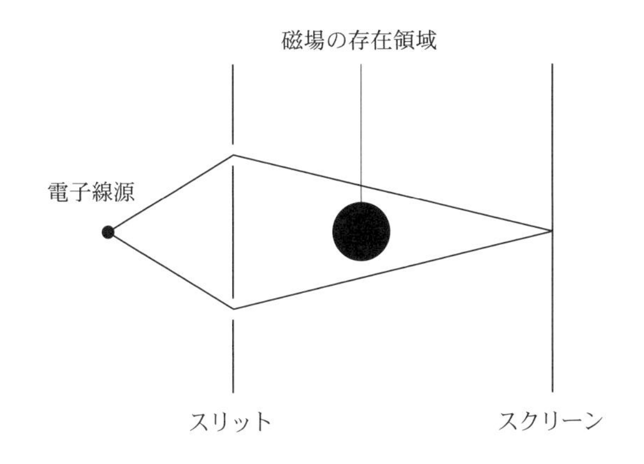

図 13.1　AB 効果の模式図 (磁場の方向は紙面に垂直)

も，干渉縞のパターンは変化しないであろうと予想するのが古典物理学的な考え方である．だが，実際にはそうではなく，磁場の変動に応じて，干渉縞のパターンは変化するのである．この，古典物理学的には不可解な現象は，1959 年，アハラノフとボームによって，量子力学を用いて，理論的に予言され，AB 効果と呼ばれるようになった [1]．

量子力学的な観点からは，このような現象が起きてもそれほど不思議ではない．なぜかと言うと，前節で述べたように，電子のような荷電粒子と電磁場の相互作用は，量子力学では，ゲージ理論によって記述されるのであるが，この理論形式では，荷電粒子は，電磁場そのものと直接に相互作用をする形をとらず，それらの間の相互作用は，電磁場を導く**電磁ポテンシャル**によって決定されるからである [2]．図 13.1 において，磁場を導く電磁ポテンシャルである**ベクトルポテンシャル**は，磁場が存在しない領域においても 0 ではなく，電子はこのベクトルポテンシャルと相互作用をする．結論的に言えば，この相互作用が行われる空間 (電子の配位空間)，すなわち，全空間 $\mathbb{R}^3$ から磁場の存在領域 (紙面に垂直な方向に延びる無限円柱を除いた空間のトポロジーの非自明性 (非単連結性) が AB 効果の出現を可能にするのである．

---

[1] AB 効果の実験的な事柄の詳細については [182, 183] を参照．

[2] 電磁ポテンシャルは，ゲージ理論の文脈では，**ゲージ場**あるいは**ゲージポテンシャル**と呼ばれる．

AB 効果を量子力学的に説明する方法はいくつかある．ここでは，量子力学の基本原理の一つである**正準交換関係** (canonical commutation relations; CCR と略す) の表現論の観点からのアプローチを述べる．

13.3 特異な磁場をもつ 2 次元量子系における CCR の表現

不必要な煩雑さを避け，現象の本質をはっきりと照らし出すために，図 13.1 の磁場は $\mathbb{R}^3$ の z 軸に集中しているという理想化を行い，空間を 2 次元化して考える．すなわち，z 軸に垂直な平面 $\mathbb{R}^2$ から，磁場が通過する原点を除いた非単連結領域

$$M := \mathbb{R}^2 \setminus \{\mathbf{0}\} \tag{13.1}$$

の中を荷電粒子が運動するような量子系を考察するのである [3)]．$\mathbb{R}^2$ の原点に集中する磁場は 2 次元のディラックのデルタ超関数 $\delta(\boldsymbol{x})$ によって記述される．すなわち，いまの場合の磁場を B とし，磁束を $\Phi_0 \in \mathbb{R}$ とすれば，B は

$$B(\boldsymbol{x}) = \Phi_0 \delta(\boldsymbol{x}) \tag{13.2}$$

という形であたえられる．M 上には，磁場は存在しないが，

$$A_1(\boldsymbol{x}) := -\frac{x_2}{|\boldsymbol{x}|^2}\Phi_0, \quad A_2(\boldsymbol{x}) := \frac{x_1}{|\boldsymbol{x}|^2}\Phi_0 \tag{13.3}$$

によってあたえられるベクトルポテンシャル $\boldsymbol{A} := (A_1, A_2)$ の場が出現する [4)]．

いま考えている量子系の状態のヒルベルト空間として，$L^2(\mathbb{R}^2)$ をとることができる．荷電粒子の電荷を $q \in \mathbb{R} \setminus \{0\}$ とすれば，荷電粒子の**物理的運動量** $\boldsymbol{P} = (P_1, P_2)$ が

$$P_j := \hat{p}_j - qA_j, \quad j = 1, 2 \tag{13.4}$$

によって，$L^2(\mathbb{R}^2)$ 上の線形作用素として定義される．ただし，$\hat{p}_j := -i\hbar D_j$ は

---

3) M は，$\mathbb{R}^2$ から 1 個の穴を除いた領域 (図 13.1 を参照) とトポロジー的に同型である．

4) $\boldsymbol{A}$ の選び方にはゲージ変換の任意性がある．なお，磁場とベクトルポテンシャルの関係は，$B = D_1 A_2 - D_2 A_1$ (D_1, D_2 は超関数的偏微分作用素) である．

運動量作用素である．M 上の無限回微分可能な関数で M の中に有界な台をもつものの全体を $C_0^\infty(M)$ で表す．この部分空間は $L^2(\mathbb{R}^2)$ で稠密である．各 P_j は $C_0^\infty(M)$ 上で本質的に自己共役であることが示される．したがって，その閉包 $\bar{P}_j$ は自己共役である．さらに，関係式 $D_1A_2(\boldsymbol{x}) - D_2A_1(\boldsymbol{x}) = 0,\ \boldsymbol{x} \in M$ — M 上で磁場 B が 0 であるということ — を使うと，$C_0^\infty(M)$ 上で

$$[Q_j^{\mathrm{S}}, \bar{P}_k] = i\hbar\delta_{jk}, \quad [Q_j^{\mathrm{S}}, Q_k^{\mathrm{S}}] = 0, \quad [\bar{P}_j, \bar{P}_k] = 0 \quad (j, k = 1, 2) \tag{13.5}$$

が成り立つことが容易にわかる．ただし，Q_j^{S} は自由度 2 の CCR のシュレーディンガー表現における位置作用素である (例 11.2 を参照) したがって

$$\pi_{\boldsymbol{A}} := (L^2(\mathbb{R}^2), C_0^\infty(M), \{Q_j^{\mathrm{S}}, \bar{P}_j\}_{j=1}^2) \tag{13.6}$$

は自由度 2 の CCR の自己共役表現である．しかも既約な表現であることも証明される [122]．こうして，特異な磁場をもつ 2 次元の荷電粒子系には，シュレーディンガー表現とは別の外見をもつ CCR の表現が実現していることがわかる．

13.4 CCR の非同値表現と AB 効果

CCR の表現 $\pi_{\boldsymbol{A}}$ はシュレーディンガー表現に同値であろうか．この問題を解くには，フォン・ノイマンの一意性定理 (定理 11.7) を考慮して，ユニタリ作用素 $e^{itQ_j^{\mathrm{S}}}, e^{it\bar{P}_j}$ がヴァイルの関係式を満たすかどうかを調べればよい．

結果を述べるために，記号を用意しよう．M の中の任意の連続閉曲線 C に対して，ベクトルポテンシャル $\boldsymbol{A} = (A_1, A_2)$ の C に沿う線積分を

$$\varPhi(C) := \int_C [A_1(\boldsymbol{x})dx_1 + A_2(\boldsymbol{x})dx_2] = \int_C \boldsymbol{A}(\boldsymbol{x}) \cdot d\boldsymbol{x} \tag{13.7}$$

とする．0 でない実数 s, t に対して，点 $\boldsymbol{x} = (x_1, x_2) \in M$ を出発して，$\boldsymbol{x} \to (x_1 + \hbar s, x_2) \to (x_1 + \hbar s, x_2 + \hbar t) \to (x_1, x_2 + \hbar t) \to \boldsymbol{x}$ のように一まわりして点 $\boldsymbol{x}$ にもどる長方形の閉曲線を $C(\boldsymbol{x}; s, t)$ とする (図 13.2)．ただし，$C(\boldsymbol{x}; s, t)$ は原点を通らないものとする．

さて，上記の問題についての答を言えば，ヴァイルの関係式のうち，$e^{is\bar{P}_1}$ と $e^{it\bar{P}_2}$ の交換関係だけがヴァイルの関係式を破りうることが示される．これらの作用素については，すべての $\psi \in L^2(\mathbb{R}^2), s, t \in \mathbb{R} \setminus \{0\}$ に対して

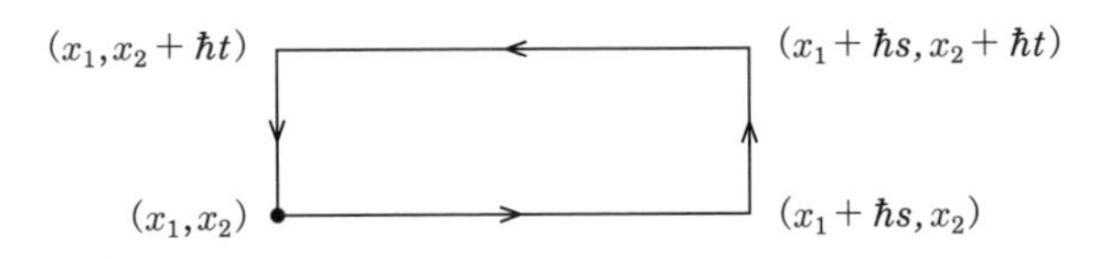

図 **13.2**　曲線 $C(\boldsymbol{x};s,t)$ $(s,t>0$ の場合)

$$\left(e^{is\bar{P}_1}e^{it\bar{P}_2}\psi\right)(\boldsymbol{x})=e^{-q\Phi(C(\boldsymbol{x};s,t))i/\hbar}\left(e^{it\bar{P}_2}e^{is\bar{P}_1}\psi\right)(\boldsymbol{x}) \tag{13.8}$$

が (ルベーグ測度に関して) ほんとんどいたるところの点 $\boldsymbol{x}$ について成り立つ [5]．一方，$C(\boldsymbol{x};s,t)$ の内部領域を $D(\boldsymbol{x};s,t)$ とすれば，

$$\Phi(C(\boldsymbol{x};s,t))=\begin{cases} 2\pi\varepsilon(st)\Phi_0 & (0\in D(\boldsymbol{x};s,t)\text{ のとき}) \\ 0 & (0\notin D(\boldsymbol{x};s,t)\text{ のとき}) \end{cases}$$

を示すのは容易である．ただし，$\varepsilon(t):=t/|t|$, $t\in\mathbb{R}\setminus\{0\}$．これと (13.8) から，「$q\Phi_0/\hbar$ が整数 $\Longleftrightarrow e^{is\bar{P}_1}e^{it\bar{P}_2}=e^{it\bar{P}_2}e^{is\bar{P}_1}$, $s,t\in\mathbb{R}$」が得られる．$q\Phi_0/\hbar$ が整数であるとき，**磁束は量子化されている**という．この概念を用いると，**CCR の表現 $\pi_{\boldsymbol{A}}$ がシュレーディンガー表現に非同値であるための必要十分条件は磁束が量子化されていないことである**，という結論が得られる．こうして，シュレーディンガー表現に同値でない CCR の表現，すなわち，非同値表現の存在が示される．

(13.8) 式の幾何学的・物理的な意味を考えてみよう．量子力学の文脈では，$L^2(\mathbb{R}^2)$ の元 ψ は状態の波動関数と呼ばれる．点 $\boldsymbol{x}$ における ψ の値 $\psi(\boldsymbol{x})$ は一般には複素数である．この複素数の極形式 $\psi(\boldsymbol{x})=|\psi(\boldsymbol{x})|e^{i\theta(\boldsymbol{x})}$ で定義される実数値関数 $\theta(\boldsymbol{x})$($\psi(\boldsymbol{x})$ の偏角) を ψ の**位相** (phase) という．いま，M の各点 $\boldsymbol{x}$ に複素平面 $\mathbf{C}$ が "くっついている" とし，これを $\mathbf{C}_{\boldsymbol{x}}$ で表し，$\psi(\boldsymbol{x})$ を $\mathbf{C}_{\boldsymbol{x}}$ のベクトルとみなす．$e^{it\bar{P}_j}$ は，幾何学的には，ベクトルポテンシャルが存在する場における，波動関数の x_j 方向への平行移動を表す作用素である．この観点からは，(13.8) 式に現れる二つの因子 $(e^{is\bar{P}_1}e^{it\bar{P}_2}\psi)(\boldsymbol{x})$, $(e^{it\bar{P}_2}e^{is\bar{P}_1}\psi)(\boldsymbol{x})$ は，それぞれ，$\mathbf{C}_{x_1+\hbar s,x_2+\hbar t}$ のベクトル $\psi(x_1+\hbar s, x_2+\hbar t)$ を，曲線：$(x_1+\hbar s, x_2+\hbar t)\to(x_1+\hbar s, x_2)\to\boldsymbol{x}$ と曲線：$(x_1+\hbar s, x_2+\hbar t)\to(x_1, x_2+\hbar t)\to\boldsymbol{x}$ に沿って平行移動して得られる，$\mathbf{C}_{\boldsymbol{x}}$ のベクトルを表す (図 13.2 を参照)．$D(\boldsymbol{x};s,t)$ が

[5] 詳しくは，論文 [10] または [30] の 3.6 節を参照．

原点0を含むとき，(13.8)式は，これらの平行移動によって波動関数の位相が $-2\pi q\Phi_0\varepsilon(st)/\hbar$ だけずれることを意味している．磁束が量子化されていなければ，このずれは，2π の整数倍ではないので，非自明な位相のずれをあたえる．これがまさにAB効果の出現に対応していると解釈されるのである．一方，上に見たように，磁束の非量子化はCCRの表現 $\pi_{\boldsymbol{A}}$ の非同値表現に対応する．こうして，CCRの表現 $\pi_{\boldsymbol{A}}$ の非同値表現とAB効果の生起が対応していることがわかる．

13.5　トポロジー的構造との照応

M の任意の点 Q から出発し，Q にもどってくる連続閉曲線は Q を基点とする（M の）**ループ**と呼ばれる．M のループの全体を $L(M)$ と書こう．任意のループ $C_1, C_2 \in L(M)$ について（基点は同じである必要はない），C_1 を連続的に変形して，C_2 に重ね合わせることができるとき，C_1 と C_2 は**ホモトープ**であるという．この関係は同値関係であり，これによって，$L(M)$ を同値類 — **ホモトピー類** — に分類することができる．ループ C のホモトピー類を $[C]$ と書き，M のループのホモトピー類の全体を $[L(M)]$ で表す．原点のまわりを n 回まわるループのホモトピー類を L_n としよう．ただし，まわり方が反時計まわりのときは，$n>0$，時計まわりのときは，$n<0$，ループが原点のまわりをまわらない場合は，$n=0$ とする．このとき，「$n \neq m \Longleftrightarrow L_n \neq L_m$」であり，$[L(M)] = \{L_n\}_{n\in\mathbf{Z}}$ が成り立つ．

(13.7)式から定まる対応 $\Phi : C \to \Phi(C)$ は，$L(M)$ から $\mathbb{R}$ への写像を定める．グリーンの定理を用いると，実は，Φ は，ホモトピー不変，すなわち，任意のホモトピー類上で一定であることがわかる．あらわには，任意の $n \in \mathbf{Z}$ に対して

$$\Phi(C) = 2\pi\Phi_0 n, \quad C \in L_n \tag{13.9}$$

であることが単純な計算からわかる．したがって，

$$W([C]) := e^{-iq\Phi(C)/\hbar}, \quad C \in L(M)$$

によって，$[L(M)]$ から，複素平面の単位円周 $\mathsf{T} := \{z \in \mathbf{C} |\ |z| = 1\}$ への写像 W が定義される．(13.9)式から，この写像が非自明，すなわち，$W \neq 1$ であるため

の必要十分条件は，磁束が量子化されていないことであることが導かれる．したがって，写像 W の非自明性と CCR の表現 $\pi_{\boldsymbol{A}}$ の非同値性が正確に対応していることがわかる．(13.8) 式の右辺の因子 $e^{-q\Phi(C(\boldsymbol{x};s,t))i/\hbar}$ — これは前節で述べた意味で，AB 効果の生起に関わる — は，$D(\boldsymbol{x};s,t)$ が原点 0 を含むとき，$C(\boldsymbol{x};s,t)$ のまわる向きに応じて，$W(L_1)$ または $W(L_{-1})$ に等しいことに注意しよう．

M の中の任意に固定された 1 点を基点とするループのホモトピー類からなる集合を $\pi_1(M)$ とすれば，これは，ループの合成から定まる自然な積の演算に関して群をなすことが知られる．この群は M の**基本群**あるいは **1 次元ホモトピー群**と呼ばれる．基本群 $\pi_1(M)$ は加群としての $\mathbf{Z}$ に同型である．写像 W を $\pi_1(M)$ に制限したものを ϱ とし，T を 1 次元ユニタリ群とみれば，ϱ は $\pi_1(M)$ の 1 次元ユニタリ表現をあたえることがわかる．前段に述べたことは，このユニタリ表現が非自明であることと CCR の表現 $\pi_{\boldsymbol{A}}$ の非同値性が正確に対応している，ということである．これは，CCR の表現 $\pi_{\boldsymbol{A}}$ と基本群のユニタリ表現 ϱ の深い関わりを示唆する．実際，この直観は正しく，基本群のユニタリ表現 ϱ から，$\pi_{\boldsymbol{A}}$ とユニタリ同値な CCR の表現を構成することができる [122]．こうして，荷電粒子の配位空間 M のトポロジー的な構造と量子力学的な構造 (CCR の表現) が美しい調和的な形で結びついていることが見てとれる．

13.6 おわりに

この章で考察した荷電粒子系におけるベクトルポテンシャルの特異点の数は一つであったが，特異点の数が高々可算個の場合やゲージ場が非可換的である場合 (A_1, A_2 が行列値関数の場合) にも，同様の考察が可能である [13, 14]．特に，特異点が格子上に規則的に分布するような場合には，**量子平面**，**量子群**と呼ばれる新しい別の数学的構造が現れてきて，実に興味深い [15]．このように，特異点をもつゲージ場に関わる量子力学というのは，特異点の幾何学的・トポロジー的構造と深い関係をもつ．そうした構造を徹底的に解明し，その意味をより高次の観点からとらえなおすことは今後の課題として残されている [6]．

---

[6] CCR の表現と AB 効果の関連についてのもっと詳しい解説は [16] に書かれている．AB 効果の説明に対する物理的アプローチについては，いまあげた拙稿で言及されている参考文献を参照されたい．

第 14 章

シュレーディンガー方程式の諸問題

14.1 序 — シュレーディンガー方程式の二つの型

本章の主題であるシュレーディンガー方程式は，その名が示唆するように，オーストリア生まれの理論物理学者エルヴィン・シュレーディンガー (Erwin Schrödinger, 1887–1961) によって，1926 年に，**波動力学**の基礎方程式として提示された．この方程式には二つの型がある．その一つは，3 次元空間 $\mathbb{R}^3$ 上の**物質波** [1] を記述する複素数値関数 $\psi: \mathbb{R}^3 \ni \boldsymbol{x} = (x_1, x_2, x_3) \mapsto \psi(\boldsymbol{x}) \in \mathbb{C}$ (複素数全体) — **波動関数**と呼ばれる — に関する偏微分方程式

$$-\frac{\hbar^2}{2m}\Delta\psi(\boldsymbol{x}) + V(\boldsymbol{x})\psi(\boldsymbol{x}) = E\psi(\boldsymbol{x}) \tag{14.1}$$

であり，もう一つは，時空 $\mathbb{R} \times \mathbb{R}^3 = \{(t, \boldsymbol{x}) | t \in \mathbb{R}, \boldsymbol{x} \in \mathbb{R}^3\}$ 上 ($\mathbb{R}$ は実数全体，t は時間変数を表す) の波動関数 $\phi: (t, \boldsymbol{x}) \mapsto \phi(t, \boldsymbol{x}) \in \mathbb{C}$ に関する偏微分方程式

$$i\hbar\frac{\partial\phi(t,\boldsymbol{x})}{\partial t} = -\frac{\hbar^2}{2m}\Delta\phi(t,\boldsymbol{x}) + V(\boldsymbol{x})\phi(t,\boldsymbol{x}) \tag{14.2}$$

である．ただし，$\hbar > 0, m > 0, E \in \mathbb{R}$ は定数，$\Delta := \partial^2/\partial x_1^2 + \partial^2/\partial x_2^2 + \partial^2/\partial x_3^2$ は**ラプラシアン** (ラプラス作用素) と呼ばれる偏微分作用素 [2]，V は**ポテンシャ**

---

[1] フランスの理論物理学者ド・ブロイは，物質粒子をある種の波動として捉える斬新な観点を提唱した (1923)．この場合の波動を**物質波**といい，その波動を生み出す本体を**物質場**という．これは，ちょうど，古典電磁気学において，光を粒子としてではなく，電磁場の波動 (電磁波) として捉えるのと同様である．この意味において，物質波の理論およびその流れを汲む波動力学は，量子論ではなく，純然たる古典場の理論である [181]．この点については注意されたい．

[2] 「A:=B」は A を B によって定義することを表す記法．$\mathbb{R}^3$ 上の任意の C^2 級関数 f に対して，$\Delta f = \partial^2 f/\partial x_1^2 + \partial^2 f/\partial x_2^2 + \partial^2 f/\partial x_3^2$.

ルと呼ばれる $\mathbb{R}^3$ 上の実数値関数 [3]，i は虚数単位である．方程式 (14.1) は**時間を含まないシュレーディンガー方程式**，(14.2) は**時間を含むシュレーディンガー方程式**と呼ばれる．(14.1), (14.2) を満たす関数 ψ, ϕ をそれぞれ，(14.1), (14.2) の解という [4]．

方程式 (14.1) は (14.2) の特殊な型の解と関連している．実際，時空上の関数 $\phi_E(t, \boldsymbol{x}) := Ce^{-itE/\hbar}\psi(\boldsymbol{x})$ ($C \in \mathbb{C} \setminus \{0\}$ は任意定数) が (14.2) の解であるとすれば，単純な計算により，ψ は (14.1) の解であることがわかる [5]．逆に，ψ が (14.1) の解ならば，ϕ_E は (14.2) の解である．しかし，ϕ_E 型の解は，あくまでも，(14.2) の特殊解であり，一般解ではないことに注意しよう．

14.2 量子力学における状態方程式としてのシュレーディンガー方程式

20 世紀最大の数学者・数理物理学者の一人フォン・ノイマンによって打ち立てられた公理論的量子力学 [139, 141] の理念を適用することにより，シュレーディンガー方程式 (14.1), (14.2) は，量子力学における 1 体系 — 量子的粒子 (原子，素粒子などの微視的対象) 1 個からなる系 — に関する方程式としても解釈される．この場合には，$\hbar = h/2\pi$ (h はプランク定数)，m は考察下の量子的粒子の質量を表す．関数 ψ, ϕ は，物質波を記述する関数ではなく，量子力学的状態 — 以下，単に状態ともいう — を表す関数，すなわち，**状態関数**であり，2 乗可積分条件

$$0 < \int_{\mathbb{R}^3} |\psi(\boldsymbol{x})|^2 d\boldsymbol{x} < \infty, \tag{14.3}$$

$$0 < \int_{\mathbb{R}^3} |\phi(t, \boldsymbol{x})|^2 d\boldsymbol{x} < \infty, \quad t \in \mathbb{R} \tag{14.4}$$

---

[3] V は $\mathbb{R}^3$ の高々可算無限個の点で $+\infty$ または $-\infty$ の値をとってもよいとする．

[4] ただちに気づくように，零関数 $\psi = 0, \phi = 0$ はそれぞれ，(14.1), (14.2) の解である．これらは自明な解と呼ばれる．言うまでもなく，非自明な解を求めることが問題である．以下では，「解」は非自明な解を意味するものとする．

[5] 発見法的には，(14.2) の解として，$\phi(t, \boldsymbol{x}) = u(t)\psi(\boldsymbol{x})$ ($u : \mathbb{R} \to \mathbb{C}, \psi : \mathbb{R}^3 \to \mathbb{C}$) という形のものを仮定すればよい (いわゆる変数分離法)．

を満たさなければならない[6)]．このとき，ψ は系のエネルギーが E の**固有状態**(定常状態，束縛状態) を表し，$\phi(t,\cdot)$ は，時刻 t での系の状態を表す．量子力学の確率解釈によれば，状態関数 f ($f(\boldsymbol{x})=\psi(\boldsymbol{x})$ または $\phi(t,\boldsymbol{x})$) によって表される状態において，量子的粒子の位置を観測したときに，それが開集合 $\Omega\subset\mathbb{R}^3$ の中に見いだされる確率は $P_f(\Omega):=\int_\Omega|f(\boldsymbol{x})|^2d\boldsymbol{x}/\int_{\mathbb{R}^3}|f(\boldsymbol{x})|^2d\boldsymbol{x}$ であたえられる．したがって，状態関数 f の絶対値の 2 乗 $|f|^2$ は量子的粒子の位置に関する (相対的) 確率密度関数を表す．

容易に見てとれるように，任意の零でない複素数 α に対して，$P_{\alpha f}(\Omega)=P_f(\Omega)$ である．すなわち，関数 f で表される状態 S_f と関数 αf で表される状態 $\mathrm{S}_{\alpha f}$ は，量子的粒子の位置観測に対して同じ確率をあたえる．ところで，一般に，量子力学的事象は確率的にしか定まらない．したがって，いまの結果は，状態 S_f と状態 $\mathrm{S}_{\alpha f}$ を実験的に区別できないことを語る．この事実と他の諸々の側面を考慮することにより，量子力学では，S_f と $\mathrm{S}_{\alpha f}$ は同じ状態であるとみる．すなわち，量子力学では関数 f と関数 αf は同一の状態を表すと解釈するのである．これから，特に，状態関数を古典的な意味での波動関数とみなすことはできないことがわかる[7)]．

[6)] 積分はルベーグ積分の意味でとる (ψ,ϕ はボレル可測であるとする)．条件 (14.3), (14.4) は，以下に述べる，量子力学の確率論的構造に由来する．

[7)] もし，f が古典的な意味での波動関数を表すとすれば，αf ($\alpha\neq 1$) と f は，波の振幅が異なるので，同じ波動状態を表さない．量子系の状態関数が古典的な意味での波動を表さないことは，**量子多体系**，すなわち，複数個の量子的粒子からなる系へ移行すれば，より明らかになる．なぜなら，3 次元空間 $\mathbb{R}^3$ の中に存在する N 個の量子的粒子からなる系の状態関数は $3N$ 次元空間 $\mathbb{R}^{3N}$ 上の複素数値関数によって表されるからである．数学的な観点からは，状態関数はルベーグ測度が零の集合上での値の不定性を有する — つまり，通常の意味での関数ではない (厳密に言えば，ある種の同値類) — ということがあげられる．ちなみに，多くの物理学の教科書や文献では，状態関数のことを波動関数と呼んでいるが，これは誤解と混乱をまねきやすい言い方であると思われる．物質場の理論と量子力学との本質的相違を明晰に論述している [181] では，物質場の方程式としてのシュレーディンガー方程式を**ド・ブロイ場の方程式**と呼び，量子力学的状態を表す関数をシュレーディンガー関数と呼んでいる．

14.3 基本的な例

シュレーディンガー方程式 (14.1), (14.2) が陽に解ける例を見よう．

例 14.1 $V=0$ の場合，(14.1), (14.2) は次の形をとる：

$$-\frac{\hbar^2}{2m}\Delta\psi(\boldsymbol{x})=E\psi(\boldsymbol{x}), \tag{14.5}$$

$$i\hbar\frac{\partial\phi(t,\boldsymbol{x})}{\partial t}=-\frac{\hbar^2}{2m}\Delta\phi(t,\boldsymbol{x}). \tag{14.6}$$

これらを**自由なシュレーディンガー方程式**という．次の事実が証明される：

(i) (14.5) の解 ψ で条件 (14.3) を満たすものは存在しない[8]．

(ii) 関数 $\phi_0:\mathbb{R}^3\to\mathbb{C}$ は

$$\int_{\mathbb{R}^3}|\phi_0(\boldsymbol{y})|d\boldsymbol{y}<\infty,\quad \int_{\mathbb{R}^3}|\phi_0(\boldsymbol{y})|^2d\boldsymbol{y}<\infty,\quad \int_{\mathbb{R}^3}|\boldsymbol{y}|^2|\phi_0(\boldsymbol{y})|d\boldsymbol{y}<\infty$$

を満たすとする．このとき, (14.6) の解で (14.4) と $\lim_{t\to 0}\int_{\mathbb{R}^3}|\phi(t,\boldsymbol{x})-\phi_0(\boldsymbol{x})|^2d\boldsymbol{x}=0$ (初期条件) を満たすものはただ一つ存在し，次の式によってあたえられる[9]: すべての $t\in\mathbb{R}\setminus\{0\}$ と $\boldsymbol{x}\in\mathbb{R}^3$ に対して

$$\phi(t,\boldsymbol{x})=\left(\frac{m}{2\pi\hbar|t|}\right)^{3/2}e^{-3\pi it/4|t|}\int_{\mathbb{R}^3}e^{im|\boldsymbol{x}-\boldsymbol{y}|^2/2t\hbar}\phi_0(\boldsymbol{y})d\boldsymbol{y}. \tag{14.7}$$

例 14.2 電荷 $Z\mathrm{e}$ (Z は自然数，e は電気素量) の原子核と 1 個の電子からなる量子系 — 水素様原子 — を考える ($Z=1$ の場合が水素原子)．簡単のため，原子

---

[8] フーリエ変換の理論 (たとえば，[17] の 5 章) を用いると簡単に証明される．なお，条件 (14.3) を課さないならば，各 $E\geq 0$ に対して，(14.5) の解は存在する．実際，$|\boldsymbol{k}|=\sqrt{2mE}/\hbar$(したがって，$E=\hbar^2|\boldsymbol{k}|^2/2m$) を満たす任意のベクトル $\boldsymbol{k}=(k_1,k_2,k_3)\in\mathbb{R}^3$ に対して，$\psi(\boldsymbol{x}):=Ce^{i\boldsymbol{k}\cdot\boldsymbol{x}}$($C$ は任意定数，$\boldsymbol{k}\cdot\boldsymbol{x}:=k_1x_1+k_2x_2+k_3x_3$) とすれば，この ψ は (14.5) を満たすことが容易にわかる．この解は，物質波の理論の文脈において，波数ベクトルが $\boldsymbol{k}$ の平面波を表す．

[9] (14.7) が (14.6) を満たすことは，直接の計算によって確かめることができる (条件 (14.4) を課さないならば，条件 $\int_{\mathbb{R}^3}|\phi_0(\boldsymbol{x})|^2d\boldsymbol{x}<\infty$ はいらない)．この解を発見する方法の一つはフーリエ変換を利用することである．数学的に厳密な導出については，[17] の 6 章を参照．

核は $\mathbb{R}^3$ の原点に固定されているとし，この系を電子 1 個からなる量子系と考える．電子に作用するポテンシャルは，原子核の電荷 $Z\mathrm{e}$ と電子の電荷 $-\mathrm{e}$ の間に働くクーロン電気力を導くクーロンポテンシャル $V_{\mathrm{C}}(\boldsymbol{x}) := -\dfrac{Z\mathrm{e}^2}{4\pi\varepsilon_0|\boldsymbol{x}|}$, $\boldsymbol{x} \in \mathbb{R}^3 \setminus \{\boldsymbol{0}\}$ である．ただし，$\varepsilon_0 > 0$ は真空の誘電率である [10)]．したがって，いまの場合，m_{e} を電子の質量とすれば，(14.1) は次の形をとる：

$$-\frac{\hbar^2}{2m_{\mathrm{e}}}\Delta\psi(\boldsymbol{x}) + V_{\mathrm{C}}(\boldsymbol{x})\psi(\boldsymbol{x}) = E\psi(\boldsymbol{x}). \tag{14.8}$$

この方程式が (14.3) を満たす解をもつのは，E が

$$E_n := -\frac{\hbar^2}{2m_{\mathrm{e}}}\left(\frac{Z}{na}\right)^2, \ n = 1, 2, 3, \cdots \quad \left(a := \frac{\hbar^2}{m_{\mathrm{e}}}\frac{4\pi\varepsilon_0}{e^2}\right)$$

のいずれかに等しいとき，かつこのときに限ることが証明される [11)]．これによって，古典物理学では説明できない，水素様原子のエネルギー準位の離散性が示されるとともにボーアの量子論 (1913) に対するより高次の観点からの根拠づけがなされる (a はボーア半径と呼ばれる)．

14.4 ヒルベルト空間上での解析

一般のポテンシャル V に対するシュレーディンガー方程式 (14.1), (14.2) の解の存在を示し，その性質を明らかにすることは簡単な問題ではなく，優れて数学的な問題を提示する．フォン・ノイマンによって創始された，ヒルベルト空間 [12)] を基礎に据える量子力学の形式はこのような場合にも威力を発揮する．この形式では，量子系の状態は，ヒルベルト空間の零でないベクトルによって表され (ただし，定数倍だけ異なるベクトルは同じ状態を表す)，「力学的な量」はヒルベルト空間上の線形作用素によって表される．

---

10) 物理単位系として MKSA 単位系を用いる．

11) 詳細については，たとえば，[181] の §42 や [76] の 10 章あるいは [17] (改訂増補版) の第 8 章を参照．$E = E_n$ のときの (14.8) の解も陽に求めることができる．

12) 付録 C を参照．以下において証明なしに言及される，ヒルベルト空間論における数学的事実については [17] や [46, 47] を参照されたい．

シュレーディンガー方程式 (14.1), (14.2) を量子力学における状態方程式として解析するためのヒルベルト空間は，$\mathbb{R}^3$ 上のルベーグ積分の意味で 2 乗可積分な複素数値ボレル可測関数の全体

$$L^2(\mathbb{R}^3) := \left\{ f : \mathbb{R}^3 \to \mathbb{C} \cup \{\pm\infty\}, \text{ボレル可測} \,\middle|\, \int_{\mathbb{R}^3} |f(\boldsymbol{x})|^2 d\boldsymbol{x} < \infty \right\}$$

であり，状態関数はこのヒルベルト空間の元であたえられる [13]．元 $f \in L^2(\mathbb{R}^3)$ のフーリエ変換を $\hat{f}$ で表す [14]．各 $j = 1, 2, 3$ に対して

$$D(\hat{p}_j) := \left\{ f \in L^2(\mathbb{R}^3) \,\middle|\, \int_{\mathbb{R}^3} |\hbar k_j \hat{f}(\boldsymbol{k})|^2 d\boldsymbol{k} < \infty \right\},$$

$$\widehat{(\hat{p}_j f)}(\boldsymbol{k}) := \hbar k_j \hat{f}(\boldsymbol{k}), \quad \text{a.e.}\boldsymbol{k} = (k_1, k_2, k_3) \in \mathbb{R}^3, f \in D(\hat{p}_j)$$

によって定義される線形作用素 $\hat{p}_j$ を**運動量作用素**と呼ぶ [15]．古典力学のハミルトン形式との対応により，質量 m の量子的粒子がポテンシャル V の作用のもとにある系のエネルギー作用素 — **ハミルトニアン** — は

$$H := \frac{1}{2m} \sum_{j=1}^{3} \hat{p}_j^2 + V$$

であたえられる．ただし，右辺の V は関数 V をかける作用素を表す [16]．作用素 H は**シュレーディンガー作用素**と呼ばれる．この作用素を用いるとシュレー

---

[13] $L^2(\mathbb{R}^3)$ の元に関する相等の概念は通常の意味での関数のそれとは異なることに注意 (したがって，$L^2(\mathbb{R}^3)$ の元は通常の意味での関数ではない)．すなわち，二つの元 $f, g \in L^2(\mathbb{R}^3)$ について，$f = g \overset{\text{def}}{\Longleftrightarrow} f(\boldsymbol{x}) = g(\boldsymbol{x}), \text{a.e.}\boldsymbol{x} \in \mathbb{R}^3$．$f, g \in L^2(\mathbb{R}^3)$ の内積 $\langle f, g \rangle$ は $\langle f, g \rangle := \int_{\mathbb{R}^3} f(\boldsymbol{x})^* g(\boldsymbol{x}) d\boldsymbol{x}$ によって定義される ($f(\boldsymbol{x})^*$ は $f(\boldsymbol{x})$ の共役複素数を表す)．

[14] $\hat{f} \in L^2(\mathbb{R}^3)$ であり，$\lim_{R \to \infty} \int_{\mathbb{R}^3} \left| \hat{f}(\boldsymbol{k}) - \frac{1}{(2\pi)^{3/2}} \int_{|\boldsymbol{x}| \leq R} f(\boldsymbol{x}) e^{-i\boldsymbol{k}\cdot\boldsymbol{x}} d\boldsymbol{x} \right|^2 d\boldsymbol{k} = 0$. f が可積分ならば，$\hat{f}(\boldsymbol{k}) = \frac{1}{(2\pi)^{3/2}} \int_{\mathbb{R}^3} f(\boldsymbol{x}) e^{-i\boldsymbol{k}\cdot\boldsymbol{x}} d\boldsymbol{x}$, $\boldsymbol{k} \in \mathbb{R}^3$.

[15] もし，$f \in L^2(\mathbb{R}^3)$ が x_j に関して偏微分可能で $\int_{\mathbb{R}^3} |\partial f(\boldsymbol{x})/\partial x_j|^2 d\boldsymbol{x} < \infty$ を満たすならば，$f \in D(\hat{p}_j)$ であり，$\hat{p}_j f = -i\hbar \partial f / \partial x_j$ が成り立つ．すなわち，$\hat{p}_j$ は作用素 $-i\hbar\partial/\partial x_j$ のある種の拡大 (一般化された偏微分作用素) なのである．

[16] $D(V) := \{f \in L^2(\mathbb{R}^d) | \int_{\mathbb{R}^3} |V(\boldsymbol{x}) f(\boldsymbol{x})|^2 d\boldsymbol{x} < \infty\}, (Vf)(\boldsymbol{x}) := V(\boldsymbol{x}) f(\boldsymbol{x}), \text{a.e.}\boldsymbol{x} \in \mathbb{R}^3, f \in D(V)$.

ディンガー方程式 (14.1), (14.2) を次のように読み直すことできる[17]：

$$H\psi = E\psi, \tag{14.9}$$

$$i\hbar\frac{d\phi(t)}{dt} = H\phi(t) \tag{14.10}$$

ただし，$\psi \in D(H)$, $\phi(t) \in D(H)$ は $\phi(t)(\boldsymbol{x}) := \phi(t, \boldsymbol{x})$, a.e.$\boldsymbol{x} \in \mathbb{R}^3$ によって定義される $\mathbb{R}^3$ 上の関数であり，$d\phi(t)/dt$ は $L^2(\mathbb{R}^3)$ 値関数 $\phi(\cdot) : t \mapsto \phi(t) \in L^2(\mathbb{R}^3)$ の t に関する強微分[18]を表す．方程式 (14.9) は，H の固有値方程式にほかならない[19]．したがって，もともとのシュレーディンガー方程式 (14.1) は H の固有値問題に変換される．他方，(14.10) は，$L^2(\mathbb{R}^3)$ 値関数に関する 1 階の線形常微分方程式である (ただし，微分の意味は強微分の意味でとる)．ゆえに，量子力学的状態の時間発展を表すシュレーディンガー方程式 (14.2) の解を求める問題は，$L^2(\mathbb{R}^3)$ 値関数に関する 1 階の線形常微分方程式 (14.10) のそれとして捉えられる．こうして，量子力学の状態方程式としてのシュレーデンガー方程式 (14.1), (14.2) を解く問題は，ハミルトニアン H の解析に還元される．この観点への移行は実り多い結果をもたらす．作用素 H の解析に関する基本的な問題は次の二つである：

(1) H の自己共役性[20]を証明すること．このとき，自己共役作用素の一般論から，任意の $\phi_0 \in D(H)$ に対して，$\phi(0) = \phi_0$ を満たす (14.2) の解の一意的存在，すなわち，状態の時間発展の存在が示される．

---

[17] $\psi \in L^2(\mathbb{R}^3)$ が C^2 級で $\int_{\mathbb{R}^3} |\partial^2\psi(\boldsymbol{x})/\partial x_j^2|^2 d\boldsymbol{x} < \infty$, $j = 1, 2, 3$ を満たすならば，$(1/2m)\sum_{j=1}^{3} \hat{p}_j^2\psi = (-\hbar^2/2m)\Delta\psi$ が成り立つ．したがって，$(H\psi)(\boldsymbol{x}) = (-\hbar^2/2m)\Delta\psi(\boldsymbol{x}) + V(\boldsymbol{x})\psi(\boldsymbol{x})$.

[18] 各 $t \in \mathbb{R}$ に対して，$F(t) \in L^2(\mathbb{R}^3)$ が存在して $\lim_{\varepsilon \to 0}\int_{\mathbb{R}^3}\left|F(t)(\boldsymbol{x}) - \frac{\phi(t+\varepsilon, \boldsymbol{x}) - \phi(t, \boldsymbol{x})}{\varepsilon}\right|^2 d\boldsymbol{x} = 0$ が成り立つとき，$\phi(t)$ は $\mathbb{R}$ 上で**強微分可能**であるといい，$F(t)$ を $\phi(t)$ の**強微分**と呼ぶ．この場合，$F(t) = \dfrac{d\phi(t)}{dt}$ と記す．

[19] 線形作用素 T と複素数 λ に対して，$T\Psi = \lambda\Psi \cdots (*)$ を満たす零でないベクトル $\Psi \in D(T)$ が存在するとき，λ を T の**固有値**，Ψ を λ に属する**固有ベクトル**という．$(*)$ を T の**固有値方程式**という．

[20] 付録 C の C.6 節を参照.

(2) H のスペクトル解析．これは，H の固有値の存在も含めて，系のエネルギーの取り得る値 (連続スペクトルも含む) を同定する問題である．

いずれの問題も系の物理と直結している．これらの問題を解くための手法と基本的な結果ならびに関連する話題については，文献 [30, 114, 120, 137] 等を参照されたい．

14.5 結語

上述の問題 (1), (2) は，H を任意の量子系 — 量子的粒子の多体系 [102] だけでなく，古典場 (電磁場，物質場など) の量子版としての**量子場** [19, 20] の系も含む — のハミルトニアン (全エネルギー作用素) に置き換えたものへと拡大される．この拡大とこれに伴う数学的・数理物理学的探究はさらに高次の壮麗な数学的領界へと私たちを導く．

14.6 補遺

シュレーディンガー方程式の解の存在と解の性質については数多くの結果が得られている．これらの結果の詳細については，たとえば，[102, 113, 120, 121, 137, 189] を参照されたい (邦書のみを挙げるにとどめる)．

第15章

構成的場の量子論

15.1　はじめに — 背景

20 世紀の物理学を通して確立された物質観によれば，われわれが日常的に知覚する巨視的物質は，**素粒子**と呼ばれる微視的な対象たちから構成されている．たとえば，巨視的物質の微視的構成単位の一つである原子は，電子，陽子，中性子からなる．この場合，陽子と中性子は，原子核を形成し，総称的に核子と呼ばれる．核子どうしを結びつける力である核力は，核子どうしが π 中間子と呼ばれる素粒子を交換することによって生じる．宇宙に充満する光 (電磁波) も光子と呼ばれる素粒子からなり，光子は，電子や陽子のように電荷をもつ素粒子の間に働く電気力を媒介する．これらの素粒子の他にも数多くの素粒子が見つかっている [1]．

素粒子は，粒子とは言っても，古典力学的な意味での粒子ではなく，古典物理学の適用限界外にある対象である．実際，素粒子は，波動–粒子の 2 重性をもち，相互作用を通して，生成あるいは消滅することが可能である．いずれも古典力学的な粒子の概念では捉えられない性質である．古典物理学に代わって，素粒子の

---

[1] 現代物理学では，ごく少数の素粒子だけが真に根元的な素粒子であり，他の素粒子は，その組み合わせからなる複合粒子であるとする考え方が主流である．そのような考え方に立つ模型の一つとして，後に言及する**ゲージ場の量子論**に依拠する**標準模型**と呼ばれるものがある．この模型によれば，真に基本的な素粒子は，クォーク (核子や中間子など「強い相互作用」を行う素粒子の構成要素)，レプトン (電子等の「軽い」素粒子)，ゲージボソン (クォークやレプトンの間に働く力を媒介する素粒子)，ヒッグスボソンという四つの型に分類される．詳しくは，素粒子物理学の本を参照．

物理を記述するための新しい理論として登場したのが**量子力学**であった[2]．量子力学は，原子系や分子系のような有限自由度の量子系 (平たく言えば，有限個の素粒子からなり，素粒子の生成・消滅が起こらない量子系) に関する問題においては，非常な成功を収めた．しかし，素粒子の生成・消滅が生起するような量子系 — 本質的に無限自由度の系 — は，有限自由度の量子力学では扱うことができない．このような系も扱い得る理論として構想されたのが**量子場**(りょうしば)**の理論** (場の量子論) である[3]．量子場というのは，概念的には，素粒子を生成したり消滅させたりする機能をもつ対象で，その相互作用によって，素粒子に関する諸々の現象が解明されると期待されるものである．量子場の種々の模型は，通常，古典物理学における場の理論，すなわち，古典場の理論に対する "量子化" なる手続きによって構築される[4]．古典場の理論に相対論的なものと非相対論的なものがあるのに対応して，量子場の理論にも相対論的なものと非相対論的なものがある．

相互作用をしていない素粒子，すなわち，自由な素粒子を記述する量子場は**自由場**と呼ばれる．少なくとも自由場の理論においては，素粒子の波動性と粒子性は一元的に統一され，各素粒子は，一つの自由な量子場の量子として記述される．たとえば，電子は自由な量子電子場の量子であり，光子は自由な量子電磁場の量子である．

ところが，素粒子どうしの相互作用を記述するための量子場の模型を形式的に (つまり，数学的に意味があるかどうかは問わないで) つくり，実験と比較し得る量を計算すると，有限な意味のある結果が得られないという事態に遭遇する．これが量子場の理論における，いわゆる "無限大の困難" あるいは "発散の困難" と呼ばれるものである[5]．この困難は，1940 年代に朝永振一郎，シュウィンガー，ファインマンらによって創始された「くりこみ理論」と呼ばれる処方により，物

---

[2] 歴史的には，ハイゼンベルク (およびボルン，ハイゼンベルク，ヨルダン) (1925) とシュレーディンガー (1926) による．

[3] その最初のまとまった形はハイゼンベルクとパウリ [93] によって提示された．

[4] 古典場の基本的な例は，古典電磁気学における電磁場と一般相対性理論における重力場である．素粒子を純粋に波動と考えた場合の波動場を物質場と呼び，これも古典場の範疇に入れられる．たとえば，文献 [25] の 7.7 節を参照．量子場に関する発見法・形式的な議論を手っ取り早く見るには，文献 [19] の序章が参考になるかもしれない．

[5] 詳しくは，文献 [180] を参照．

理学的な意味では，一応，回避することができ，この理論が適用できる模型においては，大きな成功が収められた．特に，**量子電磁力学**—電子と光子の相互作用を扱う量子場の理論—においては，驚異的な精度において，理論値と実験値が一致することが示された [115]．しかし，くりこみ理論は，あくまでも一つの処方であって，発散の困難の問題が数学的にきちとんと解決されたわけではなかった．

こうした状況において，1950 年代から，量子場の理論の数学的に厳密な基礎を固めていこうという動きが出てきた．一つの方向は，量子場の個別的な模型に依らない一般的性質を調べる研究であり，**公理論的場の量子論**と呼ばれる．これは，量子場の理論の文脈において，特殊相対性理論と量子力学の一般的構造から自然な仕方で定まる特性を公理系として定式化し，公理系からどのような数学的・物理的結果が得られるかを吟味しようとするものである．公理論的場の量子論の展開と並行して，個別的な模型の数学的に厳密な研究も始められた．こちらの研究は，当初，自由場以外の非相対論的な簡単な模型に限られていた．他方，相対論的な量子場については，公理系を満たす模型は，自由場しか知られていなかった．そこで，1960 年代の半ば頃から，素粒子の相互作用を記述すると予想される相対論的な量子場の模型を数学的に厳密に構成する研究がグリムとジャッフィによって開始された [87]．これが，本章の主題，すなわち，**構成的場の量子論** (constructive quantum field theory ; CQFT と略す) の始まりである．CQFT の目指すところは，相対論的量子場の理論の公理系を満たす模型で自由場と同等でないもの—これを非自明な模型と呼ぶ—の存在を，実際に数学的に厳密な仕方で構成することによって示し，かつ模型の諸々の物理的特性を数学的に明らかにすることである．本章の目的は，CQFT の方法と結果の概略を一つの具体例に即して叙述し，この分野に関するある概観を提示することである [6)]．

[6)] 量子場の理論の数学的研究に関する優れた歴史記録的叙述が文献 [77] に見られる．

15.2 $\lambda(\Phi^4)_\nu$ 模型 — 発見法的考察

自然数 s を空間次元とし，$\nu = 1 + s$ 次元のミンコフスキー時空 $\mathbb{M}^\nu$ 上の相対論的量子場の模型で，記号的に「$\lambda(\Phi^4)_\nu$」と記される模型を考察する[7]．この模型の量子場 — $\Phi(x)$ と書こう — は，形式的には，非線形クライン–ゴルドン方程式

$$\Box\Phi(x) + m^2\Phi(x) = -4\lambda\Phi(x)^3 \tag{15.1}$$

($x = (t, x_1, \cdots, x_s) \in \mathbb{M}^\nu$) にしたがう線形作用素として "定義" される[8]．ただし，$\Box$ はダランベール作用素 $\Box := \partial^2/\partial t^2 - \Delta$ ($\Delta := \sum_{j=1}^{s} \partial^2/\partial x_j^2$ は s 次元のラプラス作用素)，$m > 0$ は当該の量子場の量子の質量を表す定数，$\lambda \in \mathbb{R}$ は結合定数と呼ばれるパラメーターである (量子場の相互作用の強さを表す)．量子場の方程式 (15.1) は 2 階の偏微分方程式であるから，解を一意に定めるためには，通常の古典場の場合と同様，$\Phi(x)$ とその時間に関する偏微分 $\pi(x) := \partial\Phi(x)/\partial t$ の時刻 0 での場 $\phi_0(\boldsymbol{x}) := \Phi(0, \boldsymbol{x}), \pi_0(\boldsymbol{x}) := \pi(0, \boldsymbol{x})$ ($\boldsymbol{x} = (x_1, \cdots, x_s) \in \mathbb{R}^s$) を指定する必要があることが推測される．だが，差し当たり，有限自由度の量子力学に倣って，**正準交換関係** (canonical commutation relations； CCR と略す)

$$[\phi_0(\boldsymbol{x}), \pi_0(\boldsymbol{y})] = i\delta(\boldsymbol{x} - \boldsymbol{y}), \tag{15.2}$$
$$[\phi_0(\boldsymbol{x}), \phi_0(\boldsymbol{y})] = 0, \quad [\pi_0(\boldsymbol{x}), \pi_0(\boldsymbol{y})] = 0$$

($\boldsymbol{x}, \boldsymbol{y} \in \mathbb{R}^s$；$i$ は虚数単位) だけを課して話を進める．ここで，$[X, Y] := XY$

---

[7] $\mathbb{M}^\nu := \{x = (t, x_1, \cdots, x_s) | t, x_j \in \mathbb{R}, j = 1, \cdots, s\}$ ($\mathbb{R}$ は実数全体) で (「$A := B$」は「A を B によって定義することを表す記法)，t は時間成分を表し，$(x_1, \cdots, x_s)$ は空間座標を表す．$\mathbb{M}^\nu$ の計量 $\langle x, y\rangle (x, y \in \mathbb{M}^\nu)$ は，$y = (u, y_1, \cdots, y_s)$ とするとき，$\langle x, y\rangle := tu - \sum_{j=1}^{s} x_j y_j$(不定計量) によって定義される．なお，本章では，真空中の光速 c および $\hbar := h/(2\pi)$ (h はプランクの定数) が 1 となる単位系を用いる．

[8] いまは，発見法的議論をしているので，$\Phi(x)$ が作用するヒルベルト空間がどういうものであるかは問わない．

$-YX$ (交換子), $\delta(\boldsymbol{x}-\boldsymbol{y})$ はデルタ超関数である [9]. CCR を満たす作用素の任意の対 $(\phi_0(\boldsymbol{x}), \pi_0(\boldsymbol{x}))$ — これを**連続無限自由度の CCR の表現**と呼ぶ — を用いて

$$H := \int_{\mathbb{R}^s} d\boldsymbol{x} \left\{ \frac{1}{2}[\pi_0(\boldsymbol{x})^2 + \sum_{j=1}^{s} (\partial_j \phi_0(\boldsymbol{x}))^2 + m^2 \phi_0(\boldsymbol{x})^2] + \lambda \phi_0(\boldsymbol{x})^4 \right\} \tag{15.3}$$

という作用素をつくり, H に関する, $\phi_0(\boldsymbol{x})$ のハイゼンベルク作用素

$$\Phi(x) := e^{itH} \phi_0(\boldsymbol{x}) e^{-itH} \tag{15.4}$$

を考える [10]. このとき, $\Phi(x)$ は, 形式的に, (15.1) を満たすことが示される [11]. もちろん, いまの議論は, まったく形式的・発見法的なものであり, 数学的に意味があるかどうかは不明である. しかし, それは, $\lambda(\Phi^4)_\nu$ 模型をどのように構成すればよいか, その一つの方法を示唆する. すなわち, CCR の表現 $(\phi_0(\boldsymbol{x}), \pi_0(\boldsymbol{x}))$ を一つ選び, これから, (15.3) のようにして H をつくり, (15.4) によって $\Phi(x)$ を定義する, という方法である. 作用素 H は $\lambda(\Phi^4)_\nu$ 模型の**ハミルトニアン**と呼ばれる対象であり, 物理的には, この模型によって記述される系の全エネルギーを表す. 量子場 $\Phi(x)$ に対応する古典場は, (15.1) を満たすスカラー場によってあたえられるので, $\lambda(\Phi^4)_\nu$ 模型は, 量子スカラー場の模型の一つである.

15.3 CCR の表現の厳密な形

(15.2) の右辺にデルタ超関数という, 通常の関数でない対象が現れていることから示唆されるように, 時刻 0 の場は空間の各点 $\boldsymbol{x}$ に対して定義される作用素で

---

[9] 超関数論を学んでいない読者には, さしあたり, 次の性質を満たす形式的記号であると考えていただければよい : (i) $\delta(-\boldsymbol{x}) = \delta(\boldsymbol{x})$, $\boldsymbol{x} \in \mathbb{R}^s$; (ii) $\delta(\boldsymbol{x}) = 0, \boldsymbol{x} \neq 0$; (iii) $\mathbb{R}^s$ 上の任意の連続関数 f に対して, $\int_{\mathbb{R}^s} \delta(\boldsymbol{x}-\boldsymbol{y}) f(\boldsymbol{y}) d\boldsymbol{y} = f(\boldsymbol{x})$. 超関数は, 通常の関数概念のある種の一般化である. デルタ超関数は, 関数でない (したがって, 各点 $\boldsymbol{x}$ での値という概念が意味をもたない) 超関数の基本的な例の一つである.

[10] ここでは, 発見法的な話をしているので, 形式的に $e^{itH} = \sum_{n=0}^{\infty} (itH)^n/n!$ と考えていただければよい. H が適当なヒルベルト空間上の自己共役作用素ならば, 作用素 e^{itH} の数学的に厳密な定義は, 自己共役作用素に関する作用素解析を用いてなされる. 付録 C の例 C.24 を参照.

[11] 詳しくは, 文献 [19] の 0-2-6 項を参照.

あることは期待できない[12)]．そこで，通常の超関数の場合と同様に，時刻 0 の場については，$\mathbb{R}^s$ 上の適当な関数空間 $\mathscr{V} \subset L^2(\mathbb{R}^s)$[13)] に属する元 f で "均(なら)した" 対象 $\phi_0(f) := \int_{\mathbb{R}^s} \phi_0(\boldsymbol{x}) f(\boldsymbol{x}) d\boldsymbol{x}$, $\pi_0(f) := \int_{\mathbb{R}^s} \pi_0(\boldsymbol{x}) f(\boldsymbol{x}) d\boldsymbol{x}$ が数学的に意味のある対象であり得ると考える．このような数学的対象は，一般に，**作用素値超関数**と呼ばれる[14)]．この場合，記号 $\phi_0(\boldsymbol{x})$ を $\phi_0(f)$ の**超関数核**という ($\pi_0(\boldsymbol{x})$ についても同様)．すると，連続無限自由度の CCR の表現の数学的に厳密な定義は次のような形をとることになる：ヒルベルト空間 $\mathscr{H}$ の部分空間 $\mathscr{D}$ があって，$\mathscr{D}$ 上で交換関係

$$[\phi_0(f), \pi_0(g)] = i \int_{\mathbb{R}^s} f(\boldsymbol{x}) g(\boldsymbol{x}) d\boldsymbol{x}, \quad [\phi_0(f), \phi_0(g)] = 0, \quad [\pi_0(f), \pi_0(g)] = 0$$

$(f, g \in \mathscr{V})$ が成り立つ．これらの交換関係も CCR と呼ばれる．

15.4 自由なスカラー量子場

$\lambda = 0$ の場合の模型は，**自由なスカラー量子場**と呼ばれる．この場合の数学的構成法を簡単に述べておく．ヒルベルト空間 $L^2((\mathbb{R}^s)^n) = L^2(\mathbb{R}^{sn})$ の元 ψ で，完全対称なもの，すなわち，$1, \cdots, n$ のすべての置換 σ に対して

$$\psi(\boldsymbol{k}_{\sigma(1)}, \cdots, \boldsymbol{k}_{\sigma(n)}) = \psi(\boldsymbol{k}_1, \cdots, \boldsymbol{k}_n)$$

$(\boldsymbol{k}_j \in \mathbb{R}^s, j = 1, \cdots, n)$ を満たす関数のなす部分空間を $\mathscr{F}_n$ とし ($\mathscr{F}_0 := \mathbb{C}$)，$\mathscr{F}_n$

---

12) 公理論的場の量子論においては，時空の各点で定義される量子場は存在しないことが一般的に証明される (ワイトマンの定理)．文献 [59] の 3 章，§2.4 節を参照．

13) 任意の自然数 d に対して，$L^2(\mathbb{R}^d)$ は $\mathbb{R}^d$ 上のボレル可測関数 f で $\int_{\mathbb{R}^d} |f(\boldsymbol{x})|^2 d\boldsymbol{x} < \infty$ を満たすものからなるヒルベルト空間．f と $g \in L^2(\mathbb{R}^d)$ の内積 $\langle f, g \rangle$ は，$\langle f, g \rangle := \int_{\mathbb{R}^d} f(\boldsymbol{x})^* g(\boldsymbol{x}) d\boldsymbol{x}$ によって定義される ($f(\boldsymbol{x})^*$ は $f(\boldsymbol{x})$ の複素共役)．

14) 詳しくは，文献 [20] の 7 章を参照．

の無限直和ヒルベルト空間 $\mathscr{F} := \bigoplus_{n=0}^{\infty} \mathscr{F}_n$ を考える [15]．$\mathscr{F}_n$ はスピン 0 の同種のボソン n 個からなる系の (運動量表示における) 状態のヒルベルト空間を表す [16]．ヒルベルト空間 $\mathscr{F}$ は $L^2(\mathbb{R}^s)$ 上の**ボソンフォック空間**と呼ばれる．各 $f \in L^2(\mathbb{R}^s)$ に対して，$\mathscr{F}$ 上の線形作用素 $a(f)$ を

$$(a(f)\psi)^{(n)}(\boldsymbol{k}_1, \cdots, \boldsymbol{k}_n) = \sqrt{n+1} \int_{\mathbb{R}^s} d\boldsymbol{k} f(\boldsymbol{k})^* \psi^{(n+1)}(\boldsymbol{k}, \boldsymbol{k}_1, \cdots, \boldsymbol{k}_n)$$

$(\psi = \{\psi^{(n)}\}_{n=0}^{\infty} \in \mathscr{F})$ によって定義する．ただし，$a(f)$ の定義域は $D(a(f)) := \{\psi = \{\psi^{(n)}\}_{n=0}^{\infty} \in \mathscr{F} | \sum_{n=0}^{\infty} \|(a(f)\psi)^{(n)}\|^2 < \infty\}$ とする [17]．作用素 $a(f)$ は $\mathscr{F}_n$ を $\mathscr{F}_{n-1}$ にうつすので ($\mathscr{F}_{-1} := \{0\}$)，ボソンを一つ減らす働きをする．このゆえに，$a(f)$ は**消滅作用素**と呼ばれる．$a(f)$ は稠密に定義された閉作用素であることが証明される．したがって，その共役作用素 $a(f)^*$ が存在する [18]．$a(f)^*$ は，$\mathscr{F}_n$ を $\mathscr{F}_{n+1}$ にうつすので，ボソンを一つ増やす機能をもち，**生成作用素**と呼ばれる．消滅作用素と生成作用素は，有限粒子部分空間と呼ばれる部分空間 $\mathscr{D} := \{\psi = \{\psi^{(n)}\}_{n=0}^{\infty} \in \mathscr{F} \mid$ ある番号 n_0 があって，$n \geqq n_0$ ならば $\psi^{(n)} = 0$ $\}$ の上で交換関係

$$[a(f), a(g)^*] = \langle f, g \rangle, \quad [a(f), a(g)] = 0, \quad [a(f)^*, a(g^*)] = 0 \tag{15.5}$$

$(f, g \in L^2(\mathbb{R}^s))$ を満たす．

さて，$\mathbb{R}^s$ 上の関数 ω を

$$\omega(\boldsymbol{k}) := \sqrt{\boldsymbol{k}^2 + m^2}$$

によって定義する．$\omega(\boldsymbol{k})$ は，静止質量が m で運動量が $\boldsymbol{k}$ の相対論的な自由粒子の運動エネルギーを表す．関数 $f \in L^2(\mathbb{R}^s)$ のフーリエ変換を $\hat{f}$ と記す：$\hat{f}(\boldsymbol{k}) :=$

---

15) これは，無限個のベクトルの組 $\psi = \{\psi^{(n)}\}_{n=0}^{\infty}, \psi^{(n)} \in \mathscr{F}_n$ で $\sum_{n=0}^{\infty} \|\psi^{(n)}\|^2 < \infty$ ($\|\psi^{(n)}\|$ は $\psi^{(n)}$ のノルム) を満たすものの全体である．$\mathscr{F}$ の内積は，$\langle \psi, \phi \rangle := \sum_{n=0}^{\infty} \langle \psi^{(n)}, \phi^{(n)} \rangle$ によって定義される ($\phi = \{\phi^{(n)}\}_{n=0}^{\infty} \in \mathscr{F}$)．

16) 文献 [20] や [24] を参照．

17) 作用素 T の定義域を $D(T)$ で表す．

18) $a(f)^*$ の具体的な作用を書き下すこともできるが，ここでは省略する．

$(2\pi)^{-s/2}\int_{\mathbb{R}^s} e^{-i\boldsymbol{kx}}f(\boldsymbol{x})d\boldsymbol{x}$ (L^2 の意味でとる). $\hat{f}/\sqrt{\omega}\in L^2(\mathbb{R}^s)$ を満たす実数値関数 f と時間変数 $t\in\mathbb{R}$ に対して, $\mathscr{F}$ 上の線形作用素 $\phi(t,f)$ を

$$\phi(t,f) := \frac{1}{\sqrt{2}}\{a(\omega^{-1/2}e^{i\omega t}\hat{f})^* + a(\omega^{-1/2}e^{i\omega t}\hat{f})\}$$

によって定義する. 複素数値関数 $f=f_1+if_2$ で $\hat{f}_j/\sqrt{\omega}\in L^2(\mathbb{R}^s)\,(j=1,2)$ を満たすものについては $\phi(t,f):=\phi(t,f_1)+i\phi(t,f_2)$ と定義する. $\omega^{1/2}\hat{f}\in L^2(\mathbb{R}^s)$ を満たす任意の実数値関数 f に対して

$$\pi(t,f) := \frac{i}{\sqrt{2}}\{a(\omega^{1/2}e^{i\omega t}\hat{f})^* - a(\omega^{1/2}e^{i\omega t}\hat{f})\}$$

とおけば (複素値関数 f への拡張は $\phi(t,f)$ の場合と同様), (15.5) を用いることにより, $\{\phi(t,f),\pi(t,f)|\omega^{\pm 1/2}\hat{f}\in L^2(\mathbb{R}^s)\}$ は CCR の表現であることがわかる. 特に

$$\phi_m(f) := \phi(0,f), \quad \pi_m(f) := \pi(0,f)$$

とすれば, $\{\phi_m(f),\pi_m(f)|\omega^{\pm 1/2}\hat{f}\in L^2(\mathbb{R}^s)\}$ は CCR の表現であり, 記号

$$\phi_m(\boldsymbol{x}) := \frac{1}{\sqrt{2(2\pi)^s}}\int_{\mathbb{R}^s} d\boldsymbol{k}\frac{1}{\sqrt{\omega(\boldsymbol{k})}}\{a(\boldsymbol{k})^*e^{-i\boldsymbol{kx}} + a(\boldsymbol{k})e^{i\boldsymbol{kx}}\}d\boldsymbol{k},$$

$$\pi_m(\boldsymbol{x}) := \frac{i}{\sqrt{2(2\pi)^s}}\int_{\mathbb{R}^s} \sqrt{\omega(\boldsymbol{k})}\{a(\boldsymbol{k})^*e^{-i\boldsymbol{kx}} - a(\boldsymbol{k})e^{i\boldsymbol{kx}}\}d\boldsymbol{k}$$

— $a(\boldsymbol{k}), a(\boldsymbol{k})^*$ はそれぞれ, $a(f^*), a(f)^*$ の超関数核 — を用いて, 形式的に

$$\phi(0,f) = \int_{\mathbb{R}^s}\phi_m(\boldsymbol{x})f(\boldsymbol{x})d\boldsymbol{x}, \quad \pi(0,f) = \int_{\mathbb{R}^s}\pi_m(\boldsymbol{x})f(\boldsymbol{x})d\boldsymbol{x}$$

と書ける.

条件 $\omega^{\alpha}\hat{f}\in L^2(\mathbb{R}^s)\,(\alpha=-1/2,3/2)$ を満たす任意の f に対して, $\mathscr{D}$ 上で

$$\frac{\partial^2}{\partial t^2}\phi(t,f) - \phi(t,\Delta f) + m^2\phi(t,f) = 0$$

が成り立つ. この意味で, $\phi(t,f)$ は, 自由場の方程式 — (15.1) で $\lambda=0$ の場合の方程式 — を満たす. f が実数値関数ならば, $\phi(t,f)$ は対称作用素である. こ

のゆえに，$\phi(t,f)$ を**自由な中性スカラー量子場**と呼ぶ[19]．

関数 $\sum_{j=1}^{n}\omega(\boldsymbol{k}_j)$ による，$\mathscr{F}_n$ 上の掛け算作用素を ω_n とし $(\omega_0:=0)$，$\mathscr{F}$ 上の作用素 H_0 を

$$H_0 := \bigoplus_{n=0}^{\infty}\omega_n$$

によって定義する[20]．この作用素は，形式的には，$\lambda=0$ の場合の (15.3) で，$\phi_0(\boldsymbol{x}), \pi_0(\boldsymbol{x})$ のそれぞれに，$\phi_m(\boldsymbol{x}), \pi_m(\boldsymbol{x})$ を代入した式を計算し，ある種の発散 — 零点エネルギーの発散 — を引き去ることにより，見いだされる．作用素 H_0 を**自由場のハミルトニアン**と呼ぶ．H_0 は非負の自己共役作用素であり，適当な部分空間上で

$$e^{itH_0}\phi_m(f)e^{-itH_0} = \phi(t,f)$$

が成り立つ．こうして，$\lambda=0$ の場合には，15.2 節で述べた模型構成の図式から，最終的には，数学的に意味のある理論が得られる．

15.5 相互作用がある場合の構成法

15.5.1 ハミルトニアン法

$\lambda\neq 0$ の場合の $\lambda(\Phi^4)_\nu$ 模型の構成は一筋縄ではいかない．この場合も，通常，時刻 0 の場として，前節で構成した，CCR の表現 $\phi_m(f), \pi_m(f)$ が採用される．だが，$\phi_m(\boldsymbol{x})$ は，各点 $\boldsymbol{x}$ ごとに定義された作用素ではないので，ハミルトニアンの相互作用部分 $\lambda\int_{\mathbb{R}^s}\phi_m(\boldsymbol{x})^4 d\boldsymbol{x}$ を数学的に意味のある作用素としてどのように定義するかがまず問題になる[21]．この問題を解決するための一つの方法は次のようなものである．正の実数 κ に対して，閉区間 $[0,\kappa]$ の定義関数を $\chi_{[0,\kappa]}$ と

---

[19] 中性，つまり荷電なしという物理的性質は，量子場 $\Phi(x)$ の言葉では，均す関数 F が実数値であるとき，均された量子場 $\Phi(F)$ が対称作用素であることに対応する．

[20] この意味は，$(H_0\psi)^{(n)} = \omega_n\psi^{(n)}, n\geqq 0$ ということである．

[21] 発散の困難は，まさに，$\phi_m(\boldsymbol{x})$ や $\pi_m(\boldsymbol{x})$ を，あたかも各点 $\boldsymbol{x}$ ごとに定義された作用素として扱うことに起因する．

し ($\chi_{[0,\kappa]}(k) := 1,\ k \in [0,\kappa]$; $\chi_{[0,\kappa]}(k) := 0, k > \kappa$), 各 $\boldsymbol{x} \in \mathbb{R}^s$ に対して, $\chi_{\kappa,\boldsymbol{x}} \in L^2(\mathbb{R}^s)$ を

$$\chi_{\kappa,\boldsymbol{x}}(\boldsymbol{k}) := \frac{1}{\sqrt{2(2\pi)^s \omega(\boldsymbol{k})}} \chi_{[0,\kappa]}(|\boldsymbol{k}|) e^{-i\boldsymbol{k}\boldsymbol{x}}$$

によって定義する. これを用いて, 各点 $\boldsymbol{x}$ で定義された場

$$\phi^{(\kappa)}(\boldsymbol{x}) := a(\chi_{\kappa,\boldsymbol{x}})^* + a(\chi_{\kappa,\boldsymbol{x}})$$

を導入する. $\kappa \to \infty$ のとき, 形式的に, $\phi^{(\kappa)}(\boldsymbol{x}) \to \phi_m(\boldsymbol{x})$ となることに注意しよう. $\phi^{(\kappa)}(\boldsymbol{x})$ を**運動量切断 κ をもつ場**と呼ぶ. これは非有界作用素であるが, 任意の自然数 p に対して, $\phi^{(\kappa)}(\boldsymbol{x})^p$ は有限粒子部分空間 $\mathscr{D}$ 上で定義される. さらに, $\mathbb{R}^s$ 上の有界な台をもつ任意の実数値連続関数 g に対して $\int_{\mathbb{R}^s} \phi^{(\kappa)}(\boldsymbol{x})^p g(\boldsymbol{x}) d\boldsymbol{x}$ は $\mathscr{F}$ 上の対称作用素として定義される. 関数 g を**空間切断関数**と呼ぶ. こうして, 求めるべきハミルトニアンの近似候補として

$$H_{\kappa,g} := H_0 + \lambda \int_{\mathbb{R}^s} \phi^{(\kappa)}(\boldsymbol{x})^4 g(\boldsymbol{x}) d\boldsymbol{x} + \mu(\lambda,\kappa) \int_{\mathbb{R}^s} \phi^{(\kappa)}(\boldsymbol{x})^2 g(\boldsymbol{x}) d\boldsymbol{x}$$

が導入される. ただし, $\mu(\lambda,\kappa)$ は, λ, κ に依存する実数パラメーターである. $H_{\kappa,g}$ を**切断ハミルトニアン**と呼ぶ. 右辺の最後の項は, 切断をとる極限 $\kappa \to \infty, g \to 1$ で発散を消すためのものである. これから先は, 次のようなプログラムに沿って, 数学的解析が進められる : (P.1) $H_{\kappa,g}$ の本質的自己共役性と下界性, すなわち, $E_0(\kappa,g) := \inf_{\psi \in D(H_{\kappa,g}), \|\psi\|=1} \langle \psi, H_{\kappa,g}\psi \rangle > -\infty$ が成り立つことを示す. $H_{\kappa,g}$ の閉包も同じ記号で表す. (P.2) $E_0(\kappa,g)$ が $H_{\kappa,g}$ の固有値であることを示す (可能ならば一意性も). この場合, これに属する固有ベクトル $\Omega_{\kappa,g}$ を $H_{\kappa,g}$ の**基底状態**または**物理的真空**と呼ぶ [22]. (P.3) 切断をもつ量子場 $\Phi_{\kappa,g}(x) := e^{itH_{\kappa,g}} \phi_m(\boldsymbol{x}) e^{-itH_{\kappa,g}}$ (これは象徴的な表示であり, 実際には, 適当な関数で均したものを考える) から, 各自然数 n に対して, **量子場の真空期待値**

$$W^{(n)}_{\kappa,g}(x_1, \cdots, x_n) := \langle \Omega_{\kappa,g}, \Phi_{\kappa,g}(x_1) \cdots \Phi_{\kappa,g}(x_n) \Omega_{\kappa,g} \rangle$$

---

[22] 一般に, 任意の量子場の理論において, そのハミルトニアン (エネルギー作用素) のスペクトルの下限が固有値であるとき, その固有ベクトルを**基底状態**または**物理的真空**と呼ぶ.

を考え，切断を除く極限

$$W_n(x_1,\cdots,x_n):=\lim_{\kappa\to\infty,g\to 1} W_{\kappa,g}^{(n)}(x_1,\cdots,x_n)$$

の (超関数の意味での) 存在を示す．(P.4) 超関数の組 $\{W_n\}_n$ が公理論的場の量子論における**ワイトマンの公理系**を満たすことを示す[23]．ここに述べた手法は**ハミルトニアン法**と呼ばれる．

問題 (P.1)～(P.4) は優れて数学的な問題であり，それらを解くためには，関数解析的手法による重層的で緻密な解析が必要とされる．特に，時空の次元 ν が 3 以上の場合はそうである．これは，次元が高くなればなるほど，形式的レヴェルでの "発散" として現れる，模型の特異性の度合が増すことによる．ハミルトニアン法により (場合によっては，他の手法も併用する)，$\nu=2,3$ の場合には，相対論的な $\lambda(\Phi^4)_\nu$ 模型の存在およびその非自明性が示されている[24]．

15.5.2 ユークリッド法

公理論的場の量子論において，ミンコフスキー時空における時間成分を純虚数時間へと解析接続することにより，ミンコフスキー時空 $\mathbb{M}^\nu$ 上の量子場の理論をユークリッド空間 $\mathbb{R}^\nu$ 上の場の理論として定式化することができる[25]．後者を特徴づける公理系は**オスターヴァルダー・シュラーダーの公理系**と呼ばれ，ワイトマン超関数の解析接続 — **シュウィンガー関数** — を用いて記述される．ここで言及した一般的構造は，量子場の模型をユークリッド空間上の場の理論の模型として構成する道を示唆する．このアイディアに基づく，量子場の模型の構成法を**ユークリッド法**と呼ぶ．これは，数学的には汎関数積分 (無限次元積分) の理論と結びつく．というのは，適当な条件のもとで，シュウィンガー関数 (可算無限個) の母汎関数は，無限次元測度のフーリエ変換としてあたえられることが一般的に示されるからである．したがって，ユークリッド法では，その母汎関数が

---

[23] ワイトマンの公理系は，相対論的な対称性をもつ超関数 — **ワイトマン超関数** (量子場の言葉では，量子場の真空期待値) — の可算無限個の組によって特徴づけられる．

[24] 詳細については文献 [79, 87] 等を参照．

[25] ミンコフスキー計量 $t^2-\boldsymbol{x}^2$ は，t を $\pm it$ に置き換えることにより，ユークリッド計量の -1 倍 $-(t^2+\boldsymbol{x}^2)$ になることに注意 (マイナスの符号は本質的でない)．この形式的手続きを**ユークリッド化**と呼ぶ．

シュウィンガー関数をあたえる無限次元測度 (ただし，自由場のそれとは本質的に異なるもの) の存在を示すことがその第一の目標になる．

ユークリッド法の利点の一つは，前段で述べたことから示唆されるように，それが量子場の理論を古典統計力学の言葉に引きなおして考察することを可能にするということである．たとえば，中性スカラー場のシュウィンガー関数は，ユークリッド時空の各点に非有界な連続スピンが付随するスピン系の相関関数と見ることができるのである．この枠組みは，純数学的には，無限次元の確率過程論とも関わる[26]．

$\lambda(\Phi^4)_\nu$ 模型のシュウィンガー関数の構成の概略を述べよう．まず，いったん，ユークリッド空間 $\mathbb{R}^\nu$ を離散化し，格子間隔 $a>0$ の ν 次元格子空間

$$\mathbb{Z}_a^\nu=\{(an_1,\cdots,an_\nu)|n_j\in\mathbb{Z},\ j=1,\cdots,\nu\}$$

を考える (これは，ハミルトニアン法では運動量切断に相当する)．Λ を $\mathbb{Z}_a^\nu$ の有界領域 (たとえば，ν 次元立方体)，$\lambda(a)>0, \beta(a)>0, \rho(a)\in\mathbb{R}$ を a の関数とし，$\mathbb{Z}_a^\nu$ から $\mathbb{R}$ への写像 ϕ ($\phi:\mathbb{Z}_a^\nu\ni x\mapsto\phi(x)\in\mathbb{R}$) からなる集合上の汎関数

$$S_{\Lambda,a}(\phi)=-\frac{\beta(a)}{2}\sum_{|x-y|=a,x,y\in\Lambda}\phi(x)\phi(y)+\sum_{x\in\Lambda}\{\lambda(a)\phi(x)^4+\rho(a)\phi(x)^2\}$$

を定義する[27]．$|\Lambda|$ を Λ に含まれる格子点の個数とし，$\mathbb{R}^{|\Lambda|}$ 上の確率測度

$$d\mu_{\Lambda,a}(\phi)=\frac{e^{-S_{\Lambda,a}(\phi)}\prod_{x\in\Lambda}d\phi(x)}{\int e^{-S_{\Lambda,a}(\phi)}\prod_{x\in\Lambda}d\phi(x)}$$

を導入し (各 $d\phi(x)$ は $\mathbb{R}$ 上のルベーグ測度)，空間切断 Λ のはいった，格子空間上のシュウィンガー関数

$$S_n^{\Lambda,a}(x_1,\cdots,x_n)=\int\phi(x_1)\cdots\phi(x_n)d\mu_{\Lambda,a}(\phi)$$

($x_j\in\Lambda,\ j=1,\cdots,n$) を定義する．前段で述べたことの文脈で言えば，$\phi(x)$ は

---

[26] これらの側面については，[79, 87] 等を参照．

[27] これは，場の方程式 (15.1) を導くラグランジュ関数に対する作用汎関数のユークリッド化を離散化したものである．

格子点 x に付随する連続実数値をとるスピン変数を表す．

関数 S_n について，次のように解析を進める：

(E.1) 無限体積極限

$$S_n^a(x_1,\cdots,x_n):=\lim_{\Lambda\nearrow\mathbb{Z}_a^\nu} S_n^{\Lambda,a}(x_1,\cdots,x_n)$$

の存在を示す．これによって定義される理論は**格子場の理論**と呼ばれる．

(E.2) 適当な部分列 a_m で $a_m\downarrow 0$ $(m\to\infty)$ となるものに対して，格子間隔 0 の極限

$$S_n(x_1,\cdots,x_n):=\lim_{m\to\infty} S_n^{a_m}(x_1,\cdots,x_n)$$

の存在を示す．

(E.3) $\{S_n\}_n$ がオスターヴァルダー・シュラーダーの公理系を満たすことを示す．

上の手順でもっとも困難な部分は，(E.2) であり，部分列による極限 $\lim_{m\to\infty} S_n^{a_m}$ が存在するように $\lambda(a),\beta(a),\rho(a)$ を選べるかどうかが問題になる．これは，無限大 (発散) の "くりこみ"の問題と同等であり，もし，そのような選択がうまくなされうるならば，"発散のくりこみ"が遂行されると考えるのである．つぎの結果が知られている[28]：

(a) $\nu=2,3$ の場合は，$\lambda(a),\beta(a),\rho(a)$ を適当に選ぶことにより，任意の n に対し，S_n は存在する．$\{S_n\}_n$ は，オスターヴァルダー・シュラーダーの公理系のうち，ユークリッド回転不変性を除いたすべてを満たし，模型は非自明，すなわち，自由場とは異なる．

(b) $\nu=4$ の場合は，S_2 に関する，ある条件のもとで，S_n は存在するが，$\{S_n\}_n$ で定義される模型は自明 (trivial)，すなわち，自由場と同等の理論になる．

(c) $\nu\geq 5$ の場合は，$\{S_n^a\}_n$ によって記述される格子場模型が相転移をもたない領域では，$\lambda(a),\beta(a),\rho(a)$ をどのように選んでも，$\{S_n\}_n$ で定義される模型は自明になる．

---

[28] 文献 [79, 83] を参照．

(b) は，人を落胆させる結果である．というのは，物理的とみなされる $\nu=4$ の場合こそ，素粒子の相互作用を記述する，非自明な相対論的な量子場の模型の存在を示したかったからである．しかし，上記の方法 — 格子近似の方法 — は，あくまでも $\lambda(\Phi^4)_\nu$ 模型を構成するための一つの方法にすぎないことに注意すべきである．他の方法によって，非自明な $\lambda(\Phi^4)_4$ 模型が構成されうる可能性が否定されたわけではない．

15.6 非自明な模型の構成に向けて

$\lambda(\Phi^4)_4$ 模型は，真に物理的な模型ではないので，仮に，格子近似以外の構成法でその自明性が証明されたとしても，物理学として困るということはない．そこで，次の段階としては，真に物理的な量子場の模型と考えられているものを数学的に厳密な仕方で構成していく研究が必要である．そのような模型の一つとして，**ゲージ場の量子論**がある [29]．これは，素粒子の標準模型の理論的基礎を提供する理論である．非可換なゲージ場の量子論は **(量子) ヤン–ミルズ理論**とも呼ばれ，非自明であることが予想されている．特に，物質場 (クォーク場) との相互作用項を落として得られる (量子) 純ヤン–ミルズ理論の数学的に厳密な構成は「ミレニアム賞金問題」の一つになっている [30]．ここでは，この問題を詳しく解説する余裕はないが，要するに，まず，4 次元時空における (量子) 純ヤン–ミルズ理論の存在を示し，その数学的特性として，それが**質量ギャップ**と呼ばれる構造をもつことを証明することである．ここで，理論が「質量ギャップをもつ」というのは，粗く言うならば，ハミルトニアンのスペクトル (エネルギースペクトル) の下限が 0 のとき，次のスペクトル点の値が正数であることを指す．これは，物理的には，物理的真空から生成されるすべての素粒子が質量をもつことを意味する．もし，(量子) 純ヤン–ミルズ理論が核子に働く強い力を説明すべきも

[29] 序節で言及した量子電磁力学はゲージ場の理論の例である．この場合のゲージ場は，量子化されたベクトルポテンシャルである．

[30] 「ミレニアム賞金問題」は，千年期 (ミレニアム) の変わり目にあたる 2000 年に，ボストンの実業家クレイ氏によって創設されたクレイ数学研究所が提出した数学の難問題 (全部で 7 題) で，それぞれの問題の解決には百万ドルの賞金が支払われることになっている．詳しくは，文献 [98] や同研究所のホームページ (`http://www.claymath.org/`) を参照されたい．

のであるならば，それは，質量ギャップをもたなければならない．これが，質量ギャップの存在を問うことの物理的背景である．この問題に関する，より詳しい解説については，たとえば，文献 [119] や文献 [130] を参照されたい．

15.7 おわりに

1960 年代に始まった CQFT は，1980 年代に，上述の意味での $\lambda(\Phi^4)_4$ 模型の自明性に逢着したとはいえ，その歴史的展開の過程を通じて，数学や数理物理学の中に豊かな成果を生み出してきた．CQFT によって，少なくとも時空 2, 3 次元の量子場の模型については，通常の物理学的方法では得られない，緻密で深い理解に到達することができたし，線形作用素論 (特にフォック空間上の作用素論) や汎関数積分論 (相関不等式や繰り込み群の理論を含む) あるいは無限次元確率過程論を包含する数学分野にも新しい発展がもたらされたという意味でも重要な貢献がなされた．さらに，CQFT において開発された種々のアイディアや数学的方法・技法は，1990 年代の半ばにおいて，非相対論的な量子場の理論 — 特に，非相対論的量子電磁力学 — の数学的研究の飛躍的な発展を可能にした要因を準備したといえよう [31]．それらはまた，非可換ゲージ場の量子論の数学的構成においても何らかの意味で役立つはずである．最後に，本章を補う文献として， [91, 103, 184] をあげておく．

[31] この側面に関するレヴューが [26] にある．

付録 A

集合と写像に関するいくつかの基本的事実

A.1 直積空間

X, Y を空でない集合とする ($Y=X$ の場合も含む). X の元と Y の元の対の全体

$$X \times Y := \{(x,y) | x \in X, y \in Y\}$$

を X と Y の**直積空間**または**直積集合**という. ただし, この集合における元の相等「$(x,y)=(x',y')$」($x, x' \in X$, $y, y' \in Y$) は「$x=x'$ かつ $y=y'$」として定義される. このように相等が定義されている対 (x,y) を**順序対**と呼ぶ.

直積空間の概念は任意の有限個の集合 $X_1, \cdots, X_n (n \geqq 2)$ に対して拡大される. すなわち, 集合

$$X_1 \times \cdots \times X_n := \{(x_1, \cdots, x_n) | x_i \in X_i,\ i=1, \cdots, n\}$$

を $X_1, \cdots, X_n$ の**直積空間**または**直積集合**という. ただし, この集合における元の相等「$(x_1, \cdots, x_n)=(x'_1, \cdots, x'_n)$」($x_i, x'_i \in X_i$, $i=1, \cdots, n$) は「$x_i=x'_i$, $i=1, \cdots, n$」として定義される. このような対象 $(x_1, \cdots, x_n)$ を順序付けられた n-組または単に **n-組**という.

A.2 写像

X の各元 $x \in X$ に対して, Y の元 $y \in Y$ をただ一つ定める対応規則を X から Y への**写像** (mapping) という. x に y が対応することを $x \mapsto y$ と記し, 目下の

写像を f という記号で表すとき，$y=f(x)$ と記す．f が X から Y への写像であることを $f:X\to Y$ と表す．元 $x\in X$ に対して，$f(x)$ を対応させることを f の x への**作用**という．

写像 $f:X\to Y$ に対して，Y の部分集合

$$f(X):=\{f(x)|x\in X\}\subset Y \tag{A.1}$$

を f の**像** (image) または**値域** (range) という．

X の各元 x にそれ自身 x を対応させる写像を X 上の**恒等写像** (identity) と呼び，I_X と記す：$I_X(x):=x,\ x\in X$.

$X=Y$ の場合の写像，すなわち，写像 $f:X\to X$ を $\boldsymbol{X}$ **上の写像**という．

二つの写像 $f,g:X\to Y$ が相等しいとは，すべての $x\in X$ に対して，$f(x)=g(x)$ が成立することと定義し，これを $f=g$ と表す．

$x\in X$ に対して，$f(x)$ を f による x の**像**または x における f の値 [1] という．

写像 $f:X\to Y$ と X の部分集合 D に対して，Y の部分集合

$$f(D):=\{f(x)|x\in D\} \tag{A.2}$$

が定義される．これは D の元を f でうつして得られる元の全体を表し，D の f による**像**と呼ばれる．

部分集合の f による像については次の命題が基本的である：

命題 A.1 $f:X\to Y,\ A,\ B\subset X$ とする．

(i) $A\subset B$ ならば $f(A)\subset f(B)$.

(ii)

$$f(A\cup B)=f(A)\cup f(B). \tag{A.3}$$

証明 (i) $y\in f(A)$ ならば，$y=f(x)$ となる $x\in A$ がある．$A\subset B$ より，$x\in B$. したがって，$f(x)\in f(B)$. ゆえに，$y\in f(B)$. よって，$f(A)\subset f(B)$.

(ii) $f(A\cup B)\subset f(A)\cup f(B)$ かつ $f(A\cup B)\supset f(A)\cup f(B)$ を示せばよい．任意の $y\in f(A\cup B)$ に対して，$y=f(x)$ となる $x\in A\cup B$ がある．$x\in A$ または

---

[1] 通常の意味での値 (実数または複素数) とは限らない．

$x \in B$ である．前者の場合，$y \in f(A)$ であり，後者の場合は $y \in f(B)$ である．したがって，$y \in f(A) \cup f(B)$．ゆえに $f(A \cup B) \subset f(A) \cup f(B)$．

次に $y \in f(A) \cup f(B)$ とすると，$y \in f(A)$ または $y \in f(B)$．前者の場合，$y = f(x)$ となる $x \in A$ がある．したがって，$x \in A \cup B$ であるから，$y \in f(A \cup B)$．後者の場合，$y = f(x')$ となる $x' \in B$ がある．$x' \in A \cup B$ であるから，$y \in f(A \cup B)$．したがって，いずれの場合でも，$y \in f(A \cup B)$ である．ゆえに，$f(A) \cup f(B) \subset f(A \cup B)$． ■

系 A.2 $f: X \to Y$ とする．各自然数 $N \geqq 2$ と $A_1, \cdots, A_N \subset X$ に対して

$$f\left(\bigcup_{n=1}^{N} A_n\right) = \bigcup_{n=1}^{N} f(A_n) \tag{A.4}$$

が成り立つ．

証明 N に関する帰納法による．$N = 2$ の場合は命題 A.1 (ii) にほかならない．$N = p \geqq 2$ で (A.4) が成立したとしよう．このとき，$\bigcup_{n=1}^{p+1} A_n = \left(\bigcup_{n=1}^{p} A_n\right) \cup A_{p+1}$ に注意して，命題 A.1 (ii) を応用すれば

$$f\left(\bigcup_{n=1}^{p+1} A_n\right) = f\left(\bigcup_{n=1}^{p} A_n\right) \cup f(A_{p+1}).$$

帰納法の仮定により，$f\left(\bigcup_{n=1}^{p} A_n\right) = \bigcup_{n=1}^{p} f(A_n)$．したがって，(A.4) は $N = p+1$ でも成立する． ■

X 上の写像 $f: X \to X$ と部分集合 $D \subset X$ について，$f(D)$ と D は一般に異なり得る．だが，もし，$f(D) = D$ が成立ならば，D は f **の作用のもとで不変**または f**-不変**であるという．このような部分集合 D は，f にとって固有の性質をもつ集合であると解釈される．

A.3 写像の分類

写像の性質に関する基本的な概念のいくつかを定義しよう．$f: X \to Y$ とする．$x_1, x_2 \in X, x_1 \neq x_2$ ならば $f(x_1) \neq f(x_2)$ が成り立つとき (つまり，異なる元

には異なる元が対応する)，写像 f は**単射** (injective) または **1 対 1**(one-to-one) であるという．したがって，対偶をとれば，「$f(x_1)=f(x_2)$ ならば $x_1=x_2$」が成り立つとき，f は単射である．

任意の $y\in Y$ に対して，$f(x)=y$ となる $x\in X$ が存在するとき，f は**全射** (surjective) または**上への写像**であるという．

全射かつ単射である写像を**全単射** (bijective) な写像と呼ぶ．

こうして，X から Y への写像の全体は次の互いに素な四つのクラスに分けられる：

(i) 全単射な写像.

(ii) 単射であるが全射でない写像.

(iii) 全射であるが単射でない写像.

(iv) 全射でも単射でもない写像.

注意 A.3 X が有限集合の場合，すなわち，$X=\{x_1,\cdots,x_n\}(x_1,\cdots,x_n$ は相異なるとする) と書かれる場合を考えよう．この場合，X 上の任意の全単射 f に対して，$\{f(x_1),\cdots,f(x_n)\}=X$ かつ「$i\neq j$ ならば $f(x_i)\neq f(x_j)$」であるので，$(f(x_1),\cdots,f(x_n))$ は $(x_1,\cdots,x_n)$ の並べ換え (置換) をあたえる．この観点から，任意の空でない集合 X に対して，X 上の全単射を $\boldsymbol{X}$ **上の置換**という場合がある．

$f:X\to Y$ が単射である場合を考える．f は単射であるので，各 $y\in f(X)$ に対して，$f(x_y)=y$ を満たす $x_y\in X$ がただ一つ存在する．したがって，対応：$y\mapsto x_y$ (y に対して，x_y を対応させる対応規則) は，$f(X)$ から X への一つの写像を定める．この写像を f の**逆写像** (inverse mapping) と呼び，$f^{-1}:f(X)\to X$ と記す：$f^{-1}(y)=x_y$.

f が全単射であれば，$f(X)=Y$ であるので，$f^{-1}:Y\to X$ である．

容易にわかるように，恒等写像 I_X は全単射であり，$I_X^{-1}=I_X$ である．

写像 $f:X\to Y$ が単射であるとき，逆写像の定義から容易にわかるように

$$f(f^{-1}(y)) = y, \quad y \in f(X), \tag{A.5}$$

$$f^{-1}(f(x)) = x, \quad x \in X \tag{A.6}$$

が成り立つ.

A.4　合成写像

写像の関係式を簡潔に表すためにある概念を導入する．Z を空でない集合とし，$f: X \to Y$, $g: f(X) \to Z$ とする．このとき，写像 $g \circ f: X \to Z$ が

$$(g \circ f)(x) := g(f(x)), \quad x \in X \tag{A.7}$$

によって定義される．この写像を f と g の**合成写像** (composite mapping) という．

合成写像の概念を用いると，写像 $f: X \to Y$ が全単射であることは，(A.5) と (A.6) から

$$f \circ f^{-1} = I_Y, \quad f^{-1} \circ f = I_X \tag{A.8}$$

と表される．

次の定理は写像の全単射性の判定と逆写像を求めるのに有用である：

定理 A.4 写像 $f: X \to Y$ が全単射であるための必要十分条件は，写像 $g: Y \to X$ が存在して

$$f \circ g = I_Y, \quad g \circ f = I_X \tag{A.9}$$

が成り立つことである．この場合，$g = f^{-1}$ である．

証明 条件の必要性はすでに示した ((A.8) を参照)．条件の十分性を示すために，(A.9) が成り立つとしよう．$f(x_1) = f(x_2)$ $(x_1, x_2 \in X)$ とすれば，(A.9) の第 2 式から，$x_1 = g(f(x_1)) = g(f(x_2)) = x_2$ となる．したがって，f は単射である．また，任意の $y \in Y$ に対して，$x = g(y)$ とすれば，(A.9) より，$f(x) = y$ となるので，$f(X) = Y$ が成立する．したがって，f は全射でもあり，$g = f^{-1}$ が成り立つ． ■

A.5　写像空間と積

X 上の写像全体の集合 — **X 上の写像空間** — を $\mathrm{Map}(X)$ で表す：

$$\mathrm{Map}(X) := \{f : X \to X\} \tag{A.10}$$

$f, g \in \mathrm{Map}(X)$ に対して，$f \circ g$ も X 上の写像であるので，$f \circ g \in \mathrm{Map}(X)$ である．さらに，$h \in \mathrm{Map}(X)$ とすれば，任意の $x \in X$ に対して

$$((f \circ g) \circ h)(x) = (f \circ g)(h(x)) = f(g(h(x)) = f((g \circ h)(x)) = (f \circ (g \circ h))(x)$$

であるので，写像の等式

$$(f \circ g) \circ h = f \circ (g \circ h) \tag{A.11}$$

が成り立つ．これを写像の**結合法則**あるいは**結合則**という．したがって，対応：$(f, g) \mapsto f \circ g$ は $\mathrm{Map}(X)$ における一つの乗法 [2)] を定義する．そこで，$f \circ g$ を f と g の**積**と呼ぶ．明らかに

$$f \circ I_X = I_X \circ f = f, \quad f \in \mathrm{Map}(X). \tag{A.12}$$

したがって，I_X は写像の乗法に関する単位元である．

命題 A.5 $f, g : X \to X$ を全単射とする．このとき，$f \circ g$ も全単射であり

$$(f \circ g)^{-1} = g^{-1} \circ f^{-1} \tag{A.13}$$

が成り立つ．

証明 $F := f \circ g$, $G = g^{-1} \circ f^{-1}$ とおく．このとき

$$F \circ G = f \circ g \circ g^{-1} \circ f^{-1} = f \circ I_X \circ f^{-1} = f \circ f^{-1} = I_X.$$

---

2) 一般に，集合 S の任意の二つの元 a, b に対して元 $ab \in S$ が定義され，結合法則 $(ab)c = a(bc)$, $a, b, c \in S$ が成立するとき，対応 (演算)：$(a, b) \mapsto ab$ を**乗法**という (乗法の公理)．この場合，ab を a と b の**積**と呼ぶ．もし，すべての $a \in S$ に対して，$ae = ea = a$ となる元 $e \in S$ があるならば，e を当の乗法に関する**単位元**という．一般には，$ab = ba$ とは限らないが，もし，$ab = ba$ ならば a と b は可換であるという．

同様に，$G\circ F=I_X$ が示される．ゆえに，定理 A.4 によって，題意が成立する．

■

合成写像の概念は 3 個以上の写像に対しても拡張される．$X_1,\cdots,X_{n+1}$ を空でない集合とし，$f_i:X_i\to X_{i+1}(i=1,\cdots,n)$ とする．このとき，$f_1,\cdots,f_n$ の**合成写像**を帰納的に

$$f_n\circ\cdots\circ f_1:=f_n\circ(f_{n-1}\circ\cdots\circ f_1) \tag{A.14}$$

によって定義する．この写像の $x\in X_1$ への作用は

$$(f_n\circ\cdots\circ f_1)(x)=f_n(f_{n-1}(\cdots f_2(f_1(x))\cdots))$$

である．

命題 A.5 と帰納法により，次の系がしたがう：

系 A.6 $f_1,\cdots,f_n:X\to X$ を全単射とする．これらの合成写像 $f_1\circ\cdots\circ f_n$ も全単射であり

$$(f_1\circ\cdots\circ f_n)^{-1}=f_n^{-1}\circ\cdots\circ f_1^{-1} \tag{A.15}$$

が成り立つ[3]．

A.6 ベキ写像

X 上の写像 f と任意の自然数 $n\in\mathbb{N}$ に対して，f を n 回合成した写像を f^n と記し，f の n 乗と呼ぶ：

$$f^n:=\underbrace{f\circ f\circ\cdots\circ f}_{n\text{ 個}}. \tag{A.16}$$

便宜上，$f^0:=I_X$ とおく．

写像 $f:X\to X$ が全単射であるとき，f の $-n$ 乗を

$$f^{-n}:=(f^{-1})^n,\quad n\in\mathbb{N} \tag{A.17}$$

[3] 右辺の積の順序に注意 ($f_1^{-1}\circ\cdots\circ f_n^{-1}$ ではない !)．

によって定義する．

$f:X\to X$ が全単射であるとき，f^m $(m\in\mathbb{Z})$ という型の写像を総称的に f の**ベキ写像**という．

命題 A.7 f を X 上の全単射写像とする．このとき，任意の $n\in\mathbb{Z}$ に対して，f^n は全単射であり

$$(f^n)^{-1}=f^{-n} \tag{A.18}$$

が成り立つ．

証明 $n\geqq 1$ の場合は，系 A.6 を $f=f_1=f_2=\cdots=f_n$ の場合に応用すればよい．$n\leqq -1$ の場合は，系 A.6 を $f^{-1}=f_1=f_2=\cdots=f_{|n|}$ の場合に応用すればよい（$(f^{-1})^{-1}=f$ に注意）．

■

付録 B

抽象ベクトル空間論の基本事項

$\mathbb{K}$ は実数体 $\mathbb{R}$ または複素数体 $\mathbb{C}$ を表すものとする．$\mathbb{K}$ の元 (要素) を**スカラー**という．

集合 $\mathscr{V}$ の任意の二つの元 ψ, ϕ とスカラー $\alpha \in \mathbb{K}$ に対して，**和** $\psi + \phi \in \mathscr{V}$ と**スカラー倍** $\alpha\psi \in \mathscr{V}$ が定まり，以下の (V.1)〜(V.8) ($\psi, \phi, \eta \in \mathscr{V}$ および $\alpha, \beta \in \mathbb{K}$ は任意) が成立するとき，$\mathscr{V}$ を $\mathbb{K}$ **上のベクトル空間** (vector space) または**線形空間** (linear space) といい，その元を**ベクトル**という．$\mathbb{K}$ を $\mathscr{V}$ の**係数体** (coefficient field) という：

(V.1) (和に関する交換法則[1]) $\psi + \phi = \phi + \psi$.

(V.2) (和に関する結合法則[2]) $\psi + (\phi + \eta) = (\psi + \phi) + \eta$.

(V.3) (零元の存在) ある元 $0_{\mathscr{V}} \in \mathscr{V}$ が存在して，すべての $\psi \in \mathscr{V}$ に対して，$\psi + 0_{\mathscr{V}} = \psi$ が成り立つ．

(V.4) (逆元の存在) 各 $\psi \in \mathscr{V}$ に対して，元 $\tilde{\psi} \in \mathscr{V}$ が存在して，$\psi + \tilde{\psi} = 0_{\mathscr{V}}$ が成り立つ．

(V.5) $1\psi = \psi$.

(V.6) (スカラー倍に関する結合法則) $(\alpha\beta)\psi = \alpha(\beta\psi)$.

(V.7) (スカラー倍に関する右分配法則) $\alpha(\psi + \phi) = \alpha\psi + \alpha\phi$.

---

[1] **交換則**ともいう．

[2] **結合則**ともいう．

(V.8) (スカラー倍に関する左分配法則) $(\alpha+\beta)\psi=\alpha\psi+\beta\psi$

零元 $0_{\mathscr{V}}$ ならびにベクトル ψ の逆元 $\tilde{\psi}$ はそれぞれただ一つであることが示される[3]．そこで，$0_{\mathscr{V}}$ を $\mathscr{V}$ の**零ベクトル**または**ゼロベクトル**といい，$\tilde{\psi}$ を ψ の**逆ベクトル**という．誤解の恐れがない場合には，零ベクトル $0_{\mathscr{V}}$ は単に 0 と記される．通常，逆ベクトル $\tilde{\psi}$ は $-\psi$ と記される：$-\psi:=\tilde{\psi}$.

(V.2) により，3 以上の任意の自然数 n に対して，n 個のベクトル $\psi_1,\cdots,\psi_n\in\mathscr{V}$ の和 $\sum_{j=1}^{n}\psi_j$ — $\psi_1+\psi_2+\cdots+\psi_n$ とも記す — が，帰納的に

$$\sum_{j=1}^{n}\psi_j:=\Big(\sum_{j=1}^{n-1}\psi_j\Big)+\psi_n$$

によって定義され，$(1,2,\cdots,n)$ の任意の置換 σ に対して $\sum_{j=1}^{n}\psi_j=\sum_{j=1}^{n}\psi_{\sigma(j)}$ が成り立つことが示される．

$\mathscr{V}$ における減法は，逆ベクトルを用いて，次のように定義される：

$$\psi-\phi:=\psi+(-\phi),\quad \psi,\phi\in\mathscr{V}.$$

これを ψ と ϕ の**差**ともいう．

$\mathbb{K}=\mathbb{R}$ のときの $\mathscr{V}$ を**実ベクトル空間**といい，$\mathbb{K}=\mathbb{C}$ のときの $\mathscr{V}$ を**複素ベクトル空間**という．

一般に，n 個のベクトル $\psi_1,\cdots,\psi_n\in\mathscr{V}$ $(n\in\mathbb{N})$ と n 個のスカラー $\alpha_1,\cdots,\alpha_n$ からつくられるベクトル $\sum_{j=1}^{n}\alpha_j\psi_j$ を $\psi_1,\cdots,\psi_n$ の**線形結合**または**一次結合**という．

$\mathscr{V}$ の部分集合 $\mathscr{M}$ の任意の二つの元 $\psi,\phi\in\mathscr{M}$ と任意のスカラー $\alpha,\beta\in\mathbb{K}$ に対して，$\alpha\psi+\beta\phi\in\mathscr{M}$ が成り立つとき (つまり，$\mathscr{M}$ が線形結合で閉じているとき)，$\mathscr{M}$ を $\mathscr{V}$ の**部分空間**という．

n 個のベクトル $\psi_1,\cdots,\psi_n\in\mathscr{V}$ $(n\in\mathbb{N})$ について，方程式 $\sum_{j=1}^{n}\alpha_j\psi_j=0_{\mathscr{V}}$ を満たすスカラー $\alpha_1,\cdots,\alpha_n\in\mathbb{K}$ がすべて 0 に限られるとき，$\psi_1,\cdots,\psi_n$ は**一次**

---

3) [17] の p.3 を参照.

独立または**線形独立**であるという．線形独立でないベクトルの組は**一次従属**または**線形従属**であるという．

各自然数 n に対して，n 個の線形独立なベクトル $e_1, \cdots, e_n$ が存在し，どの $(n+1)$ 個のベクトルの組も線形従属であるとき，$\mathscr{V}$ は $\boldsymbol{n}$ **次元**であるといい，$(e_1, \cdots, e_n)$ を $\mathscr{V}$ の一つの**基底**という．この場合，任意の $\psi \in \mathscr{V}$ は $\psi = \sum_{j=1}^{n} \alpha_j e_j$ と一意的に表される $(\alpha_j \in \mathbb{K}, j = 1, \cdots, n)$．展開係数の組 $\boldsymbol{\alpha} := (\alpha_1, \cdots, \alpha_n) \in \mathbb{K}^n$ を基底 $(e_1, \cdots, e_n)$ に関する，ψ の**成分表示**または**座標表示**という．無論，この表示は，基底を取り換えれば，変わる [4]．

$\mathscr{V}$ が n 次元であることを $\dim \mathscr{V} = n$ と表す．次元が有限であるベクトル空間を総称的に有限次元ベクトル空間という．有限次元でないベクトル空間は**無限次元**であるという．

---

[4] その変換則 — 座標変換公式 — を書き下すことは可能であるが，ここでは省略する．詳細については，たとえば，[31] の 1.6 節を参照．

付録 C

ヒルベルト空間論要項

線形代数学で登場するユークリッド内積空間やエルミート空間 (複素ユークリッド内積空間) における内積の抽象的構造を取り出すと抽象内積空間の概念が得られる．これによって，私たちは，一挙に，有限次元内積空間と無限次元内積空間を包摂し，無限の広がりを有する空間世界へと導かれる．ユークリッド内積空間やエルミート空間は，内容豊かな解析学を展開する上で基礎となる完備性という重要な性質も有する．この完備性に対しても，これを特殊な現れとする一般概念が存在する．一般概念としての完備性を有する抽象的内積空間を抽象ヒルベルト空間という．この付録では，抽象ヒルベルト空間について，本文を理解するために必要とされる最小限度の内容をまとめる．

C.1　抽象ヒルベルト空間

$\mathbb{K}=\mathbb{R}$ または $\mathbb{C}$ とする．

定義 C.1 $\mathscr{H}$ を $\mathbb{K}$ 上のベクトル空間 (付録 B を参照) とする．$\mathscr{H}$ の任意の二つのベクトル Ψ, Φ に対して，スカラー $\langle\Psi,\Phi\rangle_{\mathscr{H}} \in \mathbb{K}$ がただ一つ定まり，次の (H.1)〜(H.4) を満たすとき，対応：$\langle\ ,\ \rangle_{\mathscr{H}} : (\Psi,\Phi) \mapsto \langle\Psi,\Phi\rangle_{\mathscr{H}}$ を $\mathscr{H}$ の**内積**と呼ぶ：

(H.1) (正値性) $\langle\Psi,\Psi\rangle_{\mathscr{H}} \geqq 0,\ \forall\Psi\in\mathscr{H}$.

(H.2) (正定値性) $\langle\Psi,\Psi\rangle_{\mathscr{H}} = 0$ ならば $\Psi = 0$.

(H.3) (線形性) すべての $\Psi,\Phi_1,\Phi_2 \in \mathscr{H}$, $\alpha_1,\alpha_2\in\mathbb{K}$ に対して，
$\langle\Psi,\alpha_1\Phi_1+\alpha_2\Phi_2\rangle_{\mathscr{H}} = \alpha_1\langle\Psi,\Phi_1\rangle_{\mathscr{H}} + \alpha_2\langle\Psi,\Phi_2\rangle_{\mathscr{H}}$.

(H.4) (対称性，エルミート性) $\langle \Psi, \Phi \rangle_{\mathscr{H}}^* = \langle \Phi, \Psi \rangle_{\mathscr{H}}, \Psi, \Phi \in \mathscr{H}$.

$(\mathscr{H}, \langle\ ,\ \rangle_{\mathscr{H}})$ を $\mathbb{K}$ 上の**内積空間**という．$\mathbb{K} = \mathbb{R}$ のとき，$\mathscr{H}$ を**実内積空間**，$\mathbb{K} = \mathbb{C}$ のとき，$\mathscr{H}$ を**複素内積空間**という．

内積空間 $\mathscr{H}$ に属する任意のベクトル Ψ に対して，その**ノルム** $\|\Psi\|_{\mathscr{H}}$ が

$$\|\Psi\|_{\mathscr{H}} := \sqrt{\langle \Psi, \Psi \rangle_{\mathscr{H}}}$$

によって定義される．

どの内積空間の内積，ノルムであるかが文脈から明らかな場合，$\langle \Psi, \Phi \rangle_{\mathscr{H}}$ や $\|\Psi\|_{\mathscr{H}}$ を単に $\langle \Psi, \Phi \rangle$ や $\|\Psi\|$ と記す．

内積空間 $\mathscr{H}$ の点列 $\{\Psi_n\}_{n=1}^{\infty} (\Psi_n \in \mathscr{H})$ に対して，あるベクトル $\Psi \in \mathscr{H}$ が存在して，$\lim_{n \to \infty} \|\Psi_n - \Psi\| = 0$ が成り立つとき，点列 $\{\Psi_n\}_{n=1}^{\infty}$ は Ψ に**収束する**という．この場合，Ψ を $\{\Psi_n\}_{n=1}^{\infty}$ の**極限**といい，$\Psi = \lim_{n \to \infty} \Psi_n$ と記す．

内積空間 $\mathscr{H}$ の点列 $\{\Psi_n\}_{n=1}^{\infty}$ について，任意の $\varepsilon > 0$ に対して，番号 n_0 があって，$n, m \geqq n_0$ ならば $\|\Psi_n - \Psi_m\| < \varepsilon$ が成り立つとき，$\{\Psi_n\}_{n=1}^{\infty}$ を**コーシー列**または**基本列**という．

収束列はコーシー列であるが，コーシー列は収束列とは限らない．そこで次の定義を設ける：

定義 C.2 内積空間 $\mathscr{H}$ のどのコーシー列も収束列であるとき，$\mathscr{H}$ は**完備**であるという． 完備な内積空間を**ヒルベルト空間**という．$\mathbb{K} = \mathbb{R}$ のときのヒルベルト空間を**実ヒルベルト空間**，$\mathbb{K} = \mathbb{C}$ のときのヒルベルト空間を**複素ヒルベルト空間**という．

普遍的理念としてのヒルベルト空間は，具象的なヒルベルト空間と区別する意味で，**抽象ヒルベルト空間**と呼ばれる．

例 C.3 有限次元内積空間はすべてヒルベルト空間である．

例 C.4 非負整数の全体 $\mathbb{Z}_+ := \{0, 1, 2, \cdots\}$ の上の複素数列 $z = \{z_n\}_{n=0}^{\infty}$ でその絶対値の 2 乗が総和可能なものの全体

$$\ell^2(\mathbb{Z}_+) := \left\{ z = \{z_n\}_{n=0}^{\infty} | z_n \in \mathbb{C},\ n \geqq 0,\ \sum_{n=0}^{\infty} |z_n|^2 < \infty \right\}$$

は数列の和 $z+w := \{z_n + w_n\}_{n=0}^{\infty}$ とスカラー倍 $\alpha z := \{\alpha z_n\}_{n=0}^{\infty}$ $(z, w \in \ell^2(\mathbb{Z}_+),$ $\alpha \in \mathbb{C})$ の演算で複素ベクトル空間になる．さらに

$$\langle z, w \rangle_{\ell^2(\mathbb{Z}_+)} := \sum_{n=0}^{\infty} z_n^* w_n$$

とすれば，これは $\ell_2(\mathbb{Z}_+)$ の内積であり，この内積に関して，$\ell^2(\mathbb{Z}_+)$ は無限次元の複素ヒルベルト空間になる [1]．

例 C.5 d を任意の自然数とし，d 次元ユークリッド空間 $\mathbb{R}^d := \{\boldsymbol{x} = (x_1, \cdots, x_d) | x_i \in \mathbb{R}, i = 1, \cdots, d\}$ 上のルベーグ測度に関して 2 乗可積分なボレル可測関数の全体

$$L^2(\mathbb{R}^d) := \left\{ f : \mathbb{R}^d \to \mathbb{C} \cup \{\pm\infty\},\ \text{ボレル可測} \mid \int_{\mathbb{R}^d} |f(\boldsymbol{x})|^2 d\boldsymbol{x} < \infty \right\}$$

は関数の和とスカラー倍の演算に関して複素ベクトル空間である．$L^2(\mathbb{R}^d)$ の二つの元 $f, g \in L^2(\mathbb{R}^d)$ の相等 $f = g$ を次のように定義する：

$$f = g \stackrel{\text{def}}{\Longleftrightarrow} f(\boldsymbol{x}) = g(\boldsymbol{x}), \quad \text{a.e. } \boldsymbol{x} \in \mathbb{R}^d.$$

ただし，「a.e. (almost everywhere)」は「d 次元ルベーグ測度に関してほとんどいたるところ」という意味である．このとき，$f, g \in L^2(\mathbb{R}^d)$ に対してスカラー

$$\langle f, g \rangle_{L^2(\mathbb{R}^d)} := \int_{\mathbb{R}^d} f(\boldsymbol{x})^* g(\boldsymbol{x}) d\boldsymbol{x}$$

を割り当てる対応は $L^2(\mathbb{R}^d)$ の内積となる．さらに，$L^2(\mathbb{R}^d)$ はこの内積に関して無限次元の複素ヒルベルト空間である [2]．

$\mathscr{D}$ をヒルベルト空間 $\mathscr{H}$ の部分集合とする．

任意の $\Psi \in \mathscr{H}$ に対して，$\mathscr{D}$ の点列 $\{\Psi_n\}_{n=1}^{\infty}$ $(\Psi_n \in \mathscr{D})$ があって $\lim_{n\to\infty} \Psi_n = \Psi$ が成り立つとき，$\mathscr{D}$ は $\mathscr{H}$ で**稠密**であるという．これは，言い換えれば，$\mathscr{H}$ の

[1] 証明については，[17] の例 1.15 を参照．

[2] 証明については，[17] の例 1.16 を参照．

任意のベクトルが $\mathscr{D}$ の点列で近似できるということである．

ヒルベルト空間 $\mathscr{H}$ の中に高々可算無限個の元からなる稠密な部分集合が存在するとき，$\mathscr{H}$ は**可分**であるという．

ベクトル $\Psi \in \mathscr{H}$ と $\Phi \in \mathscr{H}$ の内積が 0, すなわち，$\langle \Psi, \Phi \rangle = 0$ であるとき，Ψ と Φ は**直交する**という．

部分集合 $\mathscr{D} \subset \mathscr{H}$ のすべてのベクトルと直交するベクトルの集合

$$\mathscr{D}^{\perp} := \{\Psi \in \mathscr{H} \mid \langle \Psi, \Phi \rangle = 0, \forall \Phi \in \mathscr{D}\}$$

を $\mathscr{D}$ の**直交補空間**という．

部分集合 $\mathscr{D}$ が極限をとる操作で閉じているとき，すなわち，$\Psi_n \in \mathscr{D}$, $\lim_{n\to\infty} \Psi_n = \Psi$ ならば $\Psi \in \mathscr{D}$ が成り立つとき，$\mathscr{D}$ は**閉集合**と呼ばれる．

部分集合 $\mathscr{M} \subset \mathscr{H}$ が部分空間 (付録 B を参照) であり，閉集合でもあるとき，$\mathscr{M}$ を**閉部分空間**という．

次の定理はヒルベルト空間論における基礎定理の一つである：

定理 C.6 (正射影定理) [3] $\mathscr{M}$ を閉部分空間とする．このとき，任意の $\Psi \in \mathscr{H}$ に対して，$\Psi_{\mathscr{M}} \in \mathscr{M}$ と $\Psi_{\mathscr{M}^{\perp}} \in \mathscr{M}^{\perp}$ がそれぞれただ一つ存在し

$$\Psi = \Psi_{\mathscr{M}} + \Psi_{\mathscr{M}^{\perp}} \quad (\text{直交分解})$$

と表される．

この定理におけるベクトル $\Psi_{\mathscr{M}}$ を Ψ の $\mathscr{M}$ 上への**正射影** (直交射影) という．

C.2　線形作用素

ヒルベルト空間からヒルベルト空間への写像のうちで空間の線形構造を保存する写像のクラスを定義する．

$\mathscr{H}, \mathscr{K}$ を $\mathbb{K}$ 上のヒルベルト空間，$\mathscr{D}$ を $\mathscr{H}$ の部分空間とする．

$\mathscr{D}$ から $\mathscr{K}$ への写像 $T : \mathscr{D} \to \mathscr{K}$ は

$$(\text{線形性}) \quad T(\alpha\Psi + \beta\Phi) = \alpha T(\Psi) + \beta T(\Phi), \quad \Psi, \Phi \in \mathscr{D}, \alpha, \beta \in \mathbb{K}$$

---

[3] 証明については，たとえば，[17] の定理 1.19 を参照．

を満たすとき，**線形**であるという．この場合，$\mathscr{D}$ を T の**定義域** (domain) と呼び，$D(T):=\mathscr{D}$ と記す．また，しばしば，$T(\Psi)=T\Psi$ とも記す．定義域を $\mathscr{H}$ の中に有する線形写像 $T:D(T)\to\mathscr{K}$ を $\mathscr{H}$ から $\mathscr{K}$ への**線形作用素** (linear operator) または**線形演算子**という[4]．便宜上，$\mathscr{K}=\mathscr{H}$ かつ $D(T)\neq\mathscr{H}$ の場合でも T を $\mathscr{H}$ 上の線形作用素という．線形作用素のことを単に作用素という場合がある．

例 C.7 $\mathscr{H}$ 上の恒等写像 $I_{\mathscr{H}}:\mathscr{H}\to\mathscr{H};I_{\mathscr{H}}(\Psi)=\Psi,\ \Psi\in\mathscr{H}$ は線形作用素である $(D(I_{\mathscr{H}})=\mathscr{H})$．$I_{\mathscr{H}}$ を $\mathscr{H}$ 上の**恒等作用素**という．また，$\mathscr{H}$ から $\mathscr{K}$ への零写像 $O:\mathscr{H}\to\mathscr{K};O(\Psi)=0\in\mathscr{K},\ \Psi\in\mathscr{H}$ も線形作用素である $(D(O)=\mathscr{H})$．これを $\mathscr{H}$ から $\mathscr{K}$ への**零作用素**という．零作用素 O を 0 と記す場合もある．

$\mathscr{H}$ から $\mathscr{K}$ への線形作用素 T の像の全体

$$\mathrm{Ran}\,(T):=\{T\Psi|\Psi\in D(T)\}$$

を T の**値域** (range) と呼ぶ．

線形作用素 T によって，$\mathscr{K}$ の零ベクトルにうつされるベクトルの全体

$$\ker T:=\{\Psi\in D(T)|T\Psi=0\}$$

を T の**核** (kernel) または**零空間**という．

容易にわかるように，$\mathrm{Ran}\,(T)$ も $\ker T$ も部分空間である (T の線形性による)．

T,S を $\mathscr{H}$ から $\mathscr{K}$ への線形作用素とする．

(i) **(作用素の相等)** $D(T)=D(S)$ (定義域が等しい) かつ $T\Psi=S\Psi,\ \forall\Psi\in D(T)$(作用が等しい) が成り立つとき，$T$ と S は線形作用素として等しいといい，$T=S$ と記す．

(ii) $D(T)\subset D(S)$ かつ $T\Psi=S\Psi,\ \forall\Psi\in D(T)$ が成り立つとき，S を T の**拡大** (extension) または T を S の**制限** (restriction) といい，$T\subset S$ と記す．

容易にわかるように，$T=S$ と「$T\subset S$ かつ $S\subset T$」は同値である．

(iii) ある定数 C があって，$\|T\Psi\|\leqq C\,\|\Psi\|,\ \forall\Psi\in D(T)$ が成り立つとき，T

---

[4] $D(T)$ は $\mathscr{H}$ に等しいとは限らないことに注意．

は**有界** (bounded) であるという．この場合

$$\|T\| := \sup_{\Psi \in D(T), \Psi \neq 0} \frac{\|T\Psi\|}{\|\Psi\|} \leqq C < \infty$$

を T の**作用素ノルム**と呼ぶ．

$\mathscr{H}$ から $\mathscr{K}$ への線形作用素は有界なものと非有界なものに分類される．

注意 C.8 有限次元ヒルベルト空間上の線形作用素はすべて有界である [5]．したがって，非有界な線形作用素が存在しうるヒルベルト空間は無限次元でなければならない．

注意 C.9 非有界作用素については定義域が極めて重要である．作用の外見上の形は同じでも定義域が異なれば性質はまったく異なる場合があるからである．

注意 C.10 $\mathscr{H}$ から $\mathscr{K}$ への線形作用素の全体を $\mathfrak{L}(\mathscr{H}, \mathscr{K})$ としよう．このとき，次の (i)～(iii) を証明するのは容易である：(i) $T \subset T$, $\forall T \in \mathfrak{L}(\mathscr{H}, \mathscr{K})$；(ii) $T, S \in \mathfrak{L}(\mathscr{H}, \mathscr{K})$, $T \subset S$ かつ $S \subset T \Longrightarrow T = S$；(iii) $T, S, R \in \mathfrak{L}(\mathscr{H}, \mathscr{K})$, $T \subset S$, $S \subset R \Longrightarrow T \subset R$. したがって，作用素に関する関係 $\subset$ は実は $\mathfrak{L}(\mathscr{H}, \mathscr{K})$ における一つの順序である (全順序ではない)．すなわち，$(\mathfrak{L}(\mathscr{H}, \mathscr{K}), \subset)$ は順序集合である．

線形作用素は写像の部分クラスであるから，写像の一般論 (付録 A を参照) における諸概念がそのまま適用される (たとえば，単射性，全射性)．しかし，線形性という条件のおかげでよりよい性質が付随する場合がある．

命題 C.11 T が単射であるための必要十分条件は $\ker T = \{0\}$ である [6]．

命題 C.12 T が単射ならば，その逆写像 $T^{-1} : \mathrm{Ran}\,(T) \to \mathscr{H}$ は線形である．

T と S から新たな線形作素がつくられる．写像 $T + S : D(T) \cap D(S) \to \mathscr{K}$ を

$$(T + S)(\Psi) := T\Psi + S\Psi, \quad \Psi \in D(T) \cap D(S)$$

---

[5] 証明については，[17] の命題 2.2 を参照．

[6] 証明については，[17] の命題 2.1 を参照．

によって定義すれば，T と S の線形性により，$T+S$ は線形であることがわかる．そこで，$D(T+S) := D(T) \cap D(S)$ を定義域とする線形作用素 $T+S$ を T と S の**和**と呼ぶ．

線形作用素 T の**スカラー倍** αT $(\alpha \in \mathbb{K})$ は次のように定義される：

$$D(\alpha T) := D(T), \quad (\alpha T)(\Psi) := \alpha T\Psi, \quad \Psi \in D(T).$$

なお，$\alpha = 0$ の場合でも，$D(0T) = D(T)$ であり，$(0T)(\Psi) = 0$, $\Psi \in D(T)$ である．つまり，一般には $0T \subset O$ (零作用素) であり，「$0T = O \Longleftrightarrow D(T) = \mathscr{H}$」．

S が $\mathscr{K}$ からヒルベルト空間 $\mathscr{L}$ への線形作用素であるとき，$\mathscr{H}$ から $\mathscr{L}$ への線形作用素 ST が次のように定義される：

$$D(ST) := \{\Psi \in D(T) | T\Psi \in D(S)\},$$

$$(ST)(\Psi) := S(T\Psi), \quad \Psi \in D(ST).$$

ST を T と S の**積**と呼ぶ．

線形作用素の和と積の概念は，n 個 $(n \geqq 3)$ の線形作用素に対して拡大される．$T_i (i = 1, \cdots, n)$ を $\mathscr{H}$ から $\mathscr{K}$ への線形作用素とする．このとき，$\mathscr{H}$ から $\mathscr{K}$ への線形作用素 $\sum_{i=1}^{n} T_i$ が次のように定義される：

$$D\left(\sum_{i=1}^{n} T_i\right) := \bigcap_{i=1}^{n} D(T_i),$$

$$\left(\sum_{i=1}^{n} T_i\right)(\Psi) := \sum_{i=1}^{n} T_i\Psi, \quad \Psi \in D\left(\sum_{i=1}^{n} T_i\right).$$

線形作用素 $\sum_{i=1}^{n} T_i$ を $T_1, \cdots, T_n$ の**和**と呼ぶ．

$\mathscr{H}_i$ をヒルベルト空間，S_i を $\mathscr{H}_i$ から $\mathscr{H}_{i+1}$ への線形作用素とする．このとき，$\mathscr{H}_1$ から $\mathscr{H}_{n+1}$ への線形作用素 $S_n \cdots S_1$ が次のように定義される：

$$D(S_n \cdots S_1) := \{\Psi \in D(S_1) | S_{i-1} \cdots S_1\Psi \in D(S_i), i = 2, \cdots, n\},$$

$$(S_n \cdots S_1)(\Psi) := S_n(S_{n-1}(\cdots S_2(S_1(\Psi)) \cdots)), \quad \Psi \in D(S_n \cdots S_1).$$

線形作用素 $S_n \cdots S_1$ を $S_1, \cdots, S_n$ の**積**と呼ぶ．

C.3 線形作用素のスペクトル

線形作用素それ自体は純代数的な対象であるが，これを数と関連付ける何らかの構造を見いだすことは純理論的にも応用上も重要である (物理学への応用においては，最終的には，観測値と結びつく構造が必要である)．その一つがスペクトルと呼ばれる概念である．

$\mathscr{H}$ を複素ヒルベルト空間とし，T を $\mathscr{H}$ 上の線形作用素，$\lambda \in \mathbb{C}$ とする．記法上の簡潔さのため，$\lambda I_{\mathscr{H}} = \lambda$ と記す．線形作用素 $T - \lambda$ の写像特性に応じて λ を分類する．

(i) λ は T の**固有値** $\overset{\text{def}}{\Longleftrightarrow}$ $T\Psi = \lambda\Psi$ を満たすベクトル $\Psi \in D(T), \Psi \neq 0$ が存在 $\Longleftrightarrow$ $T - \lambda$ は単射でない

T の固有値の全体を $\sigma_{\mathrm{p}}(T)$ と記し，これを T の**点スペクトル**という．固有値 $\lambda \in \sigma_{\mathrm{p}}(T)$ に対して，$\ker(T - \lambda)$ を λ に属する T の**固有空間**という．

(ii) $\lambda \in \rho(T)$ $\overset{\text{def}}{\Longleftrightarrow}$ $T - \lambda$ は単射かつ $\mathrm{Ran}\,(T - \lambda)$ は稠密かつ $(T - \lambda)^{-1}$ は有界

部分集合 $\rho(T) \subset \mathbb{C}$ を T の**レゾルヴェント集合**という．

(iii) $\lambda \in \sigma_{\mathrm{c}}(T)$ $\overset{\text{def}}{\Longleftrightarrow}$ $T - \lambda$ は単射かつ $\mathrm{Ran}\,(T - \lambda)$ は稠密かつ $(T - \lambda)^{-1}$ は非有界

部分集合 $\sigma_{\mathrm{c}}(T) \subset \mathbb{C}$ を T の**連続スペクトル**という．

(iv) $\lambda \in \sigma_{\mathrm{r}}(T)$ $\overset{\text{def}}{\Longleftrightarrow}$ $T - \lambda$ は単射かつ $\mathrm{Ran}\,(T - \lambda)$ は 非稠密

部分集合 $\sigma_{\mathrm{r}}(T) \subset \mathbb{C}$ を T の**剰余スペクトル**という．

定義から明らかなように，四つの部分集合 $\sigma_{\mathrm{p}}(T), \rho(T), \sigma_{\mathrm{c}}(T), \sigma_{\mathrm{r}}(T)$ は互いに素であり，複素平面の分解

$$\mathbb{C} = \sigma_{\mathrm{c}}(T) \cup \sigma_{\mathrm{r}}(T) \cup \sigma_{\mathrm{p}}(T) \cup \rho(T)$$

をあたえる．T のレゾルヴェント集合の補集合

$$\sigma(T) := \rho(T)^{c} = \mathbb{C} \setminus \rho(T)$$

を T のスペクトルと呼ぶ．したがって

$$\sigma(T) = \sigma_{\mathrm{c}}(T) \cup \sigma_{\mathrm{r}}(T) \cup \sigma_{\mathrm{p}}(T)$$

となる．

C.4 ユニタリ作用素とヒルベルト空間の同型

線形作用素 $U : \mathscr{H} \to \mathscr{K}$ は，$\mathrm{Ran}\,(U) = \mathscr{K}$ (全射性) かつ $\langle U\Psi, U\Phi \rangle_{\mathscr{K}} = \langle \Psi, \Phi \rangle_{\mathscr{H}}$, $\Psi, \Phi \in \mathscr{H}$ (内積保存性) を満たすとき，**ユニタリ作用素**または**ユニタリ変換**と呼ばれる．

容易にわかるように，ユニタリ作用素 $U : \mathscr{H} \to \mathscr{K}$ は全単射であり，逆作用素 $U^{-1} : \mathscr{K} \to \mathscr{H}$ もユニタリ作用素である．

ヒルベルト空間 $\mathscr{H}$ から $\mathscr{K}$ へのユニタリ作用素 U が存在するとき，$\mathscr{H}$ と $\mathscr{K}$ は**同型**であるといい，このことを $\mathscr{H} \overset{U}{\cong} \mathscr{K}$ と記す (U が文脈から明らかな場合は，U を省略する)．

例 C.13 d を自然数とし，$\mathbb{R}^d$ 上のルベーグ測度に関して可積分なボレル可測関数の全体を $L^1(\mathbb{R}^d)$ とする：

$$L^1(\mathbb{R}^d) := \{f : \mathbb{R}^d \to \mathbb{C} \cup \{\pm\infty\}, \text{ボレル可測} \mid \int_{\mathbb{R}^d} |f(\boldsymbol{x})| d\boldsymbol{x} < \infty\}.$$

このとき，ユニタリ作用素 $\mathscr{F}_d : L^2(\mathbb{R}^d) \to L^2(\mathbb{R}^d)$ で

$$(\mathscr{F}_d \psi)(\boldsymbol{k}) = \frac{1}{\sqrt{(2\pi)^d}} \int_{\mathbb{R}^d} e^{-i\boldsymbol{k}\cdot\boldsymbol{x}} \psi(\boldsymbol{x}) d\boldsymbol{x}, \quad \boldsymbol{k} \in \mathbb{R}^d,\ \psi \in L^2(\mathbb{R}^d) \cap L^1(\mathbb{R}^d).$$

($\boldsymbol{k} \cdot \boldsymbol{x} := \sum_{j=1}^{d} k_j x_j$) を満たすものがただ一つ存在する[7]．ユニタリ作用素 $\mathscr{F}_d$ を **$L^2(\mathbb{R}^d)$ 上のフーリエ変換**，その逆作用素 $\mathscr{F}_d^{-1}$ を**逆フーリエ変換**という．後者は次の表式を有する：

---

[7] 証明については，[17] の定理 5.3 を参照．より一般的に，$L^2(\mathbb{R}^d)$ の元 ψ に対しても，$\mathscr{F}_d \psi$ を陽に書き下すことは可能である ([17] の定理 5.5 を参照)．

$$(\mathscr{F}_d^{-1}\phi)(\boldsymbol{x}) = \frac{1}{\sqrt{(2\pi)^d}}\int_{\mathbb{R}^d} e^{i\boldsymbol{x}\cdot\boldsymbol{k}}\phi(\boldsymbol{k})d\boldsymbol{k}, \quad \boldsymbol{x}\in\mathbb{R}^d,\ \phi\in L^2(\mathbb{R}^d)\cap L^1(\mathbb{R}^d).$$

$\mathscr{H}$ 上の線形作用素 T とユニタリ作用素 $U:\mathscr{H}\to\mathscr{K}$ に対して

$$T_U := UTU^{-1}$$

によって定義される $\mathscr{K}$ 上の線形作用素 T_U を T の U による**ユニタリ変換**という．次の事実を証明するのは難しくない：

命題 C.14 (スペクトルとレゾルヴェント集合のユニタリ不変性)

$$\sigma_{\mathrm{c}}(T_U) = \sigma_{\mathrm{c}}(T), \quad \sigma_{\mathrm{r}}(T_U) = \sigma_{\mathrm{r}}(T), \quad \sigma_{\mathrm{p}}(T_U) = \sigma_{\mathrm{p}}(T), \qquad \rho(T_U) = \rho(T).$$

$\mathscr{H}$ 上の線形作用素 T と $\mathscr{K}$ 上の線形作用素 S に対して，$UTU^{-1} = S$ を満たすユニタリ変換 $U:\mathscr{H}\to\mathscr{K}$ が存在するとき，T と S は**ユニタリ同値**であるといい，$T \overset{U}{\cong} S$ と記す．

C.5 閉作用素

T を $\mathscr{H}$ から $\mathscr{K}$ への線形作用素とする．$D(T)$ の点列 $\{\Psi_n\}_{n=1}^{\infty}(\Psi_n\in D(T))$ について，$\lim_{n\to\infty}\Psi_n = \Psi\in\mathscr{H}$ かつ $\lim_{n\to\infty}T\Psi_n = \Phi\in\mathscr{K}$ ならば，つねに $\Psi\in D(T)$ かつ $T\Psi = \Phi$ が成り立つとき，T は閉であるといい，閉である線形作用素を**閉作用素**と呼ぶ．

命題 C.15 閉作用素のスペクトルは $\mathbb{C}$ の閉集合である．

証明については，[17] の定理 2.22 を参照されたい．

$\mathscr{H}$ から $\mathscr{K}$ への線形作用素 T が閉作用素の拡大をもつとき，すなわち，$T\subset S$ を満たす閉作用素 S が存在するとき，T は**可閉**であるという．

各可閉作用素 T に対して，次のように定義される 閉作用素 $\overline{T}$ が同伴している：

$$D(\overline{T}) = \{\Psi\in\mathscr{H}\,|\,D(T) \text{ の中の点列 } \{\Psi_n\}_{n=1}^{\infty}(\Psi_n\in D(T)) \text{ で } \lim_{n\to\infty}\Psi_n = \Psi$$

$$\text{かつ } \{T\Psi_n\}_{n=1}^{\infty} \text{ が収束列となるものが存在する }\},$$

$$\overline{T}\Psi = \lim_{n\to\infty}T\Psi_n, \quad \Psi\in D(\overline{T}).$$

$\overline{T}$ を T の**閉包** (closure) と呼ぶ．

任意の閉作用素は可閉作用素であり，その閉包は自らと一致する．

T を $\mathscr{H}$ から $\mathscr{K}$ への線形作用素で $D(T)$ が稠密であるものとする．この場合，「T は稠密に定義されている」という．このとき，$\mathscr{K}$ から $\mathscr{H}$ への線形作用素 T^* で次の性質を満たすものがただ一つ存在する：

$$D(T^*)=\{\eta\in\mathscr{K}\,|\,\Phi_\eta\in\mathscr{H} \text{ が存在して } \langle\Phi_\eta,\Psi\rangle_{\mathscr{H}}=\langle\eta,T\Psi\rangle_{\mathscr{K}}\,,\ \Psi\in D(T)\}$$

$$T^*\eta=\Phi_\eta,\ \eta\in D(T^*).$$

線形作用素 T^* を T の**共役作用素**と呼ぶ．T^* は閉作用素である．T^* も稠密に定義されているとき，T の **2 重共役** $T^{**}:=(T^*)^*$ が定義される．

次の事実 —「共役をとる演算は作用素の順序関係を逆にする」という事実 — を証明するのは容易である：

命題 C.16 $\mathscr{H}$ から $\mathscr{K}$ への稠密に定義された線形作用素 T,S が $T\subset S$ を満たすならば，$S^*\subset T^*$ が成り立つ．

次の命題は稠密に定義された可閉作用素とその共役作用素に関わる基本的かつ重要な事実を述べたものである：

命題 C.17 T を $\mathscr{H}$ から $\mathscr{K}$ への稠密に定義された線形作用素とする．

(i) $(\overline{T})^*=T^*$.

(ii) T が可閉であるための必要十分条件は $D(T^*)$ が稠密であることである．この場合，$\overline{T}=T^{**}$ が成り立つ．

証明 [17] の命題 2.20 を参照． ■

C.6 自己共役作用素とスペクトル定理

有限次元のエルミート行列による線形写像の無限次元版は 3 種類ある．T を $\mathscr{H}$ 上の線形作用素とする．

(i) T は**エルミート** $\overset{\text{def}}{\Longleftrightarrow} \langle \Psi, T\Phi \rangle_{\mathscr{H}} = \langle T\Psi, \Phi \rangle_{\mathscr{H}}, \quad \Psi, \Phi \in D(T)$

(ii) T は**対称** (symmetric) $\overset{\text{def}}{\Longleftrightarrow}$ T はエルミートかつ $D(T)$ は稠密

(iii) T は**自己共役** (self-adjoint) $\overset{\text{def}}{\Longleftrightarrow}$ $D(T)$ は稠密かつ $T^* = T$

容易にわかるように，T が対称作用素であることと「$D(T)$ は稠密かつ $T \subset T^*$」は同値である．

対称作用素は必ず閉拡大をもつ：

命題 C.18 $\mathscr{H}$ 上の任意の対称作用素 T は可閉であり，その閉包 $\overline{T}$ は閉対称作用素である．

証明 $T \subset T^* \cdots (*)$ より，$D(T^*)$ は稠密であるので，命題 C.17 (ii) によって，T は可閉であり．$\overline{T} = T^{**}$ が成り立つ．一方，$(*)$ と命題 C.16 によって，$T^{**} \subset T^* = (\overline{T})^*$(最後の等号は命題 C.17 (i) による)．したがって，$\overline{T} \subset (\overline{T})^*$．これは $\overline{T}$ が対称作用素であることを意味する． ■

自己共役作用素は閉対称作用素であるが， 閉対称作用素は自己共役であるとは限らない．閉対称作用素が自己共役であるための必要十分条件の一つは次の命題であたえられる：

命題 C.19 閉対称作用素 T が自己共役であるための必要十分条件は，そのスペクトル $\sigma(T)$ が $\mathbb{R}$ の閉部分集合であることである．

証明 [30] の 2 章，付録 C の定理 C-2 を参照 ([17] の定理 2.30 に条件の必要性の証明がある)． ■

注意 C.20 自己共役でない閉対称作用素のスペクトルは，全複素平面 $\mathbb{C}$, 閉上半平面 $\{z \in \mathbb{C} | \mathrm{Im}\, z \geqq 0\}$, 閉下半平面 $\{z \in \mathbb{C} | \mathrm{Im}\, z \leqq 0\}$ のいずれかである ([30] の 2 章，付録 C の定理 C-2 を参照)．

注意 C.21 エルミート行列が対角化可能であるという性質の無限次元版を有するのは，上述の 3 種の作用素のうち，自己共役作用素のみであり，それは以下に述べるスペクトル定理として定式化される．

対称作用素 T の閉包 $\overline{T}$ が自己共役であるとき，T は**本質的に自己共役である**という．この場合，T の自己共役拡大は $\overline{T}$ ただ一つである．

ヒルベルト空間 $\mathscr{H}$ 上の有界な自己共役作用素 P が $P^2 = P$ を満たすとき，P を**正射影作用素**と呼ぶ．

例 C.22 $\mathscr{M}$ を $\mathscr{H}$ の閉部分空間とする．各 $\Psi \in \mathscr{H}$ に対して，その $\mathscr{M}$ 上への正射影 $\Psi_{\mathscr{M}}$ を対応させる写像を $P_{\mathscr{M}}$ とする：

$$P_{\mathscr{M}}\Psi := \Psi_{\mathscr{M}}, \quad \Psi \in \mathscr{H}.$$

このとき，$P_{\mathscr{M}}$ は正射影作用素であり，$\mathrm{Ran}\,(P_{\mathscr{M}}) = \mathscr{M}$ が成り立つ．$P_{\mathscr{M}}$ を **$\mathscr{M}$ 上への正射影作用素**という．

1 次元ボレル集合体 ($\mathbb{R}$ のすべての開集合を含む最小の σ 加法族) を $\boldsymbol{B}^1$ と記す．ヒルベルト空間 $\mathscr{H}$ 上の正射影作用素の族 $\{E(B)|B \in \boldsymbol{B}^1\}$(各 $E(B)$ は正射影作用素) は，次の性質 (E.1), (E.2) を有するとき，**1 次元スペクトル測度**または**単位の分解**と呼ばれる：

(E.1) $E(\mathbb{R}) = I_{\mathscr{H}}$

(E.2) $B_n \in \boldsymbol{B}^1, n \in \mathbb{N}, B_n \cap B_m = \varnothing, n \neq m$ ならば，すべての $\Psi \in \mathscr{H}$ に対して

$$E(\bigcup_{n=1}^{\infty} B_n)\Psi = \lim_{N\to\infty} \sum_{n=1}^{N} E(B_n)\Psi.$$

$\{E(B)|B \in \boldsymbol{B}^1\}$ を 1 次元スペクトル測度とする．このとき，各 $\Psi \in \mathscr{H}$ に対して，対応：$\boldsymbol{B}^1 \ni B \mapsto \mu_\Psi(B) := \langle \Psi, E(B)\Psi \rangle$ は可測空間 $(\mathbb{R}, \boldsymbol{B}^1)$ 上の有界測度である．この測度によるボレル可測関数 $f : \mathbb{R} \to \mathbb{C} \cup \{\pm\infty\}$ の積分 $\displaystyle\int_{\mathbb{R}} f(\lambda) d\mu_\Psi(\lambda)$ を $\displaystyle\int_{\mathbb{R}} f(\lambda) d\,\langle \Psi, E(\lambda)\Psi \rangle$ と記す．

各 $\Psi, \Phi \in \mathscr{H}$ に対して，対応：$\boldsymbol{B}^1 \ni B \mapsto \mu_{\Psi,\Phi}(B) := \langle \Psi, E(B)\Phi \rangle$ は可測空間 $(\mathbb{R}, \boldsymbol{B}^1)$ 上の加法的集合関数である．この加法的集合関数によるルベーグ–スティルチェス積分 $\displaystyle\int_{\mathbb{R}} f(\lambda) d\mu_{\Psi,\Phi}(\lambda)$ を $\displaystyle\int_{\mathbb{R}} f(\lambda) d\,\langle \Psi, E(\lambda)\Phi \rangle$ と記す．

定理 C.23 (スペクトル定理) 各自己共役作用素 T に対して，1次元スペクトル測度 $\{E_T(B)|B \in \boldsymbol{B}^1\}$ がただ一つ存在して

$$D(T) = \left\{\Psi \in \mathscr{H} \,\middle|\, \int_{\mathbb{R}} \lambda^2 d\,\langle \Psi, E_T(\lambda)\Psi \rangle < \infty \right\},$$

$$\langle \Phi, T\Psi \rangle = \int_{\mathbb{R}} \lambda d\,\langle \Phi, E_T(\lambda)\Psi \rangle\,, \quad \Phi \in \mathscr{H}, \Psi \in D(T)$$

が成立する.

スペクトル定理におけるスペクトル測度 $E_T(\cdot)$ を T **のスペクトル測度**という. これを用いると次の仕方で T の "関数"(作用素) が定義できる：各ボレル可測関数 $f : \mathbb{R} \to \mathbb{C} \cup \{\pm\infty\}$ に対して次の性質を有する線形作用素 $f(T)$ がただ一つ存在する：

$$D(f(T)) = \left\{\Psi \in \mathscr{H} \,\middle|\, \int_{\mathbb{R}} |f(\lambda)|^2 d\,\langle \Psi, E_T(\lambda)\Psi \rangle < \infty \right\},$$

$$\langle \Phi, f(T)\Psi \rangle = \int_{\mathbb{R}} f(\lambda) d\,\langle \Phi, E_T(\lambda)\Psi \rangle\,, \quad \Phi \in \mathscr{H}, \Psi \in D(f(T)).$$

対応 $: T \mapsto f(T)$ は $\mathscr{H}$ 上の自己共役作用素全体の空間から $\mathscr{H}$ 上の線形作用素全体の空間への写像を定める. 線形作用素の集合 $\{f(T)|f$ は $\mathbb{R}$ 上のボレル可測関数$\}$ が有する代数的性質 (和の演算と積の演算に関する性質) に関わる解析を自己共役作用素 T に関する**作用素解析** (functional calculus) という [8].

例 C.24 $t \in \mathbb{R}$ をパラメータとして，$f_t(\lambda) = e^{-it\lambda}, \lambda \in \mathbb{R}$ を考える. このとき，$f_t(T)$ はユニタリ作用素であることが証明される [9]. $f_t(T)$ を e^{-itT} と記す. したがって，$D(e^{-itT}) = \mathscr{H}$ であり

$$\langle \Psi, e^{-itT}\Phi \rangle = \int_{\mathbb{R}} e^{-it\lambda} d\,\langle \Psi, E_T(\lambda)\Phi \rangle\,, \quad \Psi, \Phi \in \mathscr{H}$$

が成り立つ.

---

[8] 詳しくは，[17] の 3.3 節を参照.

[9] [17] の定理 3.8 (v) を参照.

C.7 線形作用素の集合の既約性

$\mathscr{M}$ を $\mathscr{H}$ の閉部分空間とし，A を $\mathscr{H}$ 上の線形作用素とする．もし，任意の $\Psi \in D(A)$ に対して，$P_{\mathscr{M}}\Psi \in D(A)$ かつ $AP_{\mathscr{M}}\Psi = P_{\mathscr{M}}A\Psi$ が成り立つならば，A は $\mathscr{M}$ によって**約される**または**簡約される**という．この場合，$\mathscr{M}$ 上の作用素 $A_{\mathscr{M}}$ を次のように定義できる：

$$D(A_{\mathscr{M}}) := D(A) \cap \mathscr{M},$$

$$A_{\mathscr{M}}\Psi := A\Psi, \quad \Psi \in D(A_{\mathscr{M}}).$$

$\mathfrak{A}$ を $\mathscr{H}$ 上の (有界とは限らない) 線形作用素の集合とする．$\mathfrak{A}$ の各元 A が $\mathscr{M}$ によって約されるならば，$\mathfrak{A}$ は $\mathscr{M}$ によって約されるという．

明らかに，$\mathfrak{A}$ は $\{0\}$ および $\mathscr{H}$ によって約される．

$\mathfrak{A}$ を約する閉部分空間で $\{0\}$ および $\mathscr{H}$ と異なるものが存在するとき，$\mathfrak{A}$ は**可約**であるという．

$\mathfrak{A}$ が可約でないとき，すなわち，$\mathfrak{A}$ を約する閉部分空間が $\{0\}$ と $\mathscr{H}$ に限るとき，$\mathfrak{A}$ は**既約**であるという．

参考文献

[1] S. L. Adler, *Quaternionic Quantum Mechanics and Quantum Fields*, Oxford University Press, 1995.

[2] Y. Aharonov and D. Bohm, Time in the quantum theory and the uncertainty relation for time and energy, *Phys. Rev.* **122** (1961), 1649–1658.

[3] エイチスン『ゲージ場入門』，藤井昭彦訳，講談社，1985.

[4] アラン『プラトンに関する十一章』，森 進一訳，ちくま学芸文庫，筑摩書房，2010.

[5] 天野 清『量子力学史』，中央公論社，1973, 1993 (10 版).

[6] アーノルド『古典力学の数学的方法』，安藤韶一ほか訳，岩波書店，1980.

[7] A. Arai, Supersymmetry and singular perturbations, *J. Funct. Anal.* **60** (1985), 378–393.

[8] A. Arai, On the degeneracy in the ground state of the $N = 2$ Wess-Zumino supersymmetric quantum mechanics, *J. Math. Phys.* **30** (1989), 2973–2977.

[9] A. Arai, Exactly solvable supersymmetric quantum mechanics, *J. Math. Anal. Appl.* **158** (1991), 63–79.

[10] A. Arai, Momentum operators with gauge potentials, local quantization of magnetic flux, and representation of canonical commutation relations, *J. Math. Phys.* **33** (1992), 3374–3378.

[11] 新井朝雄『対称性の数理』，日本評論社，1993.

[12] 新井朝雄「場の量子論の数理」，『応用数理』，日本応用数理学会，3 巻 4 号 (1993), 34–48.

[13] A. Arai, Gauge theory on a non-simply conneted domain and representations of canonical commutation relations, *J. Math. Phys.* **36** (1995), 2569–2580.

[14] A. Arai, Representation of canonical commutation relations in a gauge theory, the Aharonov-Bohm effect, and the Dirac-Weyl operator, *J. Nonlinear Math. Phys.* **2** (1995), 247–262.

[15] A. Arai, Canonical commutation relations in a gauge theory, the Weierstrass Zeta-function, and infinite dimensional Hilbert space representations of the quantum group $U_q(sl_2)$, *J. Math. Phys.* **96** (1996), 4203–4218.

[16] 新井朝雄「ゲージ理論における正準交換関係の表現とアハラノフ–ボーム効果」，荒木不二洋編『数理物理への誘い 2』，遊星社，1997.

[17] 新井朝雄『ヒルベルト空間と量子力学』，共立講座 21 世紀の数学 16, 共立出版，1997. 改訂増補版，2014.

[18] A. Arai, Representation-theoretic aspects of two-dimensional quantum systems in singular vector potentials: canonical commutation relations, quantum algebras, and reduction to lattice quantum systems, *J. Math. Phys.* **39** (1998), 2476–2498.

[19] 新井朝雄『フォック空間と量子場 上』，数理物理シリーズ，日本評論社，2000. 増補改訂版，2017.

[20] 新井朝雄『フォック空間と量子場 下』，数理物理シリーズ，日本評論社，2000. 増補改訂版，2017.

[21] 新井朝雄「数学，自然科学，抽象芸術」，『抽象芸術の誕生』，堀田真紀子編，北海道大学言語文化部研究報告叢書 41, 2000, pp.211–259.

[22] 新井朝雄「非単連結空間上のゲージ量子力学 — 正準交換関係と量子群」，江沢 洋編『数理物理への誘い 3』(遊星社，2000) の第 6 話，142–164.

[23] A. Arai, Exact solutions of multi-component nonlinear Schrödinger and Klein-Gordon equations in two-dimensional space-time, *J. Phys. A: Math. Gen.* **34** (2001), 4281–4288.

[24] 新井朝雄『多体系と量子場』，岩波書店，2002.

[25] 新井朝雄『物理現象の数学的諸原理』，共立出版，2003.

[26] 新井朝雄「量子場と相互作用を行う量子系の数理」，文献 [136] の 4 章.

[27] A. Arai, Generalized weak Weyl relation and decay of quantum dynamics, *Rev. Math. Phys.* **17** (2005), 1071–1109.

[28] 新井朝雄『現代物理数学ハンドブック』，朝倉書店，2005.

[29] 新井朝雄『複素解析とその応用』，共立出版，2006.

[30] 新井朝雄『量子現象の数理』，朝倉物理学大系 12，朝倉書店，2006.

[31] 新井朝雄『現代ベクトル解析の原理と応用』，共立出版，2006.

[32] 新井朝雄「量子現象によって開示される存在論的構造」，シェリング年報 (日本シェリング協会)，14 巻 (2006), 95–103. 北海道大学学術成果コレクション (HUSCAP) `http://hdl.handle.net/2115/27964`

[33] A. Arai, Fundamental symmetry principles in quantum mechanics and its philosophical phases, *Symmetry : Culture and Science* **17** (2006), 141–157.

北海道大学学術成果コレクション (HUSCAP) http://hdl.handle.net/2115/38226

[34] A. Arai, Spectrum of time operators, *Lett. Math. Phys.* **80** (2007), 211–221.

[35] A. Arai, On the uniqueness of weak Weyl representations of the canonical commutation relation, *Lett. Math. Phys.* **85** (2008), 15–25; Erratum 同 **89** (2009), 287.

[36] 新井朝雄『物理の中の対称性』, 日本評論社, 2008.

[37] A. Arai, Mathematical theory of time operators in quantum physics, 京都大学数理解析研究所 (RIMS) 講究録 第 1609 巻, 2008, 24-35. http://www.kurims.kyoto-u.ac.jp/~kyodo/kokyuroku/contents/pdf/1609-03.pdf

[38] 新井朝雄『美の中の対称性』, 日本評論社, 2009.

[39] A. Arai, Necessary and sufficient conditions for a Hamiltonian with discrete eigenvalues to have time operators, *Lett. Math. Phys.* **87** (2009), 67–80.

[40] A. Arai, Strong time operators in algebraic quantum mechanics and quantum field theory, *RIMS Kôkyûroku Bessatsu* **B16** (2010), 1–13.

[41] 新井朝雄『物理学の数理 — ニュートン力学から量子力学まで』, 量子数理シリーズ 3, 丸善出版, 2012.

[42] 新井朝雄,『シンメトリー』,『数学セミナー』, 2013 年 8 月号 (特集 : ワイルを読む), 25–29.

[43] A. Arai, Hilbert space representations of generalized canonical commutation relations, *J. Math.* 2013, Art. ID 308392, 7 pp. http://dx.doi.org/10.1155/2013/308392

[44] 新井朝雄, 存在認識と数学, 龍谷大学哲学論集 第 32 号 (2018), 1–42. 北海道大学学術成果コレクション (HUSCAP) http://hdl.handle.net/2115/68610

[45] A. Arai, *Analysis on Fock Spaces and Mathematical Theory of Quantum Fields*, World Scientific, 2018.

[46] 新井朝雄・江沢 洋『量子力学の数学的構造 I』, 朝倉物理学大系 7, 朝倉書店, 1999.

[47] 新井朝雄・江沢 洋『量子力学の数学的構造 II』, 朝倉物理学大系 8, 朝倉書店, 1999.

[48] A. Arai, F. Hiroshima, Ultra-weak time operators of Schrödinger operators, *Ann. Henri Poincaré* **18** (2017), 2995–3033.

[49] 新井朝雄・河東泰之・原 隆・廣島文生『量子場の数理』, 数学書房, 2016.

[50] A. Arai and O. Ogurisu, Meromorphic $N=2$ Wess-Zumino supersymmetric quantum mechanics, *J. Math. Phys.* **32** (1991), 2427–2434.

[51] A. Arai, Y. Matsuzawa, Construction of a Weyl representation from a weak Weyl representation of the canonical commutation relation, *Lett. Math. Phys.* **83** (2008), 201-211.

[52] A. Arai, Y. Matsuzawa, Time operators of a Hamiltonian with purely discrete spectrum, *Rev. Math. Phys.* **20** (2008), 951–978.

[53] 荒木不二洋『量子場の数理』, 岩波講座 現代の物理学 21, 岩波書店, 1993.

[54] 荒木不二洋「虚数のイメージ」,『数理科学』, No.482, 2003, 5–17.

[55] ジョージ・アルフケン『基礎物理数学 1〜3 』, 権平健一郎訳, 講談社, 1977, 1978.

[56] B. K. Bagchi, *Supersymmetry in Quantum and Classical Mechanics*, Chapman & Hall/CRC, 2001.

[57] S. Banach, *Théorie des Opérations Linéaires* (線形作用素の理論), Warsaw, 1932. 英訳 : *Theory of Linear Operators*, Dover, 2009.

[58] オスカー・ベッカー『ピュタゴラスの現代性』, 中村 清訳, 工作舎, 1992.

[59] ボゴリューボフほか『場の量子論の数学的方法』, 江沢 洋ほか訳, 東京図書, 1972.

[60] ニールス・ボーア『ニールス・ボーア論文集 1 因果性と相補性』, 山本義隆編訳, 岩波書店, 1999.

[61] M. Born and P. Jordan, Zur Quantenmechanik (量子力学について), *Z. Phys.* **34** (1925), 858-888.

[62] M. Born, Zur Quantenmechanik der Stosvorgange (衝突過程の量子力学について), *Z. Physik* **37** (1926), 863–867.

[63] M. Born, W. Heisenberg, P. Jordan, Zur Quantenmechanik II (量子力学について II), *Z. Physik*, **35** (1926), 557–615.

[64] H. Braun and M. Koecher, *Jordan-Algebren* (ヨルダン代数), Grundlehren der Math. Wiss. Bd. **128**, Springer, Berlin, 1966.

[65] ブルバキ『ブルバキ数学史』, 村田 全ほか訳, 東京図書, 1970.

[66] カジョリ『復刻版 初等数学史』, 小倉金之助補訳, 共立出版, 1997.

[67] C. Carathéodory, Untersuchungen über die Grundlagen der Thermodynamik (熱力学の基礎についての研究), *Math. Ann.* **67** (1909), 355–386.

[68] Y. Choquet-Bruhat and C. DeWitt-Morrette, *Analysis, Manifolds Physics*, Part I: Basic, North-Holland, 1982; 同 Part II: Applications, 1989.

[69] A. コンヌ『非可換幾何学入門』, 丸山文綱訳, 岩波書店, 1999.

[70] P. A. M. Dirac, The physical interpretation of the quantum dynamics, *Proc. Roy. Soc.***113** (1926/27), 621–641.

[71] ディラック『量子力學』，朝永振一郎ほか訳，岩波書店，1968.
[72] ジョージ・ドーチ『デザインの自然学』，多木浩二訳，青土社，1997.
[73] J. デュドネ編『数学史 III』，上野健爾ほか訳，岩波書店，1985.
[74] J. D. Edomonds, Jr., *Relativistic Reality: A Modern View*, World Scientific, 1997.
[75] B. -G. エングラート編『シュウィンガー 量子力学』，清水清孝ほか訳，丸善出版，2012.
[76] 江沢 洋『量子力学 (II)』，裳華房，2002.
[77] 江沢 洋，場の数理科学の来た道，文献 [136] の 6 章.
[78] 江沢 洋編『数理物理への誘い』，遊星社，1994.
[79] 江沢 洋・新井朝雄『場の量子論と統計力学』，日本評論社，1988.
[80] 江沢 洋・小嶋 泉『数理物理学の展開』，東京図書，1988.
[81] 江沢 洋・恒藤敏彦編『量子物理学の展望 上』，岩波書店，1977.
[82] 江沢 洋・恒藤敏彦編『量子物理学の展望 下』，岩波書店，1978.
[83] R. Fernández, J. Fröhlich and A. Socal, *Random Walks, Critical Phenomena, and Triviality in Quantum Field Theory*, Springer-Verlag, 1992.
[84] ファインマン，レイトン，サンズ『ファインマン物理学 III 電磁気学』，宮島龍興訳，岩波書店，1969.
[85] ファインマン，レイトン，サンズ『ファインマン物理学 IV 電磁波と物性』，戸田盛和訳，岩波書店，1971.
[86] E. A. Galapon, Self-adjoint time operator is the rule for discrete semi-bounded Hamiltonian, *Prod. R. Soc. Lond. A* **458** (2002), 2671–2689.
[87] J. Glimm and A. Jaffe, *Quantum Physics*, Second Edition, Springer-Verlag, 1987.
[88] ゲーテ『自然と象徴 — 自然科学論集 —』，高橋義人ほか訳，冨山房，1982.
[89] H. Grosse, C. Klimčik and P. Prešnajder, On finite 4D quantum field theory in non-commutative geometry, *Commun. Math. Phys.* **180** (1996), 429–438.
[90] F. Gürsey and C.-H. Tze, *On the Role of Division, Jordan and Related Algebras in Particle Physics*, World Scientific, 1996.
[91] 服部哲弥，渡辺 浩「構成的場の量子論」，
`web.econ.keio.ac.jp/staff/hattori/ss993.pdf`.
[92] W. Heisenberg, Über quantentheoretische Umdeutung kinematischer und mechanischer Beziehungen (運動学的・力学的関係の量子論的な解釈変更につい

て) *Z. Physik* **33** (1925), 879–893.
[93] W. Heisenberg and W. Pauli, Zur Quantendynamik der Wellenfelder (波動場の量子動力学), *Z. Phys.* **56** (1929), 1-61.
[94] W. Heisenberg and W. Pauli, Zur Quantentheorie der Wellenfelder (波動場の量子論), II, *Z. Phys.* **59** (1930), 168–190.
[95] D. Hilbert, Mathematical Problems, *Proceedings of Symposia in Pure Mathematics* Vol.**28** (1976), 1–34.
[96] 広重 徹『物理学史 I』, 培風館, 1968.
[97] F. Hiroshima, S. Kuribayashi, Y. Matsuzawa, Strong time operator of generalized Hamiltonians, *Lett. Math. Phys.* **87** (2009), 115–123.
[98] 一松 信ほか『数学七つの未解決問題』, 森北出版, 2002.
[99] 藤沢令夫『プラトンの哲学』, 岩波新書, 岩波書店, 1998.
[100] 藤沢令夫『ギリシア哲学と現代』, 岩波新書, 岩波書店, 1980.
[101] イアンブリコス『ピタゴラス的生き方』, 水地宗明訳, 京都大学学術出版会, 2011. 280 年頃から 320 年頃の間にギリシア語で書かれたとされる.
[102] 磯崎 洋『多体シュレーディンガー方程式』, 丸善出版, 2012.
[103] 伊東恵一「構成的場の理論の軌跡と展望」,『数理科学』, 2001 年 4 月号, 49–57.
[104] 井筒俊彦『井筒俊彦全集 第二巻 神秘哲学』, 慶応義塾大学出版会, 2013.
[105] A. Jaffe and A. Lesniewski, Ground state structure in supersymmetric quantum mechanics, *Ann. Phys.* (NY) **178** (1987), 313–329.
[106] P. Jordan, Uber eine neue Begründung der Quantenmechanik (量子力学の新しい基礎について), *Z. Physik* **40** (1927), 809–838.
[107] P. Jordan, Über die Multiplikation quantenmechanischen Größen (量子力学的な量の乗法について), *Z. Phys.* **80** (1933), 285–291.
[108] P. Jordan, J. von Neumann and E. Wigner, On an algebraic generalization of the quantum mechanical formalism, *Ann. of Math.* **35** (1934), 29–64.
[109] カンディンスキー『点と線から面へ』, 宮島久雄訳, バウハウス叢書 9, 中央公論美術出版, 1995.
[110] I. L. カントール, A. S. ソロドブニコフ『超複素数入門』, 浅野 洋ほか訳, 森北出版, 1999.
[111] 加藤敏夫稿, 黒田成俊 (編注)『量子力学の数学理論 — 摂動論と原子等のハミルトニアン』, 近代科学社, 2017. 1945 年に完成していたノート 455 頁の復元.
[112] T. Kato, Fundamental properties of Hamiltonian operators of Schrödinger

type, *Trans. Amer. Math. Soc.* **70** (1951), 195–211.

[113] 加藤敏夫，量子力学の関数解析，『量子物理学の展望 下』(江沢 洋，恒藤敏彦編，岩波書店，1978) の 28 章.

[114] T. Kato, *Perturbation Theory for Linear Operators*, Springer, 1966 (第 1 版)，1976 (第 2 版).

[115] 木下東一郎，量子電磁力学の現状，文献 [81] の 12 章.

[116] F. クライン『クライン：19 世紀の数学』，彌永昌吉監修，共立出版，1995 (原書は 1926 年の出版).

[117] 小林昭七『接続の微分幾何学とゲージ理論』，裳華房，1989.

[118] A. Kolmogoroff, *Grundbegriffe der Wahrscheinlichkeitsrechnung*, Erg. der Math. Bd. 2, Springer, Berlin, 1933. 邦訳：『確率論の基礎概念』，東京図書，1969.

[119] 近藤慶一『ゲージ場の量子論入門』，サイエンス社，2006.

[120] 黒田成俊『スペクトル理論 II』，岩波講座 基礎数学 解析学 (II) xi, 岩波書店，1979.

[121] 黒田成俊『量子物理の数理』，岩波書店，2007.

[122] H. Kurose and H. Nakazato, Geometric construction of $*$-representation of the Weyl algebra with degree 2, *Publ. Res. Inst. Math. Sci.* **32** (1996), 555–579.

[123] 日下部吉信 (編訳)『初期ギリシア 自然哲学者断片集 I』，ちくま学芸文庫，筑摩書房，2000.

[124] J.-L. Lagrange, *Mécanique Analytique* (解析力学)，Sceaux, 1989 (リプリント版)．原著はパリで 1788 に出版された.

[125] ラグランジュ『解析力學抄』，桑木彧雄訳，丸善，1916.

[126] 前原昭二『線形代数と特殊相対論』，日本評論社，1981.

[127] ノーマン・マクレイ『フォン・ノイマンの生涯』，渡辺 正ほか訳，朝日新聞社，1998.

[128] マージナウ，マーフィ『物理と化学のための数学 I』，佐藤次彦ほか訳，共立出版，1973 (改訂 28 刷).

[129] マージナウ，マーフィ『物理と化学のための数学 II』，佐藤次彦ほか訳，共立出版，1972 (改訂 15 刷).

[130] 松木孝幸，ヤン–ミルズ方程式の質量ギャップ問題，文献 [98] の 6 章.

[131] M. Miyamoto, A generalized Weyl relation approach to the time operator and its connection to the survival probability, *J. Math. Phys.* **42** (2001), 1038–1052.

[132] M. Miyamoto, The various power decays of the survival probability at long times for a free quantum particle, *J. Phys. A: Mathematical and General* **35** (2002), 7159–7172.

[133] 茂木 勇，伊藤光弘『微分幾何学とゲージ理論』，共立講座 現代の数学 18, 共立出版，1986.

[134] G. Muga, R. S. Mayato, I. Egusquiza (Editors), *Time in Quantum Mechanics Vol. 1*, 2nd Edition, Springer, 2008.

[135] G. Muga, R. S. Mayato, I. Egusquiza (Editors), *Time in Quantum Mechanics Vol. 2*, Springer, 2009.

[136] 中村孔一，中村徹，渡辺敬二編『だれが量子場をみたか』，日本評論社，2004.

[137] 中村 周『量子力学のスペクトル理論』，共立出版，共立講座 21 世紀の数学 26, 2012.

[138] 中村幸四郎『近世数学の歴史：微積分の形成をめぐって』，日本評論社，1980.

[139] J. von Neumann, Mathematische Begründung der Quantenmechanik (量子力学の数学的基礎づけ), *Gött. Nach.* **1** (1927), 1-57. 邦訳：『数理物理学の方法』，伊東恵一編訳，ノイマン・コレクション (ちくま学芸文庫)，筑摩書房，2012, 7–104.

[140] J. von Neumann, Die Eindeutigkeit der Schrödingerschen Operatoren (シュレディンガー作用素たちの一意性), *Mathematische Annalen* **104** (1931), 570–578.

[141] J. von Neumann, *Die mathematische Grundlagen der Quantenmechanik*, Springer Verlag, Berlin, 1932. 邦訳：J. V. ノイマン『量子力学の数学的基礎』，井上 健ほか訳，みすず書房，1957.

[142] ニュートン『自然哲学の数学的諸原理 (プリンキピア)』，1687. 邦訳：『世界の名著 26 ニュートン』，河辺六男訳，中央公論社，1971.

[143] 日本物理学会編『物質の窮極を探る — 現代の統一理論』，培風館，1982.

[144] 日本物理学会編『量子力学と新技術』，培風館，1987.

[145] 日本図学会編『美の図学』，森北出版，1998.

[146] T. Ogawa 他 (Editors), *Katachi* ∪ *Symmetry*, Springer, 1996.

[147] 大森英樹『力学的な微分幾何』，日本評論社，1980.

[148] プラトン『パイドロス』，藤沢令夫訳，岩波文庫，岩波書店，1967.

[149] プラトン『ティマイオス』，種山恭子訳，プラトン全集 12, 岩波書店，1975.

[150] プラトン『メノン』，藤沢令夫訳，岩波文庫，岩波書店，1994.

[151] プラトン『国家上下』，藤沢令夫訳，岩波文庫，岩波書店，1979.

[152] ポルピュリオス『ピタゴラスの生涯』，水地宗明訳，晃洋書房，2007. 3 世紀後半頃にギリシア語で書かれた.

[153] ポントリャーギン『連続群論 上下』，柴岡泰光ほか訳，岩波書店，1976 (上，17 刷)，1977 (下，15 刷).

[154] C. R. Putnam, *Commutation Properties of Hilbert Space Operators*, Springer, Berlin, 1967.

[155] M. Reed and B. Simon, *Methods of Modern Mathematical Physics Vol.I: Functional Aanalysis*, Academic Press, 1972.

[156] M. Reed and B. Simon, *Methods of Modern Mathematical Physics Vol. II: Fourier Analysis and Self-Adjointness*, Academic Press, 1975.

[157] M. Reed and B. Simon, *Methods of Modern Mathematical Physics III: Scattering Theory*, Academic Press, 1979,

[158] M. Reed and B. Simon, *Methods of Modern Mathematical Physics IV: Analysis of Operators*, Academic Press, 1978.

[159] C. リード『ヒルベルト』，彌永健一訳，岩波書店，1972.

[160] K. Schmüdgen, On the Heisenberg commutation relation. I, *J. Funct. Anal.* **50** (1983), 8–49.

[161] K. Schmüdgen, On the Heisenberg commutation relation. II, *Publ. RIMS, Kyoto Univ.* **19** (1983), 601–671.

[162] E. Schrödinger, Quantisierung als Eigenwertproblem I–IV (固有値問題としての量子化)，*Annalen der Physik* **79** (1926), 361–376 ; 489–527; **80** (1926), 437–490 ; **81** (1926), 109–139. これらの論文の英訳が，E. Schrödinger, *Collected Papers on Wave Mechanics*, Chelsea Publishing Company, 1978 に収められている.

[163] E. Schrödinger, Über das Verhältnis der Heisenberg-Born-Jordanschen Quantenmechanik zu der meinen (ハイゼンベルク–ボルン–ヨルダンの量子力学と私の量子力学の関係について)，*Annalen der Physik* **79** (1926), 734–756.

[164] B. F. Schutz, *A First Course in General Relativity*, Cambridge University Press, 1985. 邦訳：シュッツ『相対論入門 上下』，江里口良治ほか訳，丸善，1988.

[165] L. シュワルツ『物理数学の方法』，吉田耕作ほか訳，岩波書店，1966.

[166] L. シュワルツ『超函数の理論 原書第 3 版』，岩村 聯ほか訳，岩波書店，1971. 原書第 1 版は 1950–51 年に出版.

[167] I. E. Segal, Postulates for general quantum mechanics, *Ann. Math.* **48** (1947), 930–948.

[168] E. シュポルスキー『原子物理学 I』，玉木英彦ほか訳，増訂新版，第 7 刷，東京図書，1972.

[169] 視覚デザイン研究所編『日本・中国の文様事典』，視覚デザイン研究所，2000.

[170] 視覚デザイン研究所編『ヨーロッパの文様事典』，視覚デザイン研究所，2000.

[171] ゾンマーフェルト『電磁気学』，伊藤大介訳，ゾンマーフェルト理論物理学講座 III，講談社，1969.

[172] I. スチュアート，M. ゴルビツキー『対称性の破れが世界を創る』，須田不二夫ほか訳，白揚社，1995.

[173] M. H. Stone, *Linear Transformations in Hilbert Space*. Reprint of the 1932 original. American Mathematical Society, 1990.

[174] N. Teranishi, A note on time operators, *Lett. Math. Phys.* **106** (2016), 1259–1263.

[175] 高林武彦『量子論の発展史』，中央公論社，1977; ちくま学芸文庫，筑摩書房，2010.

[176] 高木隆司『形の数理』，朝倉書店，1992.

[177] B. Thaller, *The Dirac Equation*, Springer, 1992

[178] W. Thirring, *Classical Mathematical Physics — Dynamical Systems and Field Theories*, Third Edition, Springer, 1978, 1992.

[179] W. Thirring, *Quantum Mathematical Physics — Atoms, Molecules and Large Systems*, Second Edition, Springer, 2010.

[180] 朝永振一郎，無限大の困難をめぐって，文献 [81] の 11 章

[181] 朝永振一郎『量子力学 II』，第 2 版，みすず書房，1997.

[182] 外村 彰『電子波で見る世界』，丸善，1985.

[183] 外村 彰『量子力学を見る』，岩波書店，1995.

[184] 渡辺 浩「構成的場の理論と繰り込み群」，
`web.econ.keio.ac.jp/staff/hattori/nms02.pdf`.

[185] H. ワイル『群論と量子力學』，山内恭彦訳，裳華房，1932.

[186] ヘルマン・ヴァイル『シンメトリー』，遠山 啓訳，紀伊国屋書店，1970.

[187] A. S. Wightman, Hilbert's sixth problem: mathematical treatment of the axioms of physics, *Proceedings of Symposia in Pure Mathematics* Vol.**28** (1976), 147–240.

[188] E. ウィグナー『群論と量子力学』，森田正人，森田玲子訳，吉岡書店，1971.

[189] 谷島賢二『シュレーディンガー方程式 I, II』, 朝倉数学体系 5, 6, 朝倉書店, 2014.

[190] 山内恭彦・杉浦光夫『連続群論入門』, 培風館, 1960.

[191] 柳 亮『黄金分割 — ピラミッドからル・コルビュジェまで』, 美術出版社, 25 版, 1996.

[192] 柳 亮『続黄金分割 — 日本の比例 — 法隆寺から浮世絵まで』, 美術出版社, 11 版, 1996.

[193] 保江邦夫『数理物理学方法序説 1〜8 および別巻』, 日本評論社, 2000〜2002.

初出一覧とその他の記事目録

初出一覧

第 1 章　対称性の美しさ

日本評論社編集部編『物理学ガイダンス』，日本評論社，2014, 176–188.

第 2 章　対称性の数学

『数学セミナー』，2000 年 11 月号，58–65. 数学セミナー編集部編『大学でどのような数学を学ぶのか』，日本評論社，2002, 127–144, 所収.

第 3 章　対称性の破れ — いかにして物や現象の形態を統一的にとらえるか

『数学セミナー』，1999 年 2 月号，24–30.

第 4 章　物理における対称性

『数学セミナー』，2008 年 7 月号，14–17.

第 5 章　シュレーディンガー方程式とディラック方程式における対称性

『数理科学』，2009 年第 47 巻 3 号，15–22.

第 6 章　数理物理学

『数学セミナー』，1998 年 6 月号，30–34. 数学セミナー編集部編『数学完全ガイダンス第 2 版』，2001, 126–141, 所収.

第 7 章　マクスウェル方程式からゲージ場の方程式へ

『数学セミナー』，1995 年 10 月号，27–31.

第 8 章　場の理論と虚数

『数理科学』，2003 年第 41 巻 8 号，32–38.

第 9 章　ヒルベルトの第 6 問題：物理学の諸公理の数学的扱い

『数学セミナー』，1994 年 2 月号，30–31. 杉浦光夫編『ヒルベルト 23 の問題』，日本評論社，1997, 57–70, 所収.

第 10 章　量子力学と関数解析

『数理科学』，2017 年第 55 巻 4 号，22–28.

第 11 章 量子力学の数学的構造
『数理科学』，2001 年第 39 巻 12 号，12–18.

第 12 章 量子力学から見た「空間」
『数理科学』，2006 年第 44 巻 4 号，11–17.

第 13 章 量子力学とトポロジー — アハラノフ–ボーム効果の数理
『数学セミナー』，1997 年 7 月号，28–33.

第 14 章 シュレーディンガー方程式の諸問題
『数学セミナー』，2013 年 11 月号，17–21.

第 15 章 構成的場の量子論
『数理科学』，2007 年第 45 巻 8 号，33–39.

著者による他の一般向け記事

1. 書評：アーノルド『古典力学の数学的方法』(岩波書店)，『数学セミナー』，1981 年 8 月号，102.
2. ヒルベルト空間，『数学セミナー』，1988 年 11 月号，38–39.
3. シュウィンガー–ダイソン方程式，『数学・物理 100 の方程式 — 連立方程式から数理物理への最先端へ』(日本評論社，1989)，183–185.
4. D-L-R 方程式，『数学・物理 100 の方程式 — 連立方程式から数理物理への最先端へ』(日本評論社，1989)，186–187.
5. くりこみ群の方程式，『数学・物理 100 の方程式 — 連立方程式から数理物理への最先端へ』(日本評論社，1989)，188–190.
6. 固有値へのいざない，『数学セミナー』，1990 年 2 月号，28–31.
7. 力のベクトルと数学のベクトル，『数学セミナー』，1991 年 8 月号，14–16. 『教えてほしい数学の疑問 1』，日本評論社，1996, 82–91, 所収.
8. 対称性ってなんだろう 1～5, 『数学セミナー』，1991 年 11 月号，54–59; 1991 年 12 月号，72–78；1992 年 1 月号，74–78；1992 年 2 月号，82–87；1992 年 3 月号，86–92. 『対称性の数理』(日本評論社，1993) として刊行.
9. ゲージ理論における正準交換関係の表現とアハラノフ–ボーム効果，荒木不二洋編『数理物理への誘い 2』(遊星社，1997)，165–190.

10. 量子力学の本を読む,『数学のたのしみ』, no.5 (1998), 138–145.

11. 書評：ルイス・ウォルパート，アリスン・リチャーズ『科学者の熱い心』(講談社ブルーバックス B-1274),『数学セミナー』, 2000 年 5 月号, 92.

12. 数学, 自然科学, 抽象芸術, 堀田真紀子編『抽象芸術の誕生』(北海道大学言語文化部研究報告叢書 41, 2000), 211–259.

13. 非単連結空間上のゲージ量子力学 — 正準交換関係と量子群 —, 江沢 洋編『数理物理への誘い 3』(遊星社, 2000), 143–164.

14. 量子,『数学セミナー』, 2002 年 11 月号, 30–33.

15. 埋蔵固有値の摂動論,『数理科学』, 2006 年第 44 巻 11 号, 27–33.

16. 名著に親しむ,『数理科学』, 2007 年第 45 巻 7 号, 56–57.

17. 対話形式の数学書,『この数学書がおもしろい 増補新版』, 数学書房, 2011, 12–15.

18. 量子力学への表現論的アプローチ,『数理科学』, 2012 年第 50 巻 4 号, 12–18.

19. 『シンメトリー』,『数学セミナー』, 2013 年 8 月号, 25–29.

20. 加藤–レリッヒの定理, パリティ vol.32 no.6 (2017), 65.

21. 行列の概念をめぐって,『数学セミナー』, 2018 年 11 月号, 14–19.

図の出典

p.4　図 1.3　https://www.freeiconspng.com/img/6733

p.28　図 1.34 (左)　https://ja.wikipedia.org/wiki/M74 ©NASA, ESA, and the Hubble Heritage (STScI/AURA)-ESA/Hubble Collaboration. Acknowledgment: R. Chandar (University of Toledo) and J. Miller (University of Michigan)

p.40　図 2.2　http://upload.wikimedia.org/wikipedia/commons/c/c2/SnowflakesWilsonBentley.jpg

p.41　図 2.3 (a) https://ja.wikipedia.org/wiki/M13, (b) https://ja.wikipedia.org/wiki/M31 ©Adam Evans, (c) https://ja.wikipedia.org/wiki/M63 ©Jschulman555

p.42　図 2.5　https://ja.wikipedia.org/wiki/香の図 より作成

索　引

●数字・アルファベット

1 次元鏡映変換群　49
2 次元鏡映変換群　49
3 次元回転群　82
3 次元鏡映変換群　49
CCR のシュレーディンガー表現　170
CCR の表現　154
CCR の表現空間　166
C^* 代数　156
d 次元並進群　55
d 次元立方格子空間　55
f から生成される変換群　49
f 対称　47
f 不変　47
Γ 対称　53
Γ 対称性　53
n 重回転対称性　27

●あ行

アーベル群　54
アハラノフ–ボーム効果　173, 190, 212
アルキメデス螺線　33
位相　139, 216
位置作用素　169, 205
一般行列群　56
一般線形変換群　60, 62
因果的　198
ヴァイル表現　185
ウィッテンモデル　196
運動　79
運動量　88, 112
運動量作用素　170, 206, 224
エネルギー固有値　101
エネルギー保存則　90

●か行

解空間　79, 96
解析力学　115, 150
回転　25
回転対称　85, 91
回転対称性　25, 26
回転対称な関数　101
回転対称なベクトル場　85
回転変換群　52
ガリレイ群　98
ガウスの法則　125
可換群　54
角運動量代数　193
角運動量保存則　92
確率過程　150
重ね合わせ　142
加法群　54
ガリレイ時空　97
ガリレイ対称性　98

ガリレイ変換 97
基底状態 102
軌道 80
基本群 218
既約 101, 166, 267
逆写像 245
鏡映対称 7, 13, 18, 21
鏡映変換 6, 11, 18, 20, 35
鏡像 12
行列力学 153, 180
局所的ゲージ変換 130
局所的な第一種のゲージ変換 129
虚スカラー場 139
近似的対称性 69
空間反転 8
クーロン電場 134
クライン–ゴルドン場 142
クライン–ゴルドン方程式 142
繰り返し模様 24
くりこみ理論 156
群 53
群の表現 62
群論 65
ゲージ対称性の原理 131
ゲージ場 130
ゲージ場の量子論 240
ゲージ変換 127
ゲージ量子力学 188
ゲージ理論 212
現象的多重性 200
広義回転 97
格子ゲージ理論 190
格子場の理論 239
合成写像 246
構成的場の量子論 157, 229
公理論的場の量子論 229
古典群 58
古典的物質場 141
古典場の理論 141
固有状態 221

●さ行

左右対称 7, 13, 18, 21
作用 62
散乱理論 174
時間依存型シュレーディンガー方程式 96
時間–エネルギーの不確定性関係 192
時間作用素 191
時間に依存しないシュレーディンガー方程式 101
時間に依存しないディラック方程式 106
時間反転対称性 100
時間反転 8, 100
時間反転作用素 100
自己共役 264
自己共役性の問題 174
自己共役表現 166
磁束 189, 216
実スカラー場 138
磁場 134
射影表現 98
弱ヴァイル関係式 187
弱ヴァイル表現 186
写像 242
斜方格子空間 21
自由度 d の CCR の表現 165

自由度 d の正準交換関係　181, 211
自由なシュレーディンガー方程式　97
自由なスカラー量子場　232
自由な中性スカラー量子場　235
自由なディラック方程式　103
自由場　228
自由場のハミルトニアン　235
縮退　101
シュレーディンガー型作用素　206
シュレーディンガー作用素　170, 224
シュレーディンガー表現　182
シュレーディンガー方程式　162, 220
巡回群　63
瞬間速度　112
準同型写像　59
状態の相等原理　202
状態のヒルベルト空間　202
消滅作用素　169, 233
伸張対称性　30
伸張変換　30
伸張変換群　52
シンプレクティック形式　176
水素様原子　222
スカラー場　133
スカラーポテンシャル　126
スペクトル　261
スペクトル解析　174
スペクトル定理　266
正射影作用素　265
正射影定理　256
正準交換関係　146, 154, 164, 230
正準反交換関係　194
正準量子化　154
生成作用素　169, 233
全回転対称性　27
線形作用素　257
線形写像　60
線形力の場　85
全射　245
全線形変換群　60
線対称　13
全単射　245
全変換群　48
像　243
相対性理論　151
相対論的な量子場　103
相補性　201
速度　112
速度ベクトルの場　134

●た行

大局的な第一種ゲージ変換　129
対称群　49
対称軸　13
対称性　47, 67
対称性写像　47
対称性の原理　44
対称性の破れ　78
対数螺線　32
第二種ゲージ変換　127
単射　245
置換群　49
抽象的シュレーディンガー方程式　207
抽象ヒルベルト空間　163
中心力場　85
稠密　255

超対称的量子力学 195
直積空間 242
定常解 100
ディラック作用素 196
ディラック場 103
ディラック方程式 103
電荷の保存則 125
電子場 128
電磁ポテンシャル 127, 213
電場 134
統一理論 131
同型 59
同型写像 59
同値 171
ド・ブロイ場の方程式 96, 128, 221

●な行

内積 253
内積空間 254
ニュートンの運動方程式 79, 112
ニュートンポテンシャル 134
ネーターの定理 93
熱力学 150

●は行

ハイゼンベルク作用素 209
ハイゼンベルクの運動方程式 210
ハイゼンベルクの交換関係 161
ハイゼンベルクの不確定性関係 184
波動場 136
波動力学 153, 180, 219
波動–粒子の 2 重性 140, 179
場の量子論 65, 140
ハミルトニアン 145, 155, 205, 224
ハミルトニアン法 237
万有引力の場 134
非可換幾何学 157, 187
非縮退 101
非相対論的な量子場 96
表現 62
表現空間 62
ヒルベルト空間 254
ファラデーの電磁誘導の法則 126
フーリエ変換 261
フォン・ノイマンの一意性定理 163, 185
不確定性 183
複素スカラー場 138
複素ポテンシャル 137
物質波 179
物理的運動量 214
物理量の構成原理 211
部分空間 251
部分群 54
部分変換群 48
平行移動 23
並進 23
並進対称性 23
並進変換群 50
ベキ写像 249
ベクトル空間 250
ベクトル場 124, 133, 138
ベクトルポテンシャル 126, 213
変換 47
変換群 48

変分原理 119
ポアソン括弧 154
ポアンカレ対称性 105
ポアンカレ変換 104
ポアンカレ変換群 104
保存量 78
保存力 117
ポテンシャル 88, 117
ホモトピー類 217
ボルン–ハイゼンベルク–ヨルダン表現 168

●ま行

マクスウェル方程式 125
ミンコフスキー空間 104
ミンコフスキー計量 104
ミンコフスキーベクトル空間 104

●や行

ヤン–ミルズ理論 240
ユークリッド的合同変換 99
ユークリッド法 237
ユニタリ作用素 261
ユニタリ同値 262
ヨルダン代数 156

●ら行

ラグランジュ関数 118
立方格子空間 21
量子仮説 178
量子群 218
量子調和振動子 168
量子的粒子 200
量子電磁力学 229
量子場 141
量子平面 218
量子力学 65, 140, 151
レゾルヴェント集合 260
ローレンツ群 152
ローレンツ多様体 152
ローレンツ変換 104, 151
ローレンツ変換群 104

人名索引

●あ行

アインシュタイン 150, 151
アラン 115
アンペール 123
井筒俊彦 115
ヴァイル 35
ウィーナー 150
ウィグナー 156
ヴェーバー 123
エルステッド 123
オイラー 120, 150

●か行

加藤敏夫 155
カラテオドリ 150
カンディンスキー 31, 43
クーロン 123
クライン 150
クラウジウス 151
グリム 229
ゲーテ 74, 109
コルモゴロフ 150
コンヌ 187

●さ行

シーガル 156
ジャッフィ 229
シュウィンガー 156, 228
シュレーディンガー 219, 228
シュワルツ 163
ストーン 163
スモルーコフスキー 150
千利休 73
ソクラテス 43

●た行

ダランベール 120
タレス 110
ディラック 153, 162
ド・ブロイ 128, 141, 179, 219
トムソン 150
ド・モアブル 149
朝永振一郎 156, 228

●な行

長岡半太郎 116
ニュートン 112
ノルトハイム 153

●は行

ハイゼンベルク 153, 156, 161, 228
パウリ 156, 228

パスカル 149
バナッハ 163
ハミルトン 120, 121, 150
ピュタゴラス 34, 68, 109, 110
ヒルベルト 148
ファインマン 125, 156, 228
ファラデー 123
フーリエ 120
フェルマ 149
フォン・ノイマン 153, 163
藤沢令夫 114
プラトン 3, 39, 43, 68, 115
プランク 178
古田織部 73
ヘルツ 126
ベルヌーイ 120, 149
ヘンリー 123
ポアッソン 120, 121
ポアンカレ 120
ボーア 201
ボルツマン 123
ボルン 153, 228

●ま行

マクスウェル 124

●や行

ヨルダン 153, 162, 228

●ら行

ライプニッツ 112
ラグランジュ 115, 150
ラプラス 120
ランジュヴァン 150
レヴィ 150

●わ行

ワイトマン 149, 237

新井 朝雄(あらい・あさお)

略歴

1954年　埼玉県に生まれる.
1976年　千葉大学理学部物理学科卒業.
1980年　東京大学大学院理学系研究科博士課程中退.
現　在　北海道大学名誉教授, 特任教授. 理学博士.

専門は数理物理学, 数学.

主要著書

『場の量子論と統計力学』, (日本評論社, 共著)
『対称性の数理』, (日本評論社)
『ヒルベルト空間と量子力学』, (共立出版)
『量子力学の数学的構造1, 2』, (朝倉書店, 共著)
『フォック空間と量子場上,下』, (日本評論社)
『物理現象の数学的諸原理』, (共立出版)
『量子現象の数理』, (朝倉書店)
『量子統計力学の数理』, (共立出版)
『量子数理物理学における汎関数積分法』, (共立出版)
『現代物理数学ハンドブック』, (朝倉書店)
『物理学の数理』, (丸善出版)
Analysis on Fock Spaces and Mathematical Theory of Quantum Fields (World Scientific)

数理物理学の風景(すうりぶつりがくのふうけい)

2019年3月25日　第1版第1刷発行

著　者　新井　朝雄
発行所　株式会社　日本評論社
〒170-8474 東京都豊島区南大塚3-12-4
電話　(03) 3987-8621 [販売]　(03) 3987-8599 [編集]
印　刷　三美印刷
製　本　井上製本所
装　釘　山田信也(スタジオ・ポット)

© Asao Arai 2019　Printed in Japan
ISBN978-4-535-78884-8

JCOPY 〈(社)出版者著作権管理機構 委託出版物〉

本書の無断複写は著作権法上での例外を除き禁じられています. 複写される場合は, そのつど事前に, (社)出版者著作権管理機構(電話 03-5244-5088, FAX 03-5244-5089, e-mail: info@jcopy.or.jp)の許諾を得てください. また, 本書を代行業者等の第三者に依頼してスキャニング等の行為によりデジタル化することは, 個人の家庭内の利用であっても, 一切認められておりません.